GAODENG ZHIYE JIAOYU TUJIANLEI ZHUANYE
ZONGHE SHIXUN XILIE JIAOCAI

高等职业教育土建类专业综合

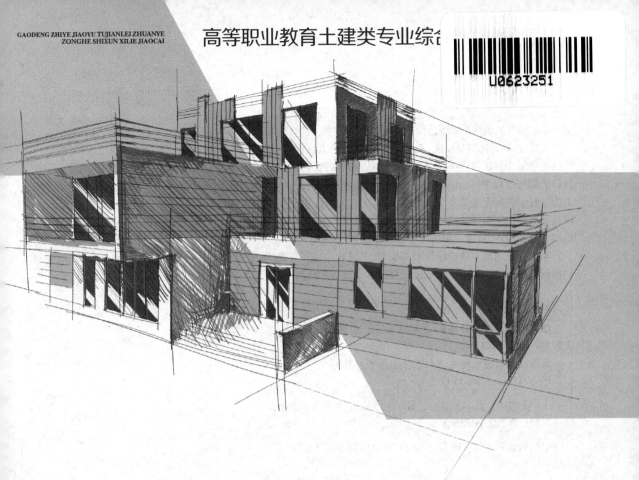

U0623251

建筑工程造价
综合实训

主编 王 玮 副主编 郭春梅 李 杰

重庆大学出版社

内容提要

本书根据高职院校工程造价专业人才培养方案、教学目标以及专业课程特点和要求,按照国家和陕西省颁布的新规范、新标准编写而成,需配合广联达《办公大厦建筑施工图》和广联达《办公大厦安装施工图》使用。

本书紧扣高职教育特点,注重职业能力培养,强调实训内容与实际工作的一致性,把情境教学贯穿在整个教材的编写过程中,具有实用性、系统性和先进性的特点。教材分为上篇和下篇两部分,上篇主要针对学生在工作过程中的操作设置 7 个任务情境,每个任务情境中主要包括实训目的和要求、实训内容、实训时间安排,以及成套的施工图设计文件和相应的标准表格。下篇针对上篇所提的任务要求逐一进行指导,具体包括实训编制依据和步骤,以及详细的计算过程和编制内容。

本书可作为高职院校建筑工程技术、工程造价、工程监理及相关专业的实践教学用书,也可作为本、专科和函授教育的教学参考书及土建工程技术人员的参考用书。

图书在版编目(CIP)数据

建筑工程造价综合实训/王玮主编. -- 重庆 : 重

庆大学出版社,2019.7

高等职业教育土建类专业综合实训系列教材

ISBN 978-7-5689-1505-2

Ⅰ. ①建… Ⅱ. ①王… Ⅲ. ①建筑造价—高等职业教

育—教材 Ⅳ. ①TU723.3

中国版本图书馆 CIP 数据核字(2019)第 034579 号

建筑工程造价综合实训

主 编 王 玮
副主编 郭春梅 李 杰

责任编辑:肖乾泉   版式设计:肖乾泉
责任校对:关德强   责任印制:张 策

*

重庆大学出版社出版发行
出版人:饶帮华
社址:重庆市沙坪坝区大学城西路 21 号
邮编:401331
电话:(023)88617190 88617185(中小学)
传真:(023)88617186 88617166
网址:http://www.cqup.com.cn
邮箱:fxk@ cqup.com.cn(营销中心)
全国新华书店经销
重庆荟文印务有限公司印刷

*

开本:787mm×1092mm 1/16 印张:24.25 字数:607 千
2019 年 7 月第 1 版 2019 年 7 月第 1 次印刷
印数:1—2 000
ISBN 978-7-5689-1505-2 定价:49.00 元

前　言

　　本书根据高职院校工程造价专业人才培养目标、实训方案以及工程造价专业综合实训的特点和要求，并以《建设工程工程量清单计价规范》(GB 50500—2013)、《房屋建筑与装饰工程工程量计算规范》(GB 50854—2013)、《通用安装工程工程量计算规范》(GB 50856—2013)、《陕西省建筑装饰消耗量定额》、《陕西省建筑工程量清单计价办法》等为主要依据编写而成。本书基于工程造价咨询工作过程结合所学专业课程的实训内容，把一个工程项目的咨询工作过程分为7个任务，每一个任务都针对培养学生实用型技能的目标，系统而详细地制订了实训内容和要求，切实做到联系实际工作的要求，重点突出学习的系统性和实践性，提高学生的实践操作技能。

　　目前，很多教学的实训内容只是针对其中的一门专业课程的知识，而忽略了学生对工作过程系统性学习的重要性。而本书重点针对一个项目在实际的建设过程中所用到的工程造价专业课程，设计了实践性较强的任务情境，学生完成所有任务就相当于完成一个项目造价咨询的工作任务。每一个任务情境分为实训任务书和实训指导书，任务书主要包括实训目的和要求、实训内容、实训时间安排，以及成套的施工图设计文件和相应的标准表格。指导书中包括具体的实训编制依据和步骤，以及详细的计算过程和编制内容。

　　本书由延安职业技术学院王玮担任主编，其中任务2、任务3、任务5和任务7由延安职业技术学院王玮编写，任务1和任务6由延安职业技术学院郭春梅编写，任务4由延安职业技术学院李杰编写，延安职业技术学院刘银霞和邵昭也参与了本书的编写。针对书中内容还提供广联达图形算量、钢筋算量和广联达计价等电子文件。

　　由于编者水平有限，书中难免有不足之处，恳请读者同行批评指正。意见可发至邮箱500455793@qq.com。实训系统如下图所示。

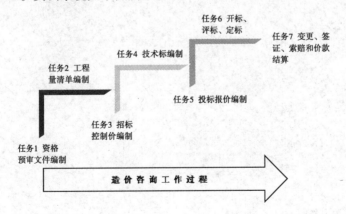

编　者

2018 年 12 月

目 录

上 篇
综合实训任务书

项目1
建筑、安装工程招标

任务1 建筑、安装工程资格预审文件编制

任务简介

资格审查是对潜在的投标人或投标人的实力、经验、业绩和信誉做出限定并实行审查,目的是在招标投标过程中,剔除资格条件不适合承担(或履行)合同的潜在投标人或投标人。

对于是否进行资格审查及资格审查的要求和标准,招标人应在招标公告或投标邀请书中载明,这些要求和标准应平等地适用于所有潜在投标人。《工程建设项目施工招标投标办法》(七部委第30号令)第十七条规定:资格审查分为资格预审和资格后审。资格预审是指在招标前对潜在投标人进行的资格审查。资格后审,是指在开标后(专家评标时)对投标人进行的资格审查。本实训书以资格预审为审查类型。

无论是资格预审还是资格后审,都是主要审查潜在投标人或投标人是否符合下列条件:

①具有独立订立合同的权利;

②具有圆满履行合同的能力,包括专业、技术资格和能力,资金、设备和其他物质设施状况,管理能力,经验、信誉和相应的工作人员;

③以往承担类似项目的业绩情况;

④没有处于被责令停业,财产被接管、冻结,破产状态;

⑤在最近几年内(如最近3年内),没有与骗取合同有关的犯罪或严重违法行为。

任务要求

能力目标	知识要点	相关知识	权重
掌握资格审查的方式	资格预审和资格后审	预审和后审方式	15%
掌握资格审查的基本程序	资格审查的程序	资格预审的程序	25%
掌握资格审查的内容	资质等级、资格证书	资质等级	25%
掌握资格审查文件的编制	资格审查办、审查内容	审查因素	35%

1.1　实训目的和要求

1.1.1　实训目的

利用广联达办公大厦项目的资格审查,采用任务驱动法、项目导向法、教学做一体化,提升学生专业技术技能水平,达到课堂联通职场,让学生更好地适应未来的工作岗位和需求:

①能够根据项目特点选择相应资格审查方式。

②掌握作为招标人或者招标人委托的招标代理公司,按照相关法律法规正确编制资格审查文件的格式、内容和要求。

③了解作为投标人如何获取资格审查文件,按照要求收集相关资料,正确有效地填写相关信息,及时无误地提交资格审查文件。

④掌握资格审查的基本程序。

1.1.2　实训要求

①按照指导教师要求的实训进度安排,分阶段独立完成实训内容。

②规范填写资格审查表的各项内容,且字迹工整、清晰。

③按规定的顺序装订整齐。

1.2　实训内容

1.2.1　施工资格预审文件

熟悉以下广联达办公大厦项目给定的资料。

广联达办公大厦工程
施工资格预审文件

招标人：　××有限公司(盖章)

法定代表人或其委托代理人：　×××(签字或盖章)

招标代理机构：　××造价咨询公司(盖章)

法定代表人或其委托代理人：　×××(签字或盖章)

日期:2017 年 12 月 5 日

目 录

第一章　资格预审公告

广联达办公大厦施工招标
资格预审公告(代招标公告)
1. 招标条件

本招标项目广联达办公大厦(项目名称)已由××发改委(项目审批、核准或备案机关名称)以 2017【×××】 (批文名称及编号)批准建设,项目业主为××有限公司,建设资金来自自筹(资金来源),项目出资比例为 100% ,招标人为 ××有限公司 。项目已具备招标条件,现进行公开招标,特邀请有兴趣的潜在投标人(以下简称申请人)提出资格预审申请。

2. 项目概况与招标范围

本工程建设地点在××市,本工程为地上4层、地下1层的框架剪力墙办公楼,总建筑面积为4 745.5 m²。本次招标范围为设计图纸的全部内容。计划工期为270日历天。标段划分情况为施工1个标段。(说明本次招标项目的建设地点、规模、计划工期、招标范围、标段划分等)。

3. 申请人资格要求

3.1 本次资格预审要求申请人具备房屋建筑三级资质,有类似业绩,并在人员、设备、资金等方面具备相应的施工能力。项目经理为二级以上建造师,每个投标企业法人单位只允许一名项目经理(建造师)报名。报名时携带证件:介绍信、法人委托书、营业执照、税务登记证、组织机构代码证、企业资质证书、安全生产许可证、项目经理资格证、建造师证和安全考核合格B证、投标备案册(省外建筑企业进陕登记证书)(以上证件资质均需原件及加盖公章复印件三份)。

3.2 本次资格预审不接受(接受或不接受)联合体资格预审申请。

3.3 各申请人可就上述标段中的施工1(具体数量)个标段提出资格预审申请。

4. 资格预审方法

本次资格预审采用合格制(合格制/有限数量制)。

5. 资格预审文件的获取

5.1 请申请人于2017年12月5日至2017年12月9日(法定公休日、法定节假日除外),每日上午8:00时至12:00时,下午14:00时至18:00时(北京时间,下同),在××大厦1402室(详细地址)持单位介绍信购买资格预审文件。

5.2 资格预审文件每套售价500元,售后不退。

5.3 邮购资格预审文件的,需另加手续费(含邮费)20元。招标人在收到单位介绍信和邮购款(含手续费)后1日内寄送。

6. 资格预审申请文件的递交

6.1 递交资格预审申请文件截止时间(申请截止时间,下同)为2017年12月16日18时00分,地点为××大厦1402室。

6.2 逾期送达或者未送达指定地点的资格预审申请文件,招标人不予受理。

7. 发布公告的媒介

本次资格预审公告同时在<u>各界导报</u>(发布公告的媒介名称)上发布。

8. 联系方式

招 标 人:<u>××有限公司</u>　　　　招标代理机构:<u>××造价咨询公司</u>

地　　址:<u>××省××市××区××路</u>　　地　　　　址:<u>××市</u>

邮　　编:　　　　　　　　　　　　邮　　　　编:

联 系 人:　　　　　　　　　　　　联　系　人:

电　　话:　　　　　　　　　　　　电　　　　话:

传　　真:　　　　　　　　　　　　传　　　　真:

电子邮件:　　　　　　　　　　　　电 子 邮 件:

网　　址:　　　　　　　　　　　　网　　　　址:

开 户 银 行:　　　　　　　　　　　开 户 银 行:

账　　号:　　　　　　　　　　　　账　　　　号:

第二章　申请人须知

申请人须知前附表

条款号	条款名称	编列内容
1.1.1	招标人	名称:××有限公司 地址:××市 联系人:任×建 电话:135××××2244
1.1.2	招标代理机构	名称:××造价咨询公司 地址:××市 联系人:崔×燕 电话:139××××6677
1.1.3	项目名称	广联达办公大厦
1.1.4	建设地点	××有限公司
1.2.1	资金来源	自筹
1.2.2	出资比例	100%
1.2.3	资金落实情况	已落实
1.3.1	招标范围	图纸全部内容
1.3.2	计划工期	计划工期:<u>270</u>日历天 计划开工日期:<u>2018</u>年<u>3</u>月<u>25</u>日 计划竣工日期:<u>2018</u>年<u>12</u>月<u>20</u>日

续表

条款号	条款名称	编列内容
1.3.3	质量要求	
1.4.1	申请人资质条件、能力和信誉	资质条件:房屋建筑三级 财务要求:近一年的财务报表 业绩要求:近5年类似业绩1份 其他要求:项目经理房屋建筑二级及以上建造师,有效期内的建安考核B证
1.4.2	是否接受联合体资格预审申请	☑不接受 □接受,应满足下列要求:
2.2.1	申请人要求澄清资格预审文件的截止时间	
2.2.2	招标人澄清资格预审文件的截止时间	
2.2.3	申请人确认收到资格预审文件澄清的时间	
2.3.1	招标人修改资格预审文件的截止时间	
2.3.2	申请人确认收到资格预审文件修改的时间	
3.1.1	申请人需补充的其他材料	
3.2.4	近年财务状况的年份要求	2016 年
3.2.5	近年完成的类似项目的年份要求	2013—2018 年
3.2.6	近年发生的诉讼及仲裁情况的年份要求	近 3 年
3.3.1	签字或盖章要求	
3.3.2	资格预审申请文件副本份数	正本 1 份副本 2 份
3.3.3	资格预审申请文件的装订要求	
4.1.2	封套上写明	招标人的地址:××市 招标人全称: ××有限公司(项目名称)施工招标资格预审申请文件在_____年_____月_____日_____时_____分前不得开启
4.2.1	申请截止时间	2018 年1 月18 日14 时30 分

8

续表

条款号	条款名称	编列内容
4.2.2	递交资格预审申请文件的地点	××大厦1402室
4.2.3	是否退还资格预审申请文件	不退还
5.1.2	审查委员会人数	5人
5.2	资格审查方法	合格制
6.1	资格预审结果的通知时间	资格递交截止时间3天以内
6.3	资格预审结果的确认时间	资格递交截止时间3天以内
9	需要补充的其他内容	

1. 总则

1.1　项目概况:详见第二章申请人须知。

1.2　资金来源和落实情况:详见第二章申请人须知。

1.3　招标范围、计划工期和质量要求:详见第二章申请人须知。

1.4　申请人资格要求:详见第二章申请人须知。

申请人不得存在下列情形之一:

(1)为招标人不具有独立法人资格的附属机构(单位);

(2)为本标段前期准备提供设计或咨询服务的,但设计施工总承包的除外;

(3)为本标段的监理人;

(4)为本标段的代建人;

(5)为本标段提供招标代理服务的;

(6)与本标段的监理人或代建人或招标代理机构同为一个法定代表人的;

(7)与本标段的监理人或代建人或招标代理机构相互控股或参股的;

(8)与本标段的监理人或代建人或招标代理机构相互任职或工作的;

(9)被责令停业的;

(10)被暂停或取消投标资格的;

(11)财产被接管或冻结的;

(12)在最近3年内有骗取中标或严重违约或重大工程质量问题的。

1.5　语言文字:除专用术语外,来往文件均使用中文。必要时专用术语应附有中文注释。

1.6　费用承担:申请人准备和参加资格预审发生的费用自理。

2. 资格预审文件

2.1　资格预审文件的组成

2.1.1　本次资格预审文件包括资格预审公告、申请人须知、资格审查办法、资格预审申请文件格式、项目建设概况,以及根据本章第2.2款对资格预审文件的澄清和第2.3款对资格预审文件的修改。

2.1.2 当资格预审文件、资格预审文件的澄清或修改等在同一内容的表述上不一致时，以最后发出的书面文件为准。

2.2 资格预审文件的澄清

2.2.1 申请人应仔细阅读和检查资格预审文件的全部内容。如有疑问，应在申请人须知前附表规定的时间前以书面形式（包括信函、传真等可以有形表现所载内容的形式，下同），要求招标人对资格预审文件进行澄清。

2.2.2 招标人应在申请人须知前附表规定的时间前，以书面形式将澄清内容发给所有购买资格预审文件的申请人，但不指明澄清问题的来源。

2.2.3 申请人收到澄清后，应在申请人须知前附表规定的时间内以书面形式通知招标人，确认已收到该澄清。

2.3 资格预审文件的修改

2.3.1 在申请人须知前附表规定的时间前，招标人可以书面形式通知申请人修改资格预审文件。在申请人须知前附表规定的时间后修改资格预审文件的，招标人应相应顺延申请截止时间。

2.3.2 申请人收到修改的内容后，应在申请人须知前附表规定的时间内以书面形式通知招标人，确认已收到该修改。

3. 资格预审申请文件的编制

3.1 资格预审申请文件的组成

3.1.1 资格预审申请文件应包括下列内容：

(1) 资格预审申请函；

(2) 法定代表人身份证明或附有法定代表人身份证明的授权委托书；

(3) 联合体协议书；

(4) 申请人基本情况表；

(5) 近年财务状况表；

(6) 近年完成的类似项目情况表；

(7) 正在施工和新承接的项目情况表；

(8) 近年发生的诉讼及仲裁情况；

(9) 其他材料：见申请人须知前附表。

3.1.2 申请人须知前附表规定不接受联合体资格预审申请的或申请人没有组成联合体的，资格预审申请文件不包括本章第3.1.1(3)目所指的联合体协议书。

3.2 资格预审申请文件的编制要求

3.2.1 资格预审申请文件应按第四章"资格预审申请文件格式"进行编写，如有必要，可以增加附页，并作为资格预审申请文件的组成部分。申请人须知前附表规定接受联合体资格预审申请的，本章第3.2.3项至第3.2.7项规定的表格和资料应包括联合体各方相关情况。

3.2.2 法定代表人授权委托书必须由法定代表人签署。

3.2.3 "申请人基本情况表"应附申请人营业执照副本及其年检合格的证明材料、资质证书副本和安全生产许可证等材料的复印件。

3.2.4 "近年财务状况表"应附经会计师事务所或审计机构审计的财务会计报表,包括资产负债表、现金流量表、利润表和财务情况说明书的复印件,具体年份要求见申请人须知前附表。

3.2.5 "近年完成的类似项目情况表"应附中标通知书和(或)合同协议书、工程接收证书(工程竣工验收证书)的复印件,具体年份要求见申请人须知前附表。每张表格只填写一个项目,并标明序号。

3.2.6 "正在施工和新承接的项目情况表"应附中标通知书和(或)合同协议书复印件。每张表格只填写一个项目,并标明序号。

3.2.7 "近年发生的诉讼及仲裁情况"应说明相关情况,并附法院或仲裁机构作出的判决、裁决等有关法律文书复印件,具体年份要求见申请人须知前附表。

3.3 资格预审申请文件的装订、签字

3.3.1 申请人应按本章第3.1款和第3.2款的要求,编制完整的资格预审申请文件,用不褪色的材料书写或打印,并由申请人的法定代表人或其委托代理人签字或盖单位章。资格预审申请文件中的任何改动之处应加盖单位章或由申请人的法定代表人或其委托代理人签字确认。签字或盖章的具体要求见申请人须知前附表。

3.3.2 资格预审申请文件正本一份,副本份数见申请人须知前附表。正本和副本的封面上应清楚地标记"正本"或"副本"字样。当正本和副本不一致时,以正本为准。

3.3.3 资格预审申请文件正本与副本应分别装订成册,并编制目录,具体装订要求见申请人须知前附表。

4. 资格预审申请文件的递交

4.1 资格预审申请文件的密封和标识

4.1.1 资格预审申请文件的正本与副本应分开包装,加贴封条,并在封套的封口处加盖申请人单位章。

4.1.2 在资格预审申请文件的封套上应清楚地标记"正本"或"副本"字样,封套还应写明的其他内容见申请人须知前附表。

4.1.3 未按本章第4.1.1项或第4.1.2项要求密封和加写标记的资格预审申请文件,招标人不予受理。

4.2 资格预审申请文件的递交

4.2.1 申请截止时间:见申请人须知前附表。

4.2.2 申请人递交资格预审申请文件的地点:见申请人须知前附表。

4.2.3 除申请人须知前附表另有规定的外,申请人所递交的资格预审申请文件不予退还。

4.2.4 逾期送达或者未送达指定地点的资格预审申请文件,招标人不予受理。

5. 资格预审申请文件的审查

5.1 审查委员会

5.1.1 资格预审申请文件由招标人组建的审查委员会负责审查。审查委员会参照《中华人民共和国招标投标法》第三十七条规定组建。

5.1.2 审查委员会人数:见申请人须知前附表。

5.2 资格审查

审查委员会根据申请人须知前附表规定的方法和第三章"资格审查办法"中规定的审查标准,对所有已受理的资格预审申请文件进行审查。没有规定的方法和标准不得作为审查依据。

6. 通知和确认

6.1 通知

招标人在申请人须知前附表规定的时间内以书面形式将资格预审结果通知申请人,并向通过资格预审的申请人发出投标邀请书。

6.2 解释

应申请人书面要求,招标人应对资格预审结果作出解释,但不保证申请人对解释内容满意。

6.3 确认

通过资格预审的申请人收到投标邀请书后,应在申请人须知前附表规定的时间内以书面形式明确表示是否参加投标。在申请人须知前附表规定时间内未表示是否参加投标或明确表示不参加投标的,不得再参加投标。因此造成潜在投标人数量不足 3 个的,招标人重新组织资格预审或不再组织资格预审而直接招标。

7. 申请人的资格改变

通过资格预审的申请人组织机构、财务能力、信誉情况等资格条件发生变化,使其不再实质上满足第三章"资格审查办法"规定标准的,其投标不被接受。

8. 纪律与监督

8.1 严禁贿赂

严禁申请人向招标人、审查委员会成员和与审查活动有关的其他工作人员行贿。在资格预审期间,不得邀请招标人、审查委员会成员以及与审查活动有关的其他工作人员到申请人单位参观考察,或出席申请人主办、赞助的任何活动。

8.2 不得干扰资格审查工作

申请人不得以任何方式干扰、影响资格预审的审查工作,否则将导致其不能通过资格预审。

8.3 保密

招标人、审查委员会成员,以及与审查活动有关的其他工作人员应对资格预审申请文件的审查、比较进行保密,不得在资格预审结果公布前透露资格预审结果,不得向他人透露可能影响公平竞争的有关情况。

8.4 投诉

申请人和其他利害关系人认为本次资格预审活动违反法律、法规和规章规定的,有权向有关行政监督部门投诉。

9. 需要补充的其他内容

需要补充的其他内容:见申请人须知前附表。

第三章　资格审查办法(合格制)

资格审查办法前附表

条款号		审查因素	审查标准
2.1	初步审查标准	申请人名称	与营业执照、资质证书、安全生产许可证一致
		申请函签字盖章	有法定代表人或其委托代理人签字或加盖单位章
		申请文件格式	符合第四章"资格预审申请文件格式"的要求
		联合体申请人	提交联合体协议书,并明确联合体牵头人(如有)
		……	……
2.2	详细审查标准	营业执照	具备有效的营业执照
		安全生产许可证	具备有效的安全生产许可证
		资质等级	符合第二章"申请人须知"第1.4.1项规定
		财务状况	符合第二章"申请人须知"第1.4.1项规定
		类似项目业绩	符合第二章"申请人须知"第1.4.1项规定
		信誉	符合第二章"申请人须知"第1.4.1项规定
		项目经理资格	符合第二章"申请人须知"第1.4.1项规定
		其他要求	符合第二章"申请人须知"第1.4.1项规定
		联合体申请人	符合第二章"申请人须知"第1.4.2项规定
		……	……

1.审查方法

本次资格预审采用合格制。凡符合本章第2.1款和第2.2款规定审查标准的申请人均通过资格预审。

2.审查标准

2.1　初步审查标准:见资格审查办法前附表。

2.2　详细审查标准:见资格审查办法前附表。

3.审查程序

3.1　初步审查

3.1.1　审查委员会依据本章第2.1款规定的标准,对资格预审申请文件进行初步审查。有一项因素不符合审查标准的,不能通过资格预审。

3.1.2　审查委员会可以要求申请人提交第二章"申请人须知"第3.2.3项至第3.2.7项规定的有关证明和证件的原件,以便核验。

3.2　详细审查

3.2.1　审查委员会依据本章第2.2款规定的标准,对通过初步审查的资格预审申请文件进行详细审查。有一项因素不符合审查标准的,不能通过资格预审。

3.2.2 通过资格预审的申请人除应满足本章第2.1款、第2.2款规定的审查标准外,还不得存在下列任何一种情形:

(1)不按审查委员会要求澄清或说明的;

(2)有第二章"申请人须知"第1.4款规定的任何一种情形的;

(3)在资格预审过程中弄虚作假、行贿或有其他违法违规行为的。

3.3 资格预审申请文件的澄清

在审查过程中,审查委员会可以书面形式要求申请人对所提交的资格预审申请文件中不明确的内容进行必要的澄清或说明。申请人的澄清或说明应采用书面形式,并不得改变资格预审申请文件的实质性内容。申请人的澄清和说明内容属于资格预审申请文件的组成部分。招标人和审查委员会不接受申请人主动提出的澄清或说明。

4. 审查结果

4.1 提交审查报告

审查委员会按照本章第3条规定的程序对资格预审申请文件完成审查后,确定通过资格预审的申请人名单,并向招标人提交书面审查报告。

4.2 重新进行资格预审或招标

通过资格预审申请人的数量不足3个的,招标人重新组织资格预审或不再组织资格预审而直接招标。

第四章 资格预审申请文件格式

(根据以上资料完成广联达办公大厦项目的资格预审文件。)

_____(项目名称)_____ **标段**
施工招标资格预审申请文件

申请人：_____(盖单位章)_____

法定代表人或其委托代理人：_____(盖章或签字)_____

年　　月　　日

目　录

一、资格预审申请函

　　（招标人名称）：

　　1.按照资格预审文件的要求,我方(申请人)递交的资格预审申请文件及有关资料,用于你方(招标人)审查我方参加(项目名称)施工招标的投标资格。

　　2.我方的资格预审申请文件包含第二章"申请人须知"第3.1.1项规定的全部内容。

　　3.我方接受你方的授权代表进行调查,以审核我方提交的文件和资料,并通过我方的客户,澄清资格预审申请文件中有关财务和技术方面的情况。

　　4.你方授权代表可通过(联系人及联系方式)得到进一步的资料。

　　5.我方在此声明,所递交的资格预审申请文件及有关资料内容完整、真实和准确,且不存在第二章"申请人须知"第1.4款规定的任何一种情形。

　　申请人：＿＿＿＿＿＿＿＿＿＿＿＿＿（盖单位章）＿＿＿＿＿＿

　　法定代表人或其委托代理人：＿＿＿＿＿（签字）＿＿＿＿＿

　　电话：　　　　　　传真：

　　申请人地址：　　　　邮政编码：

　　　　　　　　　　　　　　　　　　年　　月　　日

二、法定代表人身份证明

　　申请人：

　　单位性质：

　　成立时间：　　年　　月　　日

　　经营期限：

　　姓名：＿＿＿＿　性别：＿＿＿＿　年龄：＿＿＿＿岁　职务：＿＿＿＿＿＿

　　系(申请人名称)的法定代表人。

　　特此证明。

　　　　　　　　　　　　　　　　　　申请人：(盖单位章)
　　　　　　　　　　　　　　　　　　　　年　　月　　日

三、授权委托书

　　本人(姓名)系(申请人名称)的法定代表人,现委托(姓名)为我方代理人。代理人根据授权,以我方名义签署、澄清、递交、撤回、修改(项目名称)标段施工招标资格预审申请文件,其法律后果由我方承担。

委托期限：_____。

代理人无转委托权。

附：法定代表人和授权委托人身份证明

申　　人：(盖单位章)

法定代表人：(签字)

身份证号码：

委托代理人：(签字)

身份证号码：

年　月　日

四、申请人基本情况表

申请人名称						
注册地址				邮政编码		
联系方式	联系人			电话		
	传真			网址		
组织结构						
法定代表人	姓名		技术职称		电话	
技术负责人	姓名		技术职称		电话	
成立时间			员工总人数：			
企业资质等级				项目经理		
营业执照号		其中		高级职称人员		
注册资本金				中级职称人员		
开户银行				初级职称人员		
账号				技工		
经营范围						
备注	附统一代码营业执照、资质证书、安全生产许可证、开户许可证、职业健康安全管理、质量管理、环境管理体系认证等公司资质复印件并加盖单位红章					

附件1：营业执照

附件2：资质证书

附件3：安全生产许可证

附件4：开户许可证

附件 5:职业健康安全管理体系认证
附件 6:质量管理体系认证
附件 7:环境管理体系认证

五、近年财务状况表

要求提供的 2014—2016 年度财务情况表(后附 2016 年财务状况表),指经过会计师事务所或者审计机构审计的财务会计报表,以下各类报表中反映的财务状况数据应当一致,如果有不一致之处,以不利于申请人的数据为准。

六、近年完成的类似项目情况表

项目名称	
项目所在地	
发包人名称	
发包人地址	
合同价格	
开工日期	
竣工日期	
承担的工作	
工程质量	
项目经理	
技术负责人	
项目描述	
备注	

注:1.每张表格只填写一个工程项目,并标明表序。

2.类似项目业绩须附中标通知书及合同协议书或竣工验收备案登记表复印件。

附件 1:中标通知书

附件 2:合同书或者竣工验收备案表

(学生可以通过示范文本或者网络资源自行查找资料,自主编制合同或者竣工验收备案表。)

七、近年发生的诉讼及仲裁情况

近年发生的诉讼和仲裁情况仅限于申请人败诉的,且与履行施工承包合同有关的案件,不包括调解结案以及未裁决的仲裁或未终审判决的诉讼。

八、其他材料

（一）近年不良行为记录情况

企业不良行为记录情况主要是近年申请人在工程建设过程中因违反有关工程建设的法律、法规、规章或强制性标准和执业行为规范，经县级以上建设行政主管部门或其委托的执法监督机构查实和行政处罚，形成的不良行为记录。

（二）合同履行情况

合同履行情况主要是申请人在施工程和近年已竣工工程是否按合同约定的工期、质量、安全等履行合同义务，对未竣工工程合同履行情况还应重点说明非不可抗力原因解除合同（如果有）的原因等具体情况，等等。

1. 拟投入主要施工机械设备情况表

机械设备名称	型号规格	数量	目前状况	来源	现停放地点	备注

注："目前状况"应说明已使用所限、是否完好以及目前是否正在使用，"来源"分为"自有"和"市场租赁"两种情况，正在使用中的设备应在"备注"中注明何时能够投入本项目。

2. 拟投入项目管理人员情况表

项目管理人员主要指项目经理、项目副经理、技术负责人、商务合同负责人、造价员施工员、质量员、安全员、资料员、材料员。（本次实训只要求同学们提供表格中指定人员的证件。）

3. 主要项目管理人员简历表

主要项目管理人员中项目经理应附建造师注册证书、安全考核 B 证，以及未担任其他在施建设工程项目项目经理的承诺。专职安全生产管理人员应附有效的安全生产考核合格证书复印件或扫描，其余提供上岗证和职称证即可。

附件1：建造师执业资格证

附件2：建造师注册证

附件3：安全生产考核证书

附件4：职称证

附件5:项目毕业证

4.承诺书

承诺书

_____(招标人名称):_____

我方在此声明,我方拟派往_____（项目名称）_____标段(以下简称"本工程")的项目经理_____（项目经理姓名）_____现阶段没有担任任何在施建设工程项目的项目经理。

我方保证上述信息的真实和准确,并愿意承担因我方就此弄虚作假所引起的一切法律后果。

特此承诺

申请人:_____(盖单位章)_____

法定代表人或其委托代理人:_____(盖章或签字)_____

_____年_____月_____日

5.专职安全员简历表

岗位名称	专职安全员	
姓名		年龄	
性别		毕业学校	
学历		毕业时间	
拥有的执业资格		专业职称	
执业资格证书编号		工作年限	
主要工作业绩及担任的主要工作			

附件1:专职安全员岗位证书

附件2:专职安全员职称证

6.专职安全员简历表

岗位名称	施工员	
姓名		年龄	
性别		毕业学校	
学历		毕业时间	
拥有的执业资格		专业职称	
执业资格证书编号		工作年限	
主要工作业绩及担任的主要工作			

附件1:施工员岗位证书

附件2:施工员职称证

7.质量员简历表

岗位名称		质量员	
姓名		年龄	
性别		毕业学校	
学历		毕业时间	
拥有的执业资格		专业职称	
执业资格证书编号		工作年限	
主要工作业绩及担任的主要工作			

附件1:质量员岗位证书

附件2:质量员职称证

8.资料员简历表

岗位名称		资料员	
姓名		年龄	
性别		毕业学校	
学历		毕业时间	
拥有的执业资格		专业职称	
执业资格证书编号		工作年限	
主要工作业绩及担任的主要工作			

附件1:岗位证书

附件2:资料员职称证

9.资料员简历表

岗位名称		材料员	
姓名		年龄	
性别		毕业学校	
学历		毕业时间	
拥有的执业资格		专业职称	
执业资格证书编号		工作年限	
主要工作业绩及担任的主要工作			

附件1:材料员岗位证书

附件2:材料员职称证

1.2.2　资格预审

对于在截止时间之前递交的资格预审文件,招标人或者招标代理公司在监督部门申请资格评审,评审专家由监督公司在专家库里随机抽取,将评审报告作为最后结果通知所有投标人(表1.1、表1.2)。

表 1.1　资格预审开标参会人员签到表

项目名称:

序号	单位	职位	姓名	联系方式

注:此表填写除招标人、监督人和招标代理公司参会人员外。

招标人:　　　　　　　　　监督人:　　　　　　　　　日期:　　年　月　日

表 1.2　评标小组专家签到表

序号	单位	姓名	专业	职称	联系电话	签名

招标人:　　　　　　　　　监督人:　　　　　　　　　日期:　　年　月　日

以下是招标代理公司提供的评审报告格式,各位招标人、监督人和各位评审专家应按要求填写,并签字确认结果。

广联达办公大厦工程施工
投标申请人资格预审文件
评审报告

工程名称：＿＿＿＿＿＿＿＿＿＿＿＿＿＿＿

招标人：＿＿＿＿＿＿＿＿＿＿＿＿＿＿＿＿

招标机构：＿＿＿＿＿＿＿＿＿＿＿＿＿＿＿

日期： 年 月 日

目 录

一、报告(总表一)

招标办：

(项目名称)招标投标报名时间于＿＿年＿＿月＿＿日截止，共有(根据实际情况填写)家施工企业报名投标，经资格预审并考察后，(根据实际情况填写)家施工企业都符合本工程投标要求。

经我单位研究决定，以下施工企业为本工程的投标人，请予备案。

序号	企业名称	资质等级	法人代表	项目经理	项目经理资质等级

评标委员会全体成员签字：

建设单位：(签章)　　　　招标办：(签章)　　　　招标代理机构：(签章)

年　月　日

二、投标申请人资格预审评审报告

广联达办公大厦已经具备招标条件，现面向社会进行公开招标。

工程概况：＿＿＿＿＿＿＿＿＿＿＿＿＿＿＿＿＿＿＿＿＿＿＿＿＿＿＿＿＿＿

＿＿＿＿＿＿＿＿＿＿＿＿＿＿＿＿＿＿＿＿＿＿＿＿＿＿采用公开招标的形式。

本工程要求投标申请人具有房屋建筑工程施工总承包三级及以上资质，项目经理二级及以上建造师。

本工程对投标申请人的资格初审、预审、评审，依据《陕西省建设工程招投标管理办法》和本次工程招标资格预审文件所涉及的全部内容，本着公正、科学、择优、对投标人的资格预审文件的内容，按标准要求进行评审、比较、择优，逐家审查。

本工程共有＿＿＿＿＿＿家施工企业参加了投标报名，根据本次工程招标资格预审、评审条件的标准要求,资格初审后合格的投标申请人详见总表四。报名时按招标公告要求,报名单位应携带法人委托书、介绍信、企业营业执照、资质证书、安全生产许可证、项目经理证(建造师证)、报名人身份证及投标备案册(省外进陕建筑企业登记证书)相关证件原件,经过资格初审后按照资格预审文件的要求,报名单位应在_____月_____日前将"投标申请人资格预审表"按要求填写形成自己的预审申请资料,其中未按要求提供相关资料被视为自动放弃。经过详细评审后建设单位对合格的_____家投标申请单位进行了评审,经过评审后最后确定_____家企业资格预审合格。

三、投标申请人报名单(总表二)

招标报名登记表

序号	报名单位	日期	报名人	联系电话	资料接收人	备注

评标委员会全体成员签字:

建设单位:(签章)　　　招标办:(签章)　　　招标代理机构:(签章)

年　月　日

四、招标申请人资格预审评审委员会名单(总表三)

序号	单位	姓名	专业	职称	联系电话	备注

五、投标申请人资格预审初审合格名单(总表四)

序号	报名单位	企业资质等级	项目经理	项目经理资质等级	项目经理资格证号	法人

建设单位:(签章)   招标办:(签章)   招标代理机构:(签章)

年　月　日

六、投标申请人资格预审(详审)评审合格名单(总表五)

序号	报名单位	企业资质等级	项目经理	项目经理资格证号	法人

评标委员会全体成员签字:

建设单位:(签章)   招标办:(签章)   招标代理机构(签章)

年　月　日

七、不合格投标申请人名单(总表六)

序号	报名单位	不合格原因

评标委员会全体成员签字:

建设单位:(签章)   招标办:(签章)   招标代理机构:(签章)

年　月　日

八、资格预审评审结果通知书(电话记录单)(总表七)

序号	通知时间	通知人	被通知人	被通知人电话	通知电话号码	通知结果

评标委员会全体成员签字:

建设单位:(签章)　　　　　　招标办:(签章)　　　　　招标代理机构:(签章)

　　　　　　　　　　　　　　　　　　　　　　　　　　　　　年　　月　　日

1.2.3　招标文件

经过评审,投标人 1、投标人 2、投标人 3 是资格预审合格投标人,可以在接到电话通知之后,在指定地点购买招标文件,按照招标文件做投标书。

目 录

第一章　施工投标邀请书(代资格预审通过通知书)

(被邀请单位名称):

　　你单位已通过资格预审,现邀请你单位按招标文件规定的内容,参加广联达办公大厦住宅楼施工投标。请你单位于_____年_____月_____日至_____年_____月_____日(法定公休日、法定节假日除外),每日上午_____时至_____时,下午_____时至_____时(北京时间,下同),在_____持本投标邀请书购买招标文件。招标文件每套售价为_____元,售后不退,图纸押金_____元,在退还图纸时退还(不计利息)。

　　递交投标文件的截止时间(投标截止时间,下同)为_____年___月___日___时___分,地点为_____。

　　逾期送达的或者未送达指定地点的投标文件,招标人不予受理。

　　你单位收到本投标邀请书后,请于_____年_____月___日___时前以传真或快递方式予以确认。

　　招　标　人:　　　　　　　　　　　招标代理机构:
　　地　　　址:　　　　　　　　　　　地　　　　址:
　　邮　　　编:　　　　　　　　　　　邮　　　　编:
　　联　系　人:　　　　　　　　　　　联　系　人:
　　电　　　话:　　　　　　　　　　　电　　　　话:
　　传　　　真:　　　　　　　　　　　传　　　　真:
　　电子邮件:　　　　　　　　　　　　网　　　　址:
　　开户银行:　　　　　　　　　　　　开　户　银　行:
　　账　　　号:　　　　　　　　　　　账　　　　号:

　　　　　　　　　　　　　　　　　　　　_____年_____月_____日

第二章　投标人须知

投标人须知前附表

条款号	条款名称	编列内容
1.1.2	招标人	名称: 地址: 联系人: 电话:
1.1.3	招标代理机构	名称: 地址: 联系人: 电话:

续表

条款号	条款名称	编列内容
1.1.4	项目名称	
1.1.5	建设地点	
1.2.1	资金来源	
1.2.2	出资比例	
1.2.3	资金落实情况	
1.3.1	招标范围	
1.3.2	计划工期	计划工期：_____天 计划开工日期：_____年_____月_____日 计划竣工日期：_____年_____月_____日 有关工期的详细要求见第七章"技术标准和要求"
1.3.3	质量要求	质量标准：国家工程施工质量验收规范规定的合格标准
1.4.1	投标人资质条件	资质条件： 项目经理：
1.4.2	是否接受联合体投标	☑不接受 □接受，应满足下列要求： 联合体资质按照联合体协议约定的分工认定
1.9.1	踏勘××××××××××××现场	☑不组织 □组织，踏勘时间： 踏勘集中地点：
1.10.1	投标预备会	☑不召开 □召开，召开时间： 召开地点：
1.10.2	投标人提出问题的截止时间	_____年_____月_____日_____时前投标人将澄清问题以电子邮件发送至招标代理机构，邮箱：_____
1.10.3	招标人书面澄清的时间	_____年_____月_____日
1.11	分包	☑不允许 □允许，分包内容要求： 分包金额要求： 接受分包的第三人资质要求：

条款号	条款名称	编列内容
1.12	偏离	☑不允许 □允许,可偏离的项目和范围见第七章 "技术标准和要求": 允许偏离最高项数: 偏差调整方法:
2.1	构成招标文件的其他材料	图纸答疑纪要等资料
2.2.1	投标人要求澄清招标文件的截止时间	___2018___ 年 ___1___ 月 ___5___ 日 ___14___ 时 ___30___ 分
2.2.2	投标截止时间	___2018___ 年 ___1___ 月 ___8___ 日 ___14___ 时 ___30___ 分
2.2.3	投标人确认收到招标文件澄清的时间	在收到相应澄清文件后 ___24___ 小时内
2.3.2	投标人确认收到招标文件修改的时间	在收到相应修改文件后 ___24___ 小时内
3.1.1	构成投标文件的其他材料	投标文件电子版光盘 3 张(一正一副,备份电子版)
3.3.1	投标有效期	___60___ 天(从投标截止之日算起)
3.4.1	投标保证金(无)	投标保证金的形式: 　　除现金以外的转账支票、银行电汇、银行保函或工程信用担保(从投标企业基本账户转出,由代理公司代收代退); 投标保证金必须在开标前 3 天缴入指定账户,投标保证金的金额:10 000 元整 _____ 年 _____ 月 _____ 日 17:30 时前缴纳至 账户:陕西××项目管理有限公司 开户银行:中国建设银行××分行营业部 账号:610501680××××9999999 联系电话:0911—8807999
3.6	是否允许递交备选投标方案	☑不允许 □允许,备选投标方案的编制要求见附表七"备选投标方案编制要求",评审和比较方法见第三章"评标办法"
3.7.3	签字和(或)盖章要求	投标文件封面、投标函等投标文件中要求盖章签字的地方,均应加盖投标人印章并经法定代表人或其委托代理人签字和盖章
3.7.4	投标文件份数	正本一份,副本两份,已报价的工程量清单电子版光盘 3 张(一正一副外加备份电子版) 已报价的电子版工程量清单包括以下内容: 已报价的电子标书

续表

条款号	条款名称	编列内容
3.7.5	装订要求	商务标、技术标分别单独胶装成册 商务标正、副本均分袋密封(已报价的工程清单电子版光盘均放在商务标正、副本中) 技术标正、副本均分袋密封 □不分册装订 ☑分册装订,共分__2__册(技术标和商务标) 每册采用胶装方式装订,装订应牢固、不易拆散和换页,不得采用活页装订
4.1.2	封套上写明	招标人地址: 招标人名称: 项目名称: 单位名称: 投标文件在_____年___月___日___时___分前不得开启
4.2.2	递交投标文件地点	公共资源交易平台
4.2.3	是否退还投标文件	☑否 □是,退还安排:
5.1	开标时间和地点	开标时间:同投标截止时间 开标地点:公共资源交易平台
5.2	开标程序	密封情况检查: 开标顺序:
6.1.1	评标委员会的组建	评标委员会构成:_5_人,其中招标人_0_人、专家_5_人; 评标专家确定方式:由陕西省建设工程评标专家库中随机抽取(有的项目建设单位在评审委员会中可以占1/3比例)
7.1	是否授权评标委员会确定中标人	☑是 □否,推荐的中标候选人数:__3__
7.3.1	履约担保	履约担保的形式:现金、银行保函 履约担保的金额:中标价的10% 招标人提交同等的支付担保
10	需要补充的其他内容	
10.1	词语定义	
10.1.1	类似项目	类似项目是指:结构形式
10.1.2	不良行为记录	不良行为记录是指:
10.2	招标控制价	

条款号	条款名称	编列内容
	招标控制价	□不设招标控制价 ☑设招标控制价,招标控制价为:_____元 详见本招标文件附件:
10.3	"暗标"评审	
	施工组织设计是否采用"暗标"评审方式	☑不采用 □采用,投标人应严格按照第八章"投标文件格式"中"施工组织设计(技术暗标)编制及装订要求"编制和装订施工组织设计
10.4	投标文件电子版	
	是否要求投标人在递交投标文件时,同时递交投标文件电子版	□不要求 ☑要求,投标文件电子版内容:已报价的电子标书 投标文件电子版份数:正本、备份电子版(U盘)各一份、副本一份 投标文件电子版形式:电子光盘 　投标文件电子版密封方式:电子版正、副本及备份,分别密封在商务标正、副本内,另外将备份电子版(要求为U盘)用信封密封,装入商务标正本内,信封表明"备份"两字并加盖投标人公章。当正副本电子版均无法打开时,才能开启备份电子版
10.5	计算机辅助评标	
	是否实行计算机辅助评标(实际工程在交易平台都是辅助于计算机进行开标,我们作为教学要求学生手工计算定标数据)	☑否 □是,投标人需递交纸质投标文件一份,同时按本须知附表八"电子投标文件编制及报送要求"编制及报送电子投标文件。计算机辅助评标方法见第三章"评标办法"
10.6	投标人代表出席开标会	
	按照本须知第5.1款的规定,招标人邀请所有投标人的法定代表人或其委托代理人参加开标会。投标人的法定代表人或其委托代理人应当按时参加开标会,并在招标人按开标程序进行点名时,向招标人提交法定代表人身份证明文件或法定代表人授权委托书,出示本人身份证,以证明其出席,否则,其投标文件按废标处理	
10.7	中标公示	
	在中标通知书发出前,招标人将中标候选人的情况在本招标项目招标公告发布的同一媒介和有形市场、交易中心予以公示,公示期不少于3日	
10.8	知识产权	
	构成本招标文件各个组成部分的文件,未经招标人书面同意,投标人不得擅自复印和用于非本招标项目所需的其他目的。招标人全部或者部分使用未中标人投标文件中的技术成果或技术方案时,需征得其书面同意,并不得擅自复印或提供给第三人	

续表

条款号	条款名称	编列内容
10.9	重新招标的其他情形	
		除投标人须知正文第8条规定的情形外,除非已经产生中标候选人,在投标有效期内同意延长投标有效期的投标人少于3个的,招标人应当依法重新招标
10.10	同义词语	
		构成招标文件组成部分的"通用合同条款""专用合同条款""技术标准和要求"和"工程量清单"等章节中出现的措辞"发包人"和"承包人",在招标投标阶段应当分别按"招标人"和"投标人"进行理解
10.11	监督	
		本项目的招标投标活动及其相关当事人应当接受有管辖权的建设工程招标投标行政监督部门依法实施的监督
10.12	解释权	
		构成本招标文件的各个组成文件应互为解释,互为说明;如有不明确或不一致,构成合同文件组成内容的,以合同文件约定内容为准,且以专用合同条款约定的合同文件优先顺序解释;除招标文件中有特别规定外,仅适用于招标投标阶段的规定,按招标公告(投标邀请书)、投标人须知、评标办法、投标文件格式的先后顺序解释;同一组成文件中就同一事项的规定或约定不一致的,以编排顺序在后者为准;同一组成文件不同版本之间有不一致的,以形成时间在后者为准。按本款前述规定仍不能形成结论的,由招标人负责解释
10.13	招标人补充的其他内容……	

投标人须知(正文部分)

1. 总则

1.1 项目概况

1.1.1 根据《中华人民共和国招标投标法》等有关法律、法规和规章的规定,本招标项目已具备招标条件,现对本标段施工进行招标。

1.1.2 本招标项目招标人:见投标人须知前附表。

1.1.3 本标段招标代理机构:见投标人须知前附表。

1.1.4 本招标项目名称:见投标人须知前附表。

1.1.5 本标段建设地点:见投标人须知前附表。

1.2 资金来源和落实情况

1.2.1 本招标项目的资金来源:见投标人须知前附表。

1.2.2 本招标项目的出资比例:见投标人须知前附表。

1.2.3 本招标项目的资金落实情况:见投标人须知前附表。

1.3 招标范围、计划工期和质量要求

1.3.1 本次招标范围:见投标人须知前附表。

1.3.2 本标段的计划工期:见投标人须知前附表。

1.3.3 本标段的质量要求:见投标人须知前附表。

1.4 投标人资格要求(适用于已进行资格预审的)

1.4.1 投标人应是收到招标人发出投标邀请书的单位。

1.4.2 投标人不得存在下列情形之一:

(1)为招标人不具有独立法人资格的附属机构(单位);

(2)为本标段前期准备提供设计或咨询服务的,但设计施工总承包的除外;

(3)为本标段的监理人;

(4)为本标段的代建人;

(5)为本标段提供招标代理服务的;

(6)与本标段的监理人或代建人或招标代理机构同为一个法定代表人的;

(7)与本标段的监理人或代建人或招标代理机构相互控股或参股的;

(8)与本标段的监理人或代建人或招标代理机构相互任职或工作的;

(9)被责令停业的;

(10)被暂停或取消投标资格的;

(11)财产被接管或冻结的;

(12)在最近 3 年内有骗取中标或严重违约或重大工程质量问题的。

1.5 费用承担

投标人准备和参加投标活动发生的费用自理。

1.6 保密

参与招标投标活动的各方应对招标文件和投标文件中的商业和技术等秘密保密,违者应对由此造成的后果承担法律责任。

1.7 语言文字

除专用术语外,与招标投标有关的语言均使用中文。必要时专用术语应附有中文注释。

1.8 计量单位

所有计量均采用中华人民共和国法定计量单位。

1.9 踏勘现场

1.9.1 投标人须知前附表规定组织踏勘现场的,招标人按投标人须知前附表规定的时间、地点组织投标人踏勘项目现场。

1.9.2 投标人踏勘现场发生的费用自理。

1.9.3 除招标人的原因外,投标人自行负责在踏勘现场中所发生的人员伤亡和财产损失。

1.9.4 招标人在踏勘现场中介绍工程场地和相关的周边环境情况,供投标人在编制投标文件时参考,招标人不对投标人据此作出的判断和决策负责。

1.10 投标预备会

1.10.1 投标人须知前附表规定召开投标预备会的,招标人按投标人须知前附表规定的时间和地点召开投标预备会,澄清投标人提出的问题。

1.10.2 投标人应在投标人须知前附表规定的时间前,以书面形式将提出的问题送达招标人,以便招标人在会议期间澄清。

1.10.3 投标预备会后,招标人在投标人须知前附表规定的时间内,将对投标人所提问题的澄清,以书面方式通知所有购买招标文件的投标人。该澄清内容为招标文件的组成部分。

1.11 分包

投标人拟在中标后将中标项目的部分非主体、非关键性工作进行分包的,应符合投标人须知前附表规定的分包内容、分包金额和接受分包的第三人资质要求等限制性条件。

1.12 偏离

投标人须知前附表允许投标文件偏离招标文件某些要求的,偏离应当符合招标文件规定的偏离范围和幅度。

2. 招标文件

2.1 招标文件的组成

本招标文件包括下列内容:

(1)招标公告(或投标邀请书);

(2)投标人须知;

(3)评标办法;

(4)合同条款及格式;

(5)工程量清单;

(6)图纸;

(7)技术标准和要求;

(8)投标文件格式;

(9)投标人须知前附表规定的其他材料。

根据本章第1.10款、第2.2款和第2.3款对招标文件所作的澄清、修改,构成招标文件的组成部分。

2.2 招标文件的澄清

2.2.1 投标人应仔细阅读和检查招标文件的全部内容。如发现缺页或附件不全,应及时向招标人提出,以便补齐。如有疑问,应在投标人须知前附表规定的时间前以书面形式(包括信函、传真等可以有形地表现所载内容的形式,下同),要求招标人对招标文件予以澄清。

2.2.2 招标文件的澄清将在投标人须知前附表规定的投标截止时间15天前以书面形式发给所有购买招标文件的投标人,但不指明澄清问题的来源。如果澄清发出的时间距投标截止时间不足15天,相应延长投标截止时间。

2.2.3 投标人在收到澄清后,应在投标人须知前附表规定的时间内以书面形式通知招标人,确认已收到该澄清。

2.3 招标文件的修改

2.3.1 在投标截止时间15天前,招标人可以书面形式修改招标文件,并通知所有已购买招标文件的投标人。如果修改招标文件的时间距投标截止时间不足15天,相应延长投标截止时间。

2.3.2 投标人收到修改内容后,应在投标人须知前附表规定的时间内以书面形式通知招标人,确认已收到该修改。

3. 投标文件

3.1　投标文件的组成

3.1.1　投标文件应包括下列内容：

(1)投标函及投标函附录；

(2)法定代表人身份证明或附有法定代表人身份证明的授权委托书；

(3)联合体协议书；

(4)投标保证金；

(5)行贿犯罪档案查询结果告知函；

(6)已标价工程量清单；

(7)施工组织设计；

(8)投标人须知前附表规定的其他材料。

a.投标文件电子版应包括投标报价预算含组价的全部内容，所有内容应刻录在电子版光盘中；

b.利用广联达 GCCP5.05.2300.23.107 版计价软件进行组价；

c.投标文件电子版是投标文件的组成部分。

3.1.2　投标人须知前附表规定不接受联合体投标的，或投标人没有组成联合体的，投标文件不包括本章第3.1.1(3)目所指的联合体协议书。

3.2　投标报价

3.2.1　投标人应按第五章"工程量清单"的要求填写相应表格。

3.2.2　投标人在投标截止时间前修改投标函中的投标总报价，应同时修改第五章"工程量清单"中的相应报价。此修改须符合本章第4.3款的有关要求。

3.2.3　劳保统筹费计入本次投标报价中。

3.3　投标有效期

在投标人须知前附表规定的投标有效期内，投标人不得要求撤销或修改其投标文件。

3.4　投标保证金(作为教学资料，此处不作要求)

3.4.1　投标人应按投标人须知前附表规定的时间、金额向招标代理机构递交投标保证金，并作为其投标文件的组成部分。

3.4.2　投标人不按本章第3.4.1项要求提交投标保证金的，其投标文件作废标处理。

3.4.3　未中标的投标人的投标保证金将在招标人发出中标通知书后5个工作日内予以本息退还。中标人的投标保证金，在中标人与招标人按本须知第7.4款规定签订合同后并在县、区招标办或市造价管理部门合同备案后5个工作日内予以本息退还。

3.4.4　有下列情形之一的，投标保证金将不予退还：

(1)投标人在规定的投标有效期内撤销或修改其投标文件；

(2)中标人在收到中标通知书后，无正当理由拒签合同协议书或未按招标文件规定提交履约担保。

3.5　资格审查资料(适用于已进行资格预审的)

投标人在编制投标文件时，应按新情况更新或补充其在申请资格预审时提供的资料，以证实其各项资格条件仍能继续满足资格预审文件的要求,具备承担本标段施工的资质条件、能力和信誉。

3.6 备选投标方案

除投标人须知前附表另有规定外,投标人不得递交备选投标方案。允许投标人递交备选投标方案的,只有中标人所递交的备选投标方案方可予以考虑。评标委员会认为中标人的备选投标方案优于其按照招标文件要求编制的投标方案的,招标人可以接受该备选投标方案。

3.7 投标文件的编制

3.7.1 投标文件应按第八章"投标文件格式"进行编写,如有必要,可以增加附页,作为投标文件的组成部分。其中,投标函附录在满足招标文件实质性要求的基础上,可以提出比招标文件要求更有利于招标人的承诺。

3.7.2 投标文件应当对招标文件有关工期、投标有效期、质量要求、技术标准和要求、招标范围等实质性内容做出响应。

3.7.3 投标文件应用不褪色的材料书写或打印,并由投标人的法定代表人或其委托代理人签字或盖单位章。委托代理人签字的,投标文件应附法定代表人签署的授权委托书。投标文件应尽量避免涂改、行间插字或删除。如果出现上述情况,改动之处应加盖单位章或由投标人的法定代表人或其授权的代理人签字确认。签字或盖章的具体要求见投标人须知前附表。

3.7.4 投标文件正本一份,副本份数见投标人须知前附表。正本和副本的封面上应清楚地标记"正本"或"副本"的字样。当副本和正本不一致时,以正本为准。

3.7.5 投标文件的正本与副本应分别装订成册,并编制目录,具体装订要求见投标人须知前附表规定。

4. 投标

4.1 投标文件的密封和标记

4.1.1 投标书须按有关规定密封。未密封的投标书将不予签收。投标书应按照规定的时间,送到公共资源交易平台。

4.1.2 投标文件电子版(光盘)3张,电子版正、副本及备份,分别密封在商务标正、副本内,另外将备份电子版(要求为U盘)用信封密封,装入商务标正本内,信封表明"备份"两字并加盖投标人公章。当正副本电子版均无法打开时,才能开启备份电子版。

4.1.3 标袋的正面上应写明工程名称、标段、投标人的全称、地址邮编并加盖单位公章和法人代表或其授权代理人签章。

4.1.4 投标文件的包装(A标袋为技术标、B标袋为商务标),共计4个投标文件袋。商务标投标文件共两个标袋,分别内装投标文件正、副本,投标书封面按规定加盖单位公章和法定代表人或委托代理人印鉴。在本单位注册的造价工程师或中级以上造价员专业印章,后附造价工程师或中级造价员资质证书复印件、技术标投标文件两个标袋,分别内装投标文件正、副本,投标书封面须按规定加盖单位公章和法定代表人或委托代理人印鉴。标书密封后应在标书袋封口处,用专用密封条妥善密封,加盖骑缝章(单位公章和法定代表人或授权代理人印鉴)。密封必须完整,未密封的投标文件业主将不予签收。若投标单位无造价工程师或中级造价员,可委托有关中介机构(中介机构不得为本项目招标代理公司或清单编制单位)编制报价文件,并由中介机构造价工程师或中级造价员签字及加盖专业印章。投标单位需与中介机构签署委托协议,并将委托协议附在报价文件的后面。同一标段单位的外聘中介机构不得为同一单位,造价工程师或中级造价员也不得重复,同一标段投标单位的软件锁号不得重复,否则按废标处理。

4.2 投标文件的递交

4.2.1 投标人应在本章规定的投标截止时间前递交投标文件。

4.2.2 投标人递交投标文件的地点:见投标人须知前附表。

4.2.3 除投标人须知前附表另有规定外,投标人所递交的投标文件不予退还。

4.2.4 招标人收到投标文件后,向投标人出具签收凭证。

4.2.5 逾期送达的或者未送达指定地点的投标文件,招标人不予受理。

4.3 投标文件的修改与撤回

4.3.1 在本章规定的投标截止时间前,投标人可以修改或撤回已递交的投标文件,但应以书面形式通知招标人。

4.3.2 投标人修改或撤回已递交投标文件的书面通知应按照本章第3.7.3项的要求签字或盖章。招标人收到书面通知后,向投标人出具签收凭证。

4.3.3 修改的内容为投标文件的组成部分。修改的投标文件应按照本章第1、2、3条规定进行编制、密封、标记和递交,并标明"修改"字样。

5. 开标

5.1 开标时间和地点

招标人在本章规定的投标截止时间(开标时间)和投标人须知前附表规定的地点公开开标,并邀请所有投标人的法定代表人或其委托代理人准时参加。

5.2 开标程序

主持人按下列程序进行开标:

(1)宣布开标纪律;

(2)公布在投标截止时间前递交投标文件的投标人名称,并点名确认投标人是否派人到场;

(3)宣布开标人、唱标人、记录人、监标人等有关人员姓名;

(4)按照投标人须知前附表规定检查投标文件的密封情况;

(5)按照投标人须知前附表的规定确定并宣布投标文件开标顺序;

(6)设有标底的,公布标底;

(7)按照宣布的开标顺序当众开标,公布投标人名称、标段名称、投标报价、质量目标、工期及其他内容,并记录在案;

(8)投标人代表、招标人代表、监标人、记录人等有关人员在开标记录上签字确认;

(9)开标结束。

5.3 投标文件的有效性

开标时,投标文件出现下列情况之一时的,应当作为无效投标文件,不得进入评标:

(1)投标文件未按照本须知第4.1条的要求装订、密封和标记的;

(2)本须知规定的投标文件有关内容未按本须知第3.7.3款规定加盖投标人印章或未经法定代表人或其委托代理人签字或盖章的,由委托代理人签字或盖章的,但未随投标文件一起提交有效的"授权委托书"原件的;

(3)投标文件的关键内容字迹模糊,无法辨认的;

(4)投标文件电子版与招标方最高投标限价电子版中的清单序号、项目编码、项目名称、计量单位及工程编号、材料编码、工程名称不符,致使计算机评标系统无法识别,电子评标无法进行的。

(5)投标人未按照招标文件的要求提供投标保证金的;

(6)投标人未携带投标人法人代表或法人委托代理人的法人委托书和身份证原件、项目经理资质证书原件、项目经理安全生产考核合格B证、行贿犯罪档案查询结果告知函、投标保证金交纳凭据原件等有效证件的;

(7)投标文件电子版各种数据同文字投标文件各表数据不一致的;

(8)投标文件文字版中未按招标文件中要求全部内容及表格打印的;

(9)投标人擅自改动工程量清单数据的;

(10)招标人给定金额的暂估价、暂列金额、分包工程、材料购置费和投标人采购但由招标人暂定品牌、价格的材料、设备未按规定的数量和价格报价的;

(11)管理费、利润、风险和措施项目费中的其他项目出现了负值的;

(12)电子清标辅助校验时发现招标方与投标方或投标方之间加密锁号相同的;

(13)投标文件电子版无法打开或主要内容无法显示,影响正常评标的;

(14)同一注册造价工程师(或中级造价员)在两个或两个以上单位执业的,非本单位注册造价工程师(或中级造价员)盖章、未附委托协议书的;

(15)商务标投标文件未加盖注册造价工程师或中级造价员(土建、水暖、电气)专业印章的;

(16)不可竞争的规费、安全文明施工措施费、税金等未按规定费率计取的;

(17)组价的内容、程序、方法不符合计价规则规定的。

5.4 投标文件送审

招标人将有效投标文件,送评标委员会进行评审、比较。

6.评标

6.1 评标委员会

6.1.1 评标由招标人依法组建的评标委员会负责。评标委员会由招标人或其委托的招标代理机构熟悉相关业务的代表,以及有关技术、经济等方面的专家组成。评标委员会成员人数以及技术、经济等方面专家的确定方式见投标人须知前附表。

6.1.2 评标委员会成员有下列情形之一的,应当回避:

(1)招标人或投标人的主要负责人的近亲属;

(2)项目主管部门或者行政监督部门的人员;

(3)与投标人有经济利益关系,可能影响对投标公正评审的;

(4)曾因在招标、评标以及其他与招标投标有关活动中从事违法行为而受过行政处罚或刑事处罚的。

6.2　评标原则

评标活动遵循公平、公正、科学和择优的原则。

6.3　评标

评标委员会按照第三章"评标办法"规定的方法、评审因素、标准和程序对投标文件进行评审。第三章"评标办法"没有规定的方法、评审因素和标准,不作为评标依据。

7.合同授予

7.1　定标方式

除投标人须知前附表规定评标委员会直接确定中标人外,招标人依据评标委员会推荐的中标候选人确定中标人,评标委员会推荐中标候选人的人数见投标人须知前附表。

7.2　中标通知

在本章第3.3款规定的投标有效期内,招标人以书面形式向中标人发出中标通知书,同时将中标结果通知未中标的投标人。

7.3　履约担保

在签订合同前,中标人应按投标人须知前附表规定的金额、担保形式和招标文件第四章"合同条款及格式"规定的履约担保格式向招标人提交履约担保。联合体中标的,其履约担保由牵头人递交,并应符合投标人须知前附表规定的金额、担保形式和招标文件第四章"合同条款及格式"规定的履约担保格式要求。

7.4　签订合同

招标人和中标人应当自中标通知书发出之日起30天内,根据招标文件和中标人的投标文件订立书面合同。中标人无正当理由拒签合同的,招标人取消其中标资格。

8.重新招标和不再招标

8.1　重新招标

有下列情形之一的,招标人将重新招标:

(1)投标截止时间到达时,投标人少于3个的;

(2)经评标委员会评审后否决所有投标的。

8.2　不再招标

重新招标后投标人仍少于3个或者所有投标被否决的,属于必须审批或核准的工程建设项目,经原审批或核准部门批准后不再进行招标。

9.纪律和监督

9.1　对招标人的纪律要求

招标人不得泄露招标投标活动中应当保密的情况和资料,不得与投标人串通损害国家利益、社会公共利益或者他人合法权益。

9.2　对投标人的纪律要求

投标人不得相互串通投标或者与招标人串通投标,不得向招标人或者评标委员会成员行贿谋取中标,不得以他人名义投标或者以其他方式弄虚作假骗取中标;投标人不得以任何方式干扰、影响评标工作。

9.3 对评标委员会成员的纪律要求

评标委员会成员不得收受他人的财物或者其他好处,不得向他人透露对投标文件的评审和比较、中标候选人的推荐情况以及评标有关的其他情况。在评标活动中,评标委员会成员不得擅离职守,影响评标程序正常进行,不得使用第三章"评标办法"没有规定的评审因素和标准进行评标。

9.4 对与评标活动有关的工作人员的纪律要求

与评标活动有关的工作人员不得收受他人的财物或者其他好处,不得向他人透露对投标文件的评审和比较、中标候选人的推荐情况以及评标有关的其他情况。在评标活动中,与评标活动有关的工作人员不得擅离职守,影响评标程序正常进行。

9.5 投诉

投标人和其他利害关系人认为本次招标活动违反法律、法规和规章规定的,有权向有关行政监督部门投诉。

10. 需要补充的其他内容

10.1 电子文件导入顺序要求

开标过程中先导入招标人的最高投标限价电子版,再依次导入投标人投标文件电子版。若招标人的电子版不能正常导入,经评委会协商同意后,可以现场生成符合评标系统规定格式要求的电子版,或者协商择日安排开标。

10.2 因故导致招标不能正常进行的或者废标责任问题

10.2.1 因投标人主观原因导致招标失败,需要重新组织招标的,该投标人不得再次参加该标段投标。

10.2.2 由于招标人自身原因导致招标失败,需要重新组织招标的,原报名合格的投标人仍然要有效保留。

10.2.3 因招标代理机构的原因导致废标的,不允许再次承担此项目的招标代理业务,并在建设规划网诚信平台上予以公示。

10.3 可以由评委手工评标的情况

10.3.1 开标过程中突遇停电的。

10.3.2 电子评标设备出现故障的。

10.3.3 开标时间已经确定,遇到停电的。

10.4 需要择日重新开标的,给投标人造成经济损失的,招标人依法予以补偿。

10.5 废标后合格的投标人不足3家的,招标人应当依法重新组织招标。

第三章 评标办法(综合评估法)前附表

条款号		评审因素	评审标准
2.1.2	形式性评审	投标函签字盖章	有法定代表人或其委托代理人签字或加盖单位章
		投标文件格式	符合第八章"投标文件格式"的要求
		联合体投标人(如有)	提交联合体协议书,并明确联合体牵头人
		报价唯一	只能有一个有效报价

续表

条款号		评审因素	评审标准
2.1.3	响应性评审标准	投标内容	符合第二章"投标人须知"第 1.3.1 项规定
		工期	符合第二章"投标人须知"第 1.3.2 项规定
		工程质量	符合第二章"投标人须知"第 1.3.3 项规定
		投标有效期	符合第二章"投标人须知"第 3.3.1 项规定
		权利义务	投标函附录中的相关承诺符合或优于第四章"合同条款及格式"的相关规定
		已标价工程量清单	符合第五章"工程量清单"给出的子目编码、子目名称、子目特征、计量单位和工程量
		有效投标报价	最高限价＞投标价格
		分包计划	符合第二章"投标人须知"第 1.11 款规定
		编列内容	
		施工组织设计总分：<u>20</u> 分 投标报价：<u>30</u> 分 其他评分因素：<u>50</u> 分	

条款号		条款内容	有效报价中,最低投标报价为评标基准价
2.2.1		分值构成（总分 100 分）	偏差率 ＝100% ×（投标人报价 － 评标基准价）/评标基准价
2.2.4 (1)	技术标（20分,每项 0.5 ~ 2 分）	工程质量保证措施	当技术标进行赋分评审时,设定的下限分值合计不得低于 5 分。投标人应按照招标文件的要求根据工程的具体特点,提出切合实际的有针对性的施工方案和方法,各项保证措施要科学、可行,主要机具、设备和人员配置要科学、合理,有缺项或严重错误的该项得零分;投标人编制的技术标不得超过300 页,否则该技术标得零分
		安全生产保证措施	
		文明施工保证措施	
		工期保证措施	
		施工方案和施工技术措施	
		施工机械设备配备计划及劳动力安排	
		施工进度表或施工网络图	
		项目经理部组成（其中包含建筑项目经理、资料员、质量员、安全员、材料员的资格证书、姓名）	
		施工现场平面布置图	
		新技术、新产品、新工艺、新材料的应用	

续表

条款号	评审因素	评审标准
	备注: 技术标中质量、工期、安全任何一项不合格者,其技术标即为不合格;因其他评审内容不合格而被评为技术标不合格的,应有2/3及以上评标委员的一致意见。凡被评为不合格技术标的投标人,其商务标不再参与评审	
2.2.4 (3) 投标报价评分标准	投标报价(30分)	只对投标有效报价进行评分,超出最高限价的按无效投标处理。 当投标单位总报价等于相应评标基准价时得满分30分。在此基础上,每高于评标基准价1%扣1分,扣完为止。增加不足1%时,按插值法计算
2.2.4 (4) 其他因素评分标准	措施项目费(10分)	以入评单位投标人的措施项目费总报价的算术平均值作为评审项基准价。措施项目费报价等于评审项基准价的投标人得满分10分;其余措施项目费投标报价与该基准价比较,每增加1%扣1分,每减少1%扣0.5分,扣完为止。措施项目费中安全文明施工措施费未按规定费率计取的得零分
	分部分项工程量清单综合单价(40分)	1.开标时,由评标委员会从本项目的工程量清单中随机抽取2项(实际工作中总清单个数按照一定比例随机抽取,此处作为教学只抽取2个清单)综合单价作为评分项。 2.所有有效报价的投标人的相应综合单价的算术平均值作为该项综合单价的最高得分点(每项最高得20分)。 3.各有效报价的投标人的相应综合单价与最高得分点相比,每增1%扣2分,每减1%扣1分,扣完为止。 4.所有单项综合单价得分相加,即为本项目总计2项综合单价得分
	备注: 1.综合得分并列第一时,比较投标总价,此分项得分高者为中标候选人;若投标总价得分仍相同,依次比较分部分项工程量清单项目综合单价、措施项目费;如仍相同,则由评委无记名投票,以得票高低确定中标候选人。 2.评标中保留小数点后两位,第三位四舍五入,具体得分采用插入法进行计算。评委评标时,应在评标原始记录上签名。 3.当递交投标文件的投标人少于3个或经评审委员会评审合格的投标人少于3个且明显缺乏竞争时,招标人将依法重新组织招标。 4.技术标缺项的不得成为中标候选人。 5.未尽事宜按有关规定执行。本文件最终解释权为招标代理机构	

1.评标方法

本次评标采用综合评估法。评标委员会对满足招标文件实质性要求的投标文件,按照本章第2.2款规定的评分标准进行打分,并按得分由高到低的顺序推荐中标候选人,或根据招标人授权直接确定中标人,但投标报价低于其成本的除外。综合评分相等时,以投标报价低的优先;投标报价也相等的,由招标人自行确定。

2. 评审标准

2.1　初步评审标准

2.1.1　形式评审标准:见评标办法前附表。

2.1.2　资格评审标准:见评标办法前附表(适用于未进行资格预审的)。

2.1.2　资格评审标准:见资格预审文件第三章"资格审查办法"详细审查标准(适用于已进行资格预审的)。

2.1.3　响应性评审标准:见评标办法前附表。

2.2　分值构成与评分标准

2.2.1　分值构成

(1)施工组织设计:见评标办法前附表;

(2)项目管理机构:见评标办法前附表;

(3)投标报价:见评标办法前附表;

(4)其他评分因素:见评标办法前附表。

2.2.2　评标基准价计算

评标基准价计算方法:见评标办法前附表。

2.2.3　投标报价的偏差率计算

投标报价的偏差率计算公式:见评标办法前附表。

2.2.4　评分标准

(1)施工组织设计评分标准:见评标办法前附表;

(2)项目管理机构评分标准:见评标办法前附表;

(3)投标报价评分标准:见评标办法前附表;

(4)其他因素评分标准:见评标办法前附表。

3. 评标程序

3.1　初步评审

3.1.1　评标委员会可以要求投标人提交第二章"投标人须知"第3.5.1项至第3.5.5项规定的有关证明和证件的原件,以便核验。评标委员会依据本章第2.1款规定的标准对投标文件进行初步评审。有一项不符合评审标准的,作废标处理。(适用于未进行资格预审的)

3.1.2　评标委员会依据本章第2.1.1项、第2.1.3项规定的评审标准对投标文件进行初步评审。有一项不符合评审标准的,作废标处理。当投标人资格预审申请文件的内容发生重大变化时,评标委员会依据本章第2.1.2项规定的标准对其更新资料进行评审。(适用于已进行资格预审的)

3.1.3　投标人有以下情形之一的,其投标作废标处理:

(1)第二章"投标人须知"第1.4.3项规定的任何一种情形的;

(2)串通投标或弄虚作假或有其他违法行为的;

(3)不按评标委员会要求澄清、说明或补正的。

3.1.4　投标报价有算术错误的,评标委员会按以下原则对投标报价进行修正,修正的价格经投标人书面确认后具有约束力。投标人不接受修正价格的,其投标作废标处理。

(1)投标文件中的大写金额与小写金额不一致的,以大写金额为准;

（2）总价金额与依据单价计算出的结果不一致的，以单价金额为准修正总价，但单价金额小数点有明显错误的除外。

3.2 详细评审

3.2.1 评标委员会按本章第2.2款规定的量化因素和分值进行打分，并计算出综合评估得分。

（1）按本章第2.2.4(1)目规定的评审因素和分值对施工组织设计计算出得分 A；

（2）按本章第2.2.4(2)目规定的评审因素和分值对项目管理机构计算出得分 B；

（3）按本章第2.2.4(3)目规定的评审因素和分值对投标报价计算出得分 C；

（4）按本章第2.2.4(4)目规定的评审因素和分值对其他部分计算出得分 D。

3.2.2 评分分值计算保留小数点后两位，小数点后第三位"四舍五入"。

3.2.3 投标人得分 $= A + B + C + D$。

3.2.4 评标委员会发现投标人的报价明显低于其他投标报价，或者在设有标底时明显低于标底，使得其投标报价可能低于其个别成本的，应当要求该投标人作出书面说明并提供相应的证明材料。投标人不能合理说明或者不能提供相应证明材料的，由评标委员会认定该投标人以低于成本报价竞标，其投标作废标处理。

3.3 投标文件的澄清和补正

3.3.1 在评标过程中，评标委员会可以书面形式要求投标人对所提交投标文件中不明确的内容进行书面澄清或说明，或者对细微偏差进行补正。评标委员会不接受投标人主动提出的澄清、说明或补正。

3.3.2 澄清、说明和补正不得改变投标文件的实质性内容（算术性错误修正的除外）。投标人的书面澄清、说明和补正属于投标文件的组成部分。

3.3.3 评标委员会对投标人提交的澄清、说明或补正有疑问的，可以要求投标人进一步澄清、说明或补正，直至满足评标委员会的要求。

3.4 评标结果

3.4.1 除第二章"投标人须知"前附表授权直接确定中标人外，评标委员会按照得分由高到低的顺序推荐中标候选人。

3.4.2 评标委员会完成评标后，应当向招标人提交书面评标报告。

第四章 合同条款及格式（限于篇幅，此处略）

第五章 工程量清单（略）

第六章 图纸（略）

第七章 技术标准和要求（限于篇幅，此处略）

第八章 投标文件格式

___(项目名称)___ 标段施工招标
投标文件

投标人：_____(盖单位章)____

法定代表人或其委托代理人：_____(签字)_____

年　　　月　　　日

目　录

一、投标函及投标函附录

(一)投标函

致 （招标人名称）：

在考察现场并充分研究(项目名称)标段(以下简称"本工程")施工招标文件的全部内容后,我方兹以人民币(大写)：_____元(￥：_____元的投标价格和按合同约定有权得到的其他金额,并严格按照合同约定,施工、竣工和交付本工程并维修其中的任何缺陷。在我方的上述投标报价中,包括措施费人民币(大写)：_____元。

如果我方中标,我方保证在_____年_____月_____日或按照合同约定的开工日期开始本工程的施工,_____天(日历天)内竣工,并确保工程质量达到标准。我方同意本投标函在招标文件规定的提交投标文件截止时间后,在招标文件规定的投标有效期期满前对我方具有约束力,且随时准备接受你方发出的中标通知书。

随本投标函递交的投标函附录是本投标函的组成部分,对我方构成约束力。

随同本投标函递交投标保证金一份,金额为人民币(大写)：_____元(￥：_____元)。

在签署协议书之前,你方的中标通知书连同本投标函,包括投标函附录,对双方具有约束力。

投标人：(盖章)
法人代表或委托代理人：(签字或盖章)

日期： 年 月 日

(二)投标函附录

工程名称： （项目名称） 标段

序号	条款内容	合同条款号	约定内容	备注
1	项目经理	1.1.2.4	姓名：	
2	工期	1.1.4.3	_____日历天	
3	缺陷责任期	1.1.4.5		
4	分包	4.3.4	无	
5	逾期竣工违约金	11.5	_____元/天	
6	逾期竣工违约金最高限额	11.5		
7	质量标准	13.1	合格	
8	预付款额度	17.2.1	合格总价15%	
9	质量保证金扣留百分比	17.4.1	3%	

备注:投标人在响应招标文件中规定的实质性要求和条件的基础上,可做出其他有利于招标人的承诺。此类承诺可在本表中予以补充填写。

投标人：(盖章)
法人代表或委托代理人：(签字或盖章)

日期： 年 月 日

二、法定代表人身份证明

投标人：

单位性质：

地址：

成立时间：　　年　　月　　日

经营期限：

姓名：　　　　性别：

年龄：　　　　职务：

系　(投标人名称)　的法定代表人。

特此证明。

投标人：(盖单位章)

年　　月　　日

三、授权委托书

本人　(姓名)　系　(投标人名称)　的法定代表人,现委托　(姓名)　为我方代理人。代理人根据授权,以我方名义签署、澄清、说明、补正、递交、撤回、修改(项目名称)标段施工投标文件、签订合同和处理有关事宜,其法律后果由我方承担。

委托期限：＿＿＿＿＿＿＿＿＿＿＿＿＿。

代理人无转委托权。

附:法定代表人身份证明

投标人：(盖单位章)

法定代表人：(签字)

身份证号码：

委托代理人：(签字)

身份证号码：

年　　月　　日

四、投标保证金

(无)

五、行贿犯罪档案查询结果告知函

(无)

六、已标价工程量清单

（说明：表格按软件自带表格）

七、施工组织设计

投标人应根据招标文件和对现场的勘察情况，采用文字并结合图表形式，参考以下要点编制本工程的施工组织设计：

1. 工程质量保证措施；
2. 安全生产保证措施；
3. 文明施工保证措施；
4. 工期保证措施；
5. 施工方案和施工技术措施；
6. 施工机械设备配备计划及劳动力安排；
7. 施工进度表或施工网络图；
8. 项目经理部组成（其中，包含建筑项目经理、资料员、质量员、安全员、材料员的资格证书、姓名、联系方式）；
9. 施工现场平面布置图；
10. 新技术、新产品、新工艺、新材料的应用。

八、其他材料

（限于篇幅，此处略）

九、项目建设概况

1. 本工程为广联达办公大厦工程，建设地点为×××市郊，工程结构为框架-剪力墙结构，基础形式为筏板满堂基础，基础底面积为 1 005.95 m²，总建筑面积为 4 745.6 m²，建筑层数为地上 4 层，建筑物高度为 15.6 m，设计使用年限为 50 年，耐火等级为地下二级、地上一级，抗震设防烈度为 8 度。
2. 建设条件：资金已落实，"三通一平"已经达到。
3. 建设要求：工期 270 日历天，质量等级合格。
4. 其他需要说明的情况。

1.3 实训时间安排

发公告之后，潜在的投标人按照公告的要求携带资料报名，通过审核之后获取资格预审文件，认真编制资格审查文件，并在规定时间内提交，逾期不予受理，视为自动放弃。资格审查时间为 2 天。

任务 2 建筑、安装工程工程量清单编制

任务简介

工程量清单是表现拟建工程分部分项工程、措施项目和其他项目名称和相应数量的明细清单,以满足工程项目体量化和计量支付的需要;是招标人编制招标控制价和投标人编制投标报价的重要依据。招标工程量清单是招标人依据国家标准、招标文件、设计文件以及施工现场实际情况编制的,随招标文件一起发布供投标报价的工程量清单包括对其的说明和表格。编制招标工程量清单,应充分体现"量价分离"的"风险分担"原则。

任务要求

能力目标	知识要点	相关知识	权重
掌握基本识图能力	正确识读工程图纸,理解建筑、结构做法和详图	制图规范、建筑图例、结构构件、节点做法	10%
掌握分部分项工程清单项目的划分	根据清单规则和图纸及施工内容正确划分各分部分项工程,准确确定分项目名称	清单子目的内容、工程量计算规则、工程具体内容	15%
掌握清单工程量的计算方法	根据建筑装饰工程量清单计算规则,正确计算各项清单工程量	工程量计算规则的运用	35%
掌握项目特征的准确描述	按照图纸的做法及常规施工规范准确描述项目特征	清单项目特征及对应定额子目内容	25%
掌握措施项目、其他项目清单的编制	根据招标文件要求列出单价措施项目和总价措施项目的清单项目、其他项目的清单项目	措施项目和其他项目清单的内容	15%

2.1 实训目的和要求

2.1.1 实训目的

①通过完成广联达办公大厦项目建筑、安装工程工程量清单编制模拟工作任务,提高学生正确贯彻执行陕西省建设工程相关的法律、法规,正确应用现行的《建设工程工程量清单计价规范》(GB 50500—2013)、《房屋建筑与装饰工程工程量计算规范》(GB 50854—2013)、《通用安装工程工程量计算规范》(GB 50856—2013)等基本技能。

②提高学生运用所学的专业理论知识解决具体问题的能力。

③使学生熟练掌握建筑、安装工程工程量清单的编制方法和技巧,重点培养学生编制建筑、安装工程工程量清单的专业技能。

2.1.2　实训要求

①按照指导教师要求的实训进度安排,分阶段独立完成实训内容。

②手工编制建筑、安装工程工程量清单的一部分内容。

③学生实训结束后,所完成的内容必须满足以下标准:

a. 建筑、安装工程分部分项工程量清单、通用措施项目清单、专业措施项目清单、其他项目清单、规费和税金项目清单表的内容完整、正确。

b. 采用《建设工程工程量清单计价规范》(GB 50500—2013)统一的表格,规范填写建筑、安装工程清单的各项内容,且字迹工整、清晰。

c. 按规定的顺序装订整齐。

2.2　实训内容

依据广联达办公大厦给定图纸及施工说明完成以下内容:

①手工计算部分分部分项项目的工程量(具体计算哪些项目可以根据老师和学生的具体情况确定)。

②应用广联达软件计算除手工计算项目以外的工程量。

③编制建筑、安装工程分部分项工程量清单。

④编制建筑、安装工程通用措施项目清单。

⑤编制建筑、安装工程专业措施项目清单。

⑥编制建筑、安装工程其他项目清单。

⑦编制建筑、安装工程规费和税金项目清单。

⑧编制建筑、安装工程工程量清单总说明。

2.3　实训流程及时间安排

(1)准备过程

熟悉施工图纸和现场,了解常规施工方案,准备有关标准、规范、技术资料与招标文件等,明确清单编制范围。主要了解内容如下:

①熟悉有关标准和规范。

②研究招标文件。

③熟悉施工图纸。

④熟悉清单工程量计算规则。

⑤了解施工现场情况及常规施工方案。

⑥明确编制内容和要求。

⑦列项确定项目名称。

(2)计算分部分项清单工程量

根据施工方案及《房屋建筑与装饰工程工程量计算规范》(GB 50854—2013),列出建筑安装分部分项工程项目,计算分项工程清单工程量。工程量的计算在整个清单的编制过程中是最重要、最繁重的一个环节,不仅影响清单的完整性,更重要的是将影响预算造价的准确性。因此,必须在工程量的计算上狠下功夫,确保预算质量。可参照以下步骤进行:

①根据施工方案和图纸确定分部分项清单项目,列出计算工程量的分部分项项目。对于初学者,在列项目名称时,可以对照清单计价规范逐一列项,防止漏项、列错项。

②根据一定的计算顺序和计算规则列出计算式。

③根据施工图示尺寸及有关数据,代入计算式进行计算。

④按照清单计价规则中的分部分项工程的计量单位,计算出准确的结果。

⑤完成表2.1工程量计算式的填写。

表2.1　工程量计算式

工程名称:广联达办公大厦　　　　　　　　　　　　　　　　　　　　　　第　页　共　页

序号	项目名称	计量单位	计算式	工程量	备注
	A.1　土(石)方工程				
1	平整场地	m^2	清单计价规则:按设计图示尺寸以建筑物首层建筑面积计算 $S=1\,005.95$ $S_{计价}=(50.4+4)\times(22.5+4)=1\,441.6$	1 005.95	建施-3 一层平面图
…	…	…	…	…	…

(3)分部分项工程量清单

根据《建设工程工程量清单计价规范》(GB 50500—2013)及施工内容,编制分部分项工程量清单、准确填写清单的5个要件,即项目编码、项目名称、项目特征、计量单位、工程量(表2.2)。

表2.2　分部分项工程量清单

工程名称:广联达办公大厦　　　　　　　　　　　　　　　　　　　　　　第　页　共　页

序号	项目编码	项目名称	计量单位	工程量
1	010101001001	平整场地 1.土壤类别:二类土 2.弃土运距;	m^2	1 005.95
…	…	…	…	…

(4)措施项目清单

依据相关资料编制通用和专业措施项目清单(表2.3)。

表2.3 措施项目清单

工程名称:广联达办公大厦　　　　　　　　　　　　　　　　　　　　　　　第 页 共 页

序号	项目名称	计量单位	工程数量
一	通用项目		
1	安全文明施工	项	1
2	冬雨季、夜间施工措施费	项	1
…	…	…	…
二	专业措施项目		
1	脚手架	项	1
2	模版	项	1
…	…	…	…

(5)其他项目清单

根据给定条件编制其他项目清单(表2.4)。

表2.4 其他项目清单

工程名称:广联达办公大厦　　　　　　　　　　　　　　　　　　　　　　　第 页 共 页

序号	项目名称	金额	备注
1	暂列金额		
2	暂估价		
	…		

(6)规费、税金项目清单

按照计价规范要求编制规费、税金项目清单(表2.5)。

表2.5 规费、税金项目清单

工程名称:广联达办公大厦　　　　　　　　　　　　　　　　　　　　　　　第 页 共 页

序号	项目名称	计量单位	工程数量
一	规费	项	1
1	社会保险费	…	…
…	…		
二、	税金	项	1

（7）整理装订

复核汇总,誊写打印;填写清单编制总说明,填制封面、扉页,装订成册。

（8）实训时间安排

项目确定为招标项目,拿到设计文件及图纸后1周内,完成建筑、安装工程招标工程量清单的编制。

任务3 建筑、安装工程招标控制价编制

任务简介

招标控制价是指根据国家或省级建设行政主管部门颁发的有关计价依据和办法,依据拟订的招标文件和招标工程量清单,结合工程具体情况发布的招标工程的最高投标限价。根据住房和城乡建设部颁布的《建筑工程施工发包与承包计价管理办法》(住建部令第16号)的规定,国有资金投资的建筑工程招标的,应当设有最高投标限价;非国有资金投资的建筑工程招标的,可以设有最高投标限价或者招标标底。

任务要求

能力目标	知识要点	相关知识	权重
掌握分部分项工程清单项目的内容	根据清单项目确定工程内容	清单项目工程具体内容	25%
掌握计价工程量的计算方法和消耗量的确定	根据建筑、安装工程消耗量定额的计算规则,正确计算各子目的计价工程量,正确使用消耗量定额	计价工程量计算规则的运用及消耗量定额的选用	20%
掌握分部分项工程量清单计价表的编制	综合单价的确定、组价及分部分项工程费的确定	组价程序	30%
掌握措施项目、其他项目清单及规费、税金项目清单计价表的编制	单价措施项目费和总价措施项目费的确定,暂列金额、暂估价的确定,计日工、总承包服务费的确定,规费和税金的确定	通用措施项目、专业措施项目、暂列金额、暂估价、计日工、总承包服务费	25%

3.1 实训目的和要求

3.1.1 实训目的

①通过完成广联达办公大厦项目建筑工程招标控制价编制模拟工作任务,提高学生正确贯彻执行陕西省建设工程相关的法律、法规,正确应用现行的《建设工程工程量清单计价规

范》(GB 50500—2013)、《房屋建筑与装饰工程工程量计算规范》(GB 50854—2013)、《通用安装工程工程量计算规范》(GB 50856—2013)等基本技能。

②提高学生运用所学的专业理论知识解决具体问题的能力。

③使学生熟练掌握建筑工程招标控制价编制的程序和技巧,重点培养学生应用建筑、安装工程工程量清单计价的专业技能。

3.1.2　实训要求

①按照指导教师要求的实训进度安排,分阶段独立完成实训内容。

②手工确定部分项目的建筑工程工程量清单的综合单价。

③在应用软件组价时,子目套用准确完整。

④学生实训结束后,所完成的内容必须满足以下标准:

a.建筑、安装工程分部分项工程量清单计价表、通用措施项目清单计价表、专业措施项目清单计价表、其他项目清单计价表以及规费、税金项目清单计价表的内容正确、完整。

b.采用《建筑工程工程量清单计价规范》(GB 50500—2013)统一的表格,规范填写建筑工程清单计价表的各项内容,且字迹工整、清晰。

c.按规定的顺序装订整齐。

⑤注意和任务 5 的对比学习。

3.2　实训内容

依据广联达办公大厦图纸及说明、招标文件、任务 2 完成的各项清单及通用施工组织设计完成以下内容:

①手工填写部分分部分项项目的综合单价分析表(具体计算哪些项目可以根据老师和学生的具体情况而确定)。

②应用广联达计价软件 GBQ5.0 计算其余分部分项项目的综合单价,并导出综合单价分析表。

③应用广联达计价软件 GBQ5.0 导出建筑、安装工程分部分项工程量清单计价表并进行调整。

④应用广联达计价软件 GBQ5.0 导出建筑、安装工程通用措施项目清单计价表并进行调整。

⑤应用广联达计价软件 GBQ5.0 导出建筑、安装专业措施项目清单计价表并进行调整。

⑥应用广联达计价软件 GBQ5.0 导出建筑、安装其他项目清单计价表并进行调整。

⑦应用广联达计价软件 GBQ5.0 编制规费、税金项目清单计价表并进行调整。

⑧编制单位工程造价汇总表。

⑨编制建筑、安装工程工程量清单计价总说明。

3.3　实训流程及时间安排

(1)准备过程

熟悉广联达办公大厦施工图纸和现场,按照投标的施工方案(任务 4),准备有关标准、规范、技术资料与招标文件等,明确清单计价范围。主要了解内容如下:

①熟悉有关标准和规范。

②研究招标文件。

③熟悉施工图纸。

④熟悉清单工程量计算规则。

⑤了解施工现场情况及投标施工方案。

⑥熟悉本企业定额、参照陕西省消耗量定额和计价费率。

⑦进行清单的项目综合单价的确定。

（2）确定综合单价，完成分部分项工程量清单与计价表

应用广联达计价软件，依据《陕西省建筑装饰消耗量定额》完成广联达办公大厦分部分项工程量清单的综合单价分析。综合单价综合单价包括完成一个规定清单项目所需的人工费、材料和工程设备费、施工机具使用费、企业管理费、利润，并考虑风险费用的分摊。

①确定综合单价时，应注意以项目特征描述为依据，合理处理材料、工程设备暂估价，并考虑合理的风险。

②具体步骤和方法：确定计算基础；分析每一清单项目的工程内容；计算工程内容的工程数量与清单单位的含量；计算分部分项工程人工、材料、机械费用；计算综合单价。

③完成表3.1分部分项工程量清单与计价表。

表3.1　分部分项工程量清单与计价表

工程名称：广联达办公大厦　　　　　　　　专业：　　　　　　　　第　页　共　页

序号	项目编码	项目名称	项目特征	计量单位	工程量	金额/元		
						综合单价	合价	其中:暂估价
1								
2								
本页小计								
合计								

（3）编制措施项目清单与计价表

依据招标文件及相关资料，编制广联达办公大厦项目的措施项目清单与计表。对于不能精确计量的措施项目，应编制总价措施项目清单与计价表；对于可以计量的专业措施项目，应编制分部分项工程量清单与计价表（表3.2、表3.3）。

表3.2　总价措施项目清单与计价表（一）

工程名称：　　　　　　　　专业：　　　　　　　　第　页　共　页

序号	项目名称	计算基础	费率/%	金额/元
1	安全文明施工费			
2	夜间施工费			
3	二次搬运费			
4	冬雨期施工			

续表

序号	项目名称	计算基础	费率/%	金额/元
5	大型机械设备进出场安拆费			
6	施工排水			
7	施工降水			
8	地上、地下设施及建筑物的临时保护设施			
9	已完工程及设备保护			
10	各专业工程的措施项目			
合计				

表 3.3 专业措施项目清单与计价表（二）

工程名称：　　　　　　专业：　　　　　　第　页　共　页

序号	项目编码	项目名称	项目特征	计量单位	工程量	金额/元	
						综合单价	合价
1							
2							
3							
4							
本页小计							
合计							

（4）编制其他项目清单与计价表

依据招标文件及相关资料，编制广联达办公大厦项目的其他项目清单与计价表（表 3.4 至表 3.9）。

表 3.4 其他项目清单与计价汇总表

工程名称：　　　　　　专业：　　　　　　第　页　共　页

序号	项目名称	计量单位	金额/元	备注
1	暂列金额			明细详见表 3.5
2	暂估价			
2.1	材料暂估价			明细详见表 3.6
2.2	专业工程暂估价			明细详见表 3.7
3	计日工			明细详见表 3.8
4	总承包服务费			明细详见表 3.9
合计				

表 3.5 暂列金额明细表

工程名称：　　　　　　　　　　　专业：　　　　　　　　　　　　第　页　共　页

序号	项目名称	计量单位	金额/元	备注
1				例:此项目设计图纸有待完善
2				
3				
4				
合计				

表 3.6 材料暂估单价表

工程名称：　　　　　　　　　　　专业：　　　　　　　　　　　　第　页　共　页

序号	材料名称、规格、型号	计量单位	单价/元	备注
1				
2				
3				
4				

表 3.7 专业工程暂估价表

工程名称：　　　　　　　　　　　专业：　　　　　　　　　　　　第　页　共　页

序号	工程名称	工程内容	金额/元	备注
1				例:此项目设计图纸有待完善
2				
3				
4				
合计				

表 3.8 计日工表

工程名称：　　　　　　　　　　　专业：　　　　　　　　　　　　第　页　共　页

序号	项目名称	单位	暂定数量	综合单价/元	合价/元
一	人工				
1					
2					
3					
人工小计					

序号	项目名称	单位	暂定数量	综合单价/元	合价/元
二	材料				
1					
2					
3					
	材料小计				
三	施工机械				
1					
2					
3					
	施工机械小计				
	合计				

表3.9 总承包服务费计价表

工程名称： 专业： 第 页 共 页

序号	项目名称	项目价值/元	服务内容	费率/%	金额/元
1	发包人发包专业工程				
2	发包人供应材料				
	合计				

特别说明,以上表格要根据广联达办公大厦项目的实际情况而选择填写,不是每个表格都要求填写。

(5)编制规费、税金项目清单与计价表

依据招标文件及相关资料,编制广联达办公大厦项目的规费、税金项目清单与计价表(表3.10)。

表3.10 规费、税金项目清单与计价表

工程名称： 专业： 第 页 共 页

序号	项目名称	计算基础	费率/%	金额/元
1	规费			
1.1	工程排污费			
1.2	社会保障费			
(1)	养老保险费			

续表

序号	项目名称	计算基础	费率/%	金额/元
(2)	失业保险费			
(3)	医疗保险费			
1.3	住房公积金			
1.4	危险作业意外伤害保险			
1.5	工程定额测定费			
2	增值税			
合计				

(6)单位工程造价汇总表

依据分部分项工程量清单计价表、措施项目清单计价表、其他项目清单计价表以及规费、税金清单计价表,编制广联达办公大厦项目的单位工程造价汇总表(表3.11)。

表3.11　单位工程造价汇总表

工程名称:　　　　　　　　专业:　　　　　　　　　　　　第　页　共　页

序号	汇总内容	金额/元	其中:暂估价/元
1	分部分项工程		
1.1			
1.2			
…	…		
2	措施项目		
2.1	其中:安全文明施工费		
3	其他项目		
3.1	其中:暂列金额		
3.2	其中:专业工程暂估价		
3.3	其中:计日工		
3.4	其中:总承包服务费		
4	规费		
5	增值税		
投标报价合计 = 1 + 2 + 3 + 4 + 5			

(7)整理装订

复核汇总,誊写打印;编写广联达办公大厦招标控制价总说明,填制封面、扉页,装订成册。

(8)实训时间安排

项目确定为招标项目,拿到招标工程量清单后1周内,完成建筑、安装工程招标控制价的编制。

项目 2
建筑、安装工程投标

任务 4   建筑、安装工程技术标编制

任务简介

建筑施工组织设计是根据国家的有关技术政策和规定、建设单位对拟建工程的要求、设计图纸和组织施工的基本原则，从拟建工程施工的全局出发，科学合理安排人力、资金、材料、机械和施工方法等要素，使建造活动在一定的时间、空间和资源供应条件下，有组织、有节奏、有秩序地进行，做到人尽其才、物尽其用，从而以最少的资源消耗取得最大的经济效益，在安全可靠的情况下，使最终建筑产品的产出在时间上达到速度快、耗工少和工期短，在质量上达到精度高和功能好，在经济上达到消耗少、成本低和利润高的目的。通过施工组织设计，可以对招标文件提出的要求作出承诺，这些内容作为投标文件的一部分将成为工程承包合同的组成部分，具有合同要约的作用。

任务要求

能力目标	知识要点	相关知识	权重
掌握施工部署的内容	施工部署确定的原则	单位工程的施工程序、施工顺序	25%
掌握施工方案的制订	如何让选择单位工程的施工方法和施工机械	流水施工组织	20%
会准确划分施工过程、施工段	流水参数、流水方式	单位工程横道图	30%
熟悉图纸，掌握施工平面图的设计内容	平面设计的依据、原则和设计步骤	施工平面布置图绘制的步骤	25%

4.1 实训目的和要求

4.1.1 实训目的

通过对广联达办公大厦项目技术标的编制,能比较系统地应用建筑、安装工程技术标的编制方法,掌握单位工程施工组织设计的基本内容、基本方法和设计步骤,提高学生建筑施工组织的能力,能在实际工作中根据建筑特点和现场施工条件,选择科学、合理的施工方案及可靠的施工措施,达到安全、经济、合理的施工要求。

4.1.2 实训要求

①设计说明书宜 3 000 ~ 5 000 字,其中必须有施工方案选择的理由、分析计算过程,主体结构施工进度计划,单位工程施工进度和平面图设计的说明,并附有必要的简图。

②施工进度网络计划一份(手绘,必须用直尺绘图)。

③施工平面图一份(3 号图比例 1∶500 ~ 1∶200,手绘,必须用尺子绘图)。注意:如没有按要求用直尺画图,一律算零分处理,保持图纸整洁。

设计说明书及施工过程可以采用电子稿。

④字数:不少于 8 000 字。字体:标题为黑体,其余文本为宋体。字号:标题小三号,其余文本四号。行距:1.5 倍行距。纸张:A4。页边距:上 2.5 cm,下 2.2 cm;左 2.8 cm,右 2.8 cm。

4.2 实训内容

4.2.1 工程概况和施工特点分析

①工程建设概况:主要介绍拟建工程的工程名称、性质、用途及工程开竣工日期、施工图纸情况,以及组织施工的指导思想等。

②工程施工概况:主要介绍拟建工程的建筑设计特点、结构设计特点、建设地点特征、施工条件及工程施工特点。

4.2.2 施工方案设计

施工方案设计中主要步骤为:
①选择建筑施工流向;
②合理划分施工段;
③确定施工顺序;
④选择施工用脚手架;
⑤选择施工机械:包括水平和垂直运输机械、混凝土搅拌运输机械、混凝土振捣机械等;
⑥混凝土的浇筑方案:包括混凝土的搅拌运输方法、混凝土的浇筑顺序及要求、混凝土的养护制度等。
⑦其他主要分部分项工程的施工方法。

4.2.3 主要技术组织措施

主要技术组织措施中应重点包括保证工程质量措施、施工安全措施、冬雨期施工措施、降低成本措施等。

4.2.4 施工进度计划

施工进度计划主要包括以下内容：
①划分施工过程；
②计算工程量(注意：工程量单位应与定额保持一致)；
③计算劳动量；
④确定各施工过程的施工天数；
⑤编制施工进度计划的初始方案；
⑥检查与调整；
⑦绘制正式进度计划。

4.2.5 资源需用量计划

资源需要量计划中可重点考虑以下内容：
①劳动力需用量计划；
②主要材料需用量计划；
③构件和半成品需用量计划；
④施工机械需用量计划。

4.2.6 施工平面图

施工平面图设计中应考虑以下内容：
①确定垂直运输机械的布置；
②确定搅拌站、仓库、材料、构件堆场以及加工厂的位置；
③现场运输道路；
④临时设施布置；
⑤水、电管网布置。

4.2.7 主要技术经济措施

主要技术经济措施包括以下内容：
①现场安全施工措施；
②现场文明施工措施；
③质量措施；
④降低成本措施；
⑤主要材料节约措施。

4.3 实训质量标准及时间安排

4.3.1 实训成果

通过本次实习，加强巩固学生对所学相关课程理论的认识理解，并模拟实际的运用，要求每一位学生独立完成框架-剪力墙结构主体工程的混凝土工程施工方案的编写工作。

4.3.2 质量标准

（1）大于或等于90分

①独立完成实训任务书所规定全部内容，施工方案完善，主要技术指标完全正确，符合国家相关的标准、规范和规程的规定，并有一定的见解和创造性。

②在实训过程中态度认真，熟悉使用参考书、技术资料，表现出较好的基本技能训练，有较强的独立工作能力。

③实训成果编撰条理清楚，文字通顺，图纸正确，整洁完美，质量高。

④施工方案自己独立完成，能用于指导施工实践。

（2）小于90分，且不小于80分

①独立完成实训任务书所规定全部内容，施工方案完善，主要技术指标完全正确，符合国家相关的标准、规范和规程的规定。

②在实训过程中态度认真，熟悉使用参考书、技术资料，表现出有一定的独立工作能力。

③实训成果编撰有条理，文字通顺，图纸正确，整洁，质量较高。

④施工方案自己独立完成，基本能用于指导施工实践。

（3）小于80分，且不小于70分

①能完成实训任务书规定的大部分内容，施工方案基本完善，主要技术指标基本正确，基本符合国家相关的标准、规范和规程的规定。

②在实训过程中态度较认真，能使用参考书及相关技术资料，表现出一般的工作能力。

③施工方案符合一般要求，文字较通顺，整洁，质量一般。

④施工方案自己独立完成，经补充完善后，可以用于指导施工实践。

（4）小于70分，且不小于60分

①完成了实训任务书规定的大部分内容，施工方案基本完善，主要技术指标基本正确，基本符合国家相关的标准、规范和规程的规定。

②编写的施工方案总体质量较差。

③施工方案自己独立完成。

④不能用于指导施工实践。

（5）小于60分

①没有完成实训任务书中规定的大部分全部内容，施工方案中有原则性错误。

②施工方案质量差，不符合起码的相关的标准、规范和规程的规定。

③设计基本上是抄袭别人的。

4.3.3 实训时间安排

拿到招标文件后，安排1周编制技术标。

任务5 建筑、安装工程投标报价编制

任务简介

投标报价是在工程招标发包过程中，由投标人按照招标文件的要求，根据工程特点并结合自身的施工技术、装备和管理水平,依据有关计价规定自主确定的工程造价。它是投标人希望达成工程承发包交易的期望价格,它不能高于招标人定的招标控制价。为使投标报价更加合理并具有竞争性,保证工程量清单报价的合理性,投标人在取得招标文件后,应对投标人须知、合同条件、技术规范、图纸和工程量清单等重点内容进行分析,深刻而正确地理解招标文件和招标任人的意图。其次,要对各生产要素的价格、质量、供应时间、供应数量等数据进行调查,即询价。最后,复核招标人提供的清单工程量,做出投标报价。

任务要求

能力目标	知识要点	相关知识	权重
掌握基本识图能力	正确识读工程图纸,理解建筑、结构做法和详图	制图规范、建筑图例、结构构件、节点做法	10%
掌握分部分项工程清单项目的内容	根据清单项目确定工程内容	清单项目工程具体内容	15%
掌握计价工程量的计算方法和确定企业消耗量	根据建筑、安装工程消耗量定额的计算规则,正确计算各子目的计价工程量,正确使用企业消耗量定额	计价工程量计算规则的运用及企业消耗量定额的选用	20%
掌握分部分项工程量清单计价表的编制	综合单价的确定、组价及分部分项工程费的确定	组价程序	30%
掌握措施项目、其他项目清单以及规费、税金项目清单计价表的编制	单价措施项目费和总价措施项目费的确定,暂列金额、暂估价的确定,计日工、总承包服务费的确定,规费和税金的确定	通用措施项目、专业措施项目、暂列金额、暂估价、计日工、总承包服务费、	25%

5.1　实训目的和要求

5.1.1　实训目的

①通过完成广联达办公大厦项目建筑工程投标报价编制模拟工作任务,提高学生正确贯彻执行陕西省建设工程相关的法律、法规,正确应用现行的《陕西省建设工程工程量清单计价规则》《陕西省建筑安装工程消耗量定额》以及建筑工程设计和施工规范、标准图集等的基本技能。

②提高学生运用所学的专业理论知识解决具体问题的能力。

③使学生熟练掌握建筑工程投标报价编制的程序和技巧,重点培养学生应用建筑、安装工程工程量清单计价的专业技能。

④参考《陕西省建筑安装工程消耗量定额》,应用企业定额投标报价的技能。

5.1.2　实训要求

①按照指导教师要求的实训进度安排,分阶段独立完成实训内容。

②手工确定一部分项目建筑工程工程量清单的综合单价。

③在应用软件组价时,子目套用准确完整。

④学生实训结束后,所完成的内容必须满足以下标准:

a. 建筑及安装工程分部分项工程量清单计价表、通用措施项目清单计价表、专业措施项目清单计价表、其他项目清单计价表及规费、税金项目清单计价表的内容完整、正确。

b. 采用《建筑工程工程量清单计价规范》(GB 50050—2013)统一的表格,规范填写建筑工程清单计价表的各项内容,且字迹工整、清晰。

c. 按规定的顺序装订整齐。

5.2 实训内容

依据广联达办公大厦图纸及说明、招标文件、任务 2 完成的各项清单及任务 4 的施工组织设计,完成以下内容:

①手工填写部分分部分项项目的综合单价分析表(具体计算哪些项目可以根据老师和学生的具体情况而确定)。

②应用广联达计价软件 GBQ5.0 确定其余分部分项项目的综合单价,并导出综合单价分析表。

③应用广联达计价软件 GBQ5.0 导出建筑、安装工程分部分项工程量清单计价表并进行调整。

④应用广联达计价软件 GBQ5.0 导出建筑、安装工程通用措施项目清单计价表并进行调整。

⑤应用广联达计价软件 GBQ5.0 导出建筑、安装工程专业措施项目清单计价表并进行调整。

⑥应用广联达计价软件 GBQ5.0 导出建筑、安装工程其他项目清单计价表并进行调整。

⑦编制规费、税金项目清单计价表并进行调整。

⑧编制单位工程造价汇总表。

⑨编制建筑、安装工程工程量清单计价总说明。

5.3 实训流程及时间安排

(1)准备过程

熟悉广联达办公大厦施工图纸和现场,按照投标的施工方案(任务 4),准备有关标准、规范、技术资料与招标文件等,明确清单计价范围。主要了解内容如下:

①熟悉有关标准和规范;

②研究招标文件;

③熟悉施工图纸;

④熟悉清单工程量计算规则;

⑤了解施工现场情况及投标施工方案;

⑥熟悉本企业定额、参照陕西省消耗量定额;

⑦进行清单项目内容的划分。

（2）确定综合单价,完成分部分项工程量清单与计价表

应用广联达计价软件,依据《陕西省建筑安装消耗量定额》完成广联达办公大厦项目分部分项工程量清单的综合单价分析。综合单价包括完成一个规定清单项目所需的人工费、材料和工程设备费、施工机具使用费、企业管理费、利润,并考虑风险费用的分摊。

①确定综合单价时,应注意以项目特征描述为依据,合理处理材料、工程设备暂估价,并考虑合理的风险。

②具体步骤和方法:确定计算基础;分析每一清单项目的工程内容;计算工程内容的工程数量与清单单位的含量;计算分部分项工程人工、材料、机械费;计算综合单价。

③完成表5.1、表5.2。

表 5.1 工程量清单综合单价分析表

工程名称: 　　　　　　　专业: 　　　　　　第 页 共 页

项目编号			项目名称			计量单位	
清单综合单价组成明细							
定额编号	定额名称	定额单位	数量	单价/元				合价/元			
				人工费	材料费	机械费	管理费和利润	人工费	材料费	机械费	管理费和利润
人工单价			小计								
元/工日			未计价材料费								

材料费明细	主要材料名称、规格、型号				单位	数量	单价/元	合价/元	暂估单价/元	暂估合价/元
	其他材料费						—		—	
	材料费小计						—		—	

表5.2　分部分项工程量清单与计价表

工程名称：　　　　　　　　　　专业：　　　　　　　　　　　　　第　页　共　页

序号	项目编码	项目名称	项目特征	计量单位	工程量	金额/元		
						综合单价	合价	其中：暂估价
1								
2								
本页小计								
合计								

（3）编制措施项目清单与计价表

依据招标文件及相关资料,编制广联达办公大厦项目的措施项目清单与计价表（表5.3、表5.4）。对于不能精确计量的措施项目,应编制总价措施项目清单与计价表;对于可以计量的专业措施项目,编制分部分项工程量清单与计价表。

表5.3　总价措施项目清单与计价表（一）

工程名称：　　　　　　　　　　专业：　　　　　　　　　　　　　第　页　共　页

序号	项目名称	计算基础	费率/%	金额/元
1	安全文明施工费			
2	夜间施工费			
3	二次搬运费			
4	冬雨季施工			
5	大型机械设备进出场安拆费			
6	施工排水			
7	施工降水			
8	地上、地下设施及建筑物的临时保护设施			
9	已完工程及设备保护			
10	各专业工程的措施项目			
合计				

表5.4　专业措施项目清单与计价表（二）

工程名称：　　　　　　　　　　专业：　　　　　　　　　　　　　第　页　共　页

序号	项目编码	项目名称	项目特征	计量单位	工程量	金额/元	
						综合单价	合价
1							
2							

序号	项目编码	项目名称	项目特征	计量单位	工程量	金额/元	
						综合单价	合价
3							
4							
本页小计							
合计							

(4)其他项目清单与计价表

依据招标文件及相关资料,编制广联达办公大厦项目的其他项目清单与计价表(表 5.5 至表 5.10)。

表 5.5 其他项目清单与计价汇总表

工程名称: 　　　　　　　专业: 　　　　　　　第　页 共　页

序号	项目名称	计量单位	金额/元	备注
1	暂列金额			明细详见表 5.6
2	暂估价			
2.1	材料暂估价			明细详见表 5.7
2.2	专业工程暂估价			明细详见表 5.8
3	计日工			明细详见表 5.9
4	总承包服务费			明细详见表 5.10
合计				

表 5.6 暂列金额明细表

工程名称: 　　　　　　　专业: 　　　　　　　第　页 共　页

序号	项目名称	计量单位	金额/元	备注
1				例:此项目设计图纸有待完善
2				
3				
4				
合计				

表5.7　材料暂估单价表

工程名称：　　　　　　　　　　　　专业：　　　　　　　　　　　　　　　　第　页　共　页

序号	材料名称、规格、型号	计量单位	单价/元	备注
1				
2				
3				
4				

表5.8　专业工程暂估价表

工程名称：　　　　　　　　　　　　专业：　　　　　　　　　　　　　　　　第　页　共　页

序号	工程名称	工程内容	金额/元	备注
1				例:此项目设计图纸有待完善
2				
3				
4				
合计				

表5.9　计日工表

工程名称：　　　　　　　　　　　　专业：　　　　　　　　　　　　　　　　第　页　共　页

序号	项目名称	单位	暂定数量	综合单价/元	合价/元
一	人工				
1					
2					
3					
人工小计					
二	材料				
1					
2					
3					
材料小计					
三	施工机械				
1					
2					
3					
施工机械小计					
合计					

表 5.10 总承包服务费计价表

工程名称：　　　　　　　　　专业：　　　　　　　　　　　第 页 共 页

序号	项目名称	项目价值/元	服务内容	费率/%	金额/元
1	发包人发包专业工程				
2	发包人供应材料				
	合计				

特别说明,以上表格要根据广联达办公大厦项目的实际情况而选择填写,不是每个表格都要求填写。

(5)编制规费、税金项目清单与计价表。

依据招标文件及相关资料,编制广联达办公大厦项目的规费、税金项目清单与计价表(表 5.11)。

表 5.11 规费、税金项目清单与计价表

工程名称：　　　　　　　　　专业：　　　　　　　　　　　第 页 共 页

序号	项目名称	计算基础	费率/%	金额/元
1	规费			
1.1	工程排污费			
1.2	社会保障费			
(1)	养老保险费			
(2)	失业保险费			
(3)	医疗保险费			
1.3	住房公积金			
1.4	危险作业意外伤害保险			
1.5	工程定额测定费			
2	增值税	增值税		
	合计			

(6)单位工程造价汇总表

依据分部分项工程量清单与计价表、措施项目清单与计价表、其他项目清单与计价表汇总以及规费、税金清单与计价表,编制广联达办公大厦项目的单位工程造价汇总表。

表 5.12 单位工程造价汇总表

工程名称：　　　　　　　　　　　专业：　　　　　　　　　　　第 页 共 页

序号	汇总内容	金额/元	其中:暂估价/元
1	分部分项工程		
1.1			
1.2			
…	…		
2	措施项目		
2.1	其中:安全文明施工费		
3	其他项目		
3.1	其中:暂列金额		
3.2	其中:专业工程暂估价		
3.3	其中:计日工		
3.4	其中:总承包服务费		
4	规费		
5	增值税		
投标报价合计 = 1 + 2 + 3 + 4 + 5			

（7）整理装订

复核汇总,誊写打印;编写广联达办公大厦项目投标报价总说明,填制封面,装订成册。

（8）实训时间安排

拿到招标文件和招标工程量清单,参照任务 4 的内容在 1 周内完成建筑、安装工程投标报价的编制。

任务6　建筑、安装工程开标、评标、定标

任务简介

开标就是投标人提交投标文件截止时间后,由招标人主持,邀请所有投标人参加。招标人依据招标文件规定的时间和地点,开启投标人提交的投标文件,公开宣布投标人的名称、投标价格及投标文件中的其他主要内容的活动。开标应当在招标文件确定的提交投标文件截止时间的同一时间公开进行,开标地点也应当为招标文件中预先确定的地点。

评标是由招标人依法组建的评标委员会对投标人编制的投标文件进行审查,并根据招标文件提供的评标办法对投标文件进行技术经济评价,向招标人推荐中标候选人或者根据招标

人的授权直接确定中标人。

定标也即授予合同,是采购单位决定中标人的行为。即评标结束后,由评标委员会推荐出中标候选人,并向招标人提交评标报告,评标结束;下一个程序进入公示阶段,公示结束后,排名第一的中标候选人为中标人,招标人向中标人发出中标通知书。发出中标通知书就是定标。

任务要求

能力目标	知识要点	相关知识	权重
掌握开标的流程	开标的时间、地点和方式	开标的概念	10%
掌握投标人提交投标文件的注意事项	投标文件的组成内容	投标的方式	15%
掌握废标的情形,且避免发生	废标的处理情形	废标	20%
掌握评标的方法	评标的方法	评标的标准和内容	30%
掌握建筑工程定标	定标的原则	定标的流程	25%

6.1　实训目的和要求

6.1.1　实训目的

以广联达办公大厦项目为导向,模拟开标、评标、定标过程,提升学生专业技术技能水平,熟悉流程并填写以下资料:

①掌握开标时间、地点、程序等有关规定。

②掌握开标的流程。

③掌握投标人提交投标文件的注意事项。

④掌握开标时招标人或者招标代理公司、投标人、监标人等需要准备和签字的资料。

⑤掌握评标委员会的组成原则、评审过程和评审方法。

⑥掌握废标的情形,并避免发生。

⑦掌握修正投标文件的原则。

⑧掌握评标报告的填写。

⑨掌握中标通知书的编写。

6.1.2　实训要求

①按照指导教师要求的实训进度安排,分阶段独立完成实训内容。

②规范填写相关表格内容,且字迹工整、清晰。

③按规定的顺序装订整齐。

6.2 实训内容

1)投标人递交投标文件登记表(表6.1、表6.2)

表6.1 投标人签到表

序号	单位名称	姓名	职务	联系电话	签到时间	备注

注:有的地方开标时要求项目经理到场,一般由项目经理签字,对于不要求的只要是法人授权委托人即可。

招标人: 监督人:

表6.2 投标人递交文件登记表

工程名称:

序号	投标人	递交时间	件数	是否密封	递交人	备注

接收人(招标代理公司): 接收地点:

2)由招标代理公司唱标人宣布会议议程

(1)宣布开标纪律

①遵守《中华人民共和国招标投标法》及其他有关法律、法规、规定及开标会议议程。

②在开标会议期间,所有参会人员关闭手机或将手机调振动。

③严禁大声喧哗,保持会场安静。

④开标会议工作人员不得以任何形式或手段侵犯招投标人的合法权益。

⑤在开标会议期间,严禁发生弄虚作假、暗箱操作等行为。

⑥开标活动及其当事人应当自觉接受有关监督部门依法实施的监督。

⑦未经许可,投标人不得进入评标室。

(2)介绍参会人员(表 6.3)

表 6.3 开标参会人员签到表

项目名称:

序号	单位	职位	姓名	联系方式

招标人:　　　　　　　　　　　　　监督人:

(3)查验投标人的有关证件

请监标人确认投标企业法定代表人或委托授权负责人是否到场,同时投标人向监标人提供相关证件及资料,监标人查验完毕后宣布查验结果,并签字确认(表 6.4)。

表 6.4 建设项目相关证件查验表

序号　资质原件　投标单位	法人或法人授权委托书	法人或被委托人身份证	建造师证、安全生产考核合格证书(B 证)	保证金回单	行贿犯罪档案查询结果告知函	结果

注:本表中查验合格的项打"√",查验不合格的项打"×",结果写"合格"或"不合格"以确认。

招标人:　　　　　　　　　　　　　监督人:

一、法定代表人身份证明

投标人：

单位性质：

地址：

成立时间：　　年　　月　　日

经营期限：

姓名：　　　　　　　　性别：

年龄：　　　　　　　　职务：

系(申请人名称)的法定代表人。

特此证明。

申请人:(盖单位章)

　　　　年　　　　月　　　　日

二、授权委托书

本人＿＿(姓名)＿＿系＿＿(申请人名称)＿＿的法定代表人,现委托＿＿(姓名)＿＿为我方代理人。代理人根据授权,以我方名义签署、澄清、递交、撤回、修改＿＿(项目名称)＿＿标段施工投标文件、签订合同和处理有关事宜,其法律后果由我方承担。

委托期限:＿＿(根据工程实际情况自行拟定)＿＿

代理人无转委托权。

附:法定代表人身份证明

　　　　投标人:(盖单位章)

　　　　法定代表人:(签字)

　　　　身份证号码:

　　　　委托代理人:(签字)

　　　　身份证号码:

年　　　月　　　日

(4)查验投标文件密封情况

所有投标企业相互查验标书密封情况,并在查验表上签字确认(表6.5)。

表6.5　施工投标文件密封集中查验表

工程名称:

序号	投标单位	件数	密封情况		投标人代表签字
			是(√)	否(×)	

序号	投标单位	件数	密封情况		投标人代表签字
			是(√)	否(×)	

说明:本表在投标人较多时使用,可以提高查验工作效率。集中查验密封情况时,将所有投标人递交的投标文件按单位集中摆放,参会的各投标人代表和监督人员共同对所有递交的投标文件进行密封查验。由监督人员代表执笔,征询各代表意见后对投标文件进行是否密封作出结论,集中查验工作完成后,所有投标人代表以及监督人员均应签字。

招标人: 　　　　　　　　　监督人:

(5)开标

①开启＿＿×××××项目＿＿的最高限价:＿＿＿＿＿元。招标文件要求工期:＿＿＿＿＿日历天,质量等级:＿＿＿＿＿(表6.6)。

②开启投标文件,将技术标送评标室评审。技术标评审结束后,开启商务标。

表 6.6　项目唱标一览表

投标单位 ＼ 唱标内容	投标报价/元	工程质量等级	投标工期/天	投标人授权代表确认签字
招标上限控制价/元				
招标文件要求工期				

唱标人: 　　　　　　　　　记标人:

招标人: 　　　　　　　　　监督人:

唱标完毕,确认各投标企业对刚才唱标有没有异议。然后请投标企业在唱标表上签字确认,请有关专家到评标室参与评标。

(6)宣布评标结果

评标完成后宣布评标结果。

3)评标委员会对项目进行评审

评标委员会的专家一般由招标人或者代理公司在发改委或者招投标管理办公室建立的评标专家库随机抽取。专家在规定时间之前必须到场,不能及时到场的须提前半小时履行请假手续,以便补抽的专家能按时到场;无故不能到场视为自动弃权,并给予一定的处罚。招标代理公司按照规定或者流程,准备资料进行填写备案(表6.7、表6.8)。

表6.7　建设项目招标评标专家抽取登记表

项目名称	
开标地点	
开标时间	
建设单位	
代理公司	
实抽评标专家人数	
抽取时间	___年___月___日___时___分　　操作人员签名

注:此表各地有不同的记录形式。

表6.8　评标小组专家签到表

序号	单位	姓名	专业	职称	联系电话	备注

招标代理公司将开启的技术标送往评标室,由评标委员会专家根据招标文件中对技术标评审要求和打分标准进行评审,根据各投标公司技术标的优劣情况进行自主打分(表6.9、表6.10)。

表6.9 技术标评分表

序号	投标人 得分 评分项目	投标人名称							
1	项目经理部组成(1~2分)								
2	施工方案和施工技术措施 (1~2分)								
3	工期技术组织措施(1~2分)								
4	工程质量技术保证措施(1~2分)								
5	安全生产保证措施(1~2分)								
6	施工现场平面布置图(1~2分)								
7	文明施工技术组织措施及环境保护措施(1~2分)								
8	主要机具施工机械设备配备计划(1~2分)								
9	施工进度计划表或施工网络图(1~2分)								
10	新技术、新材料、新工艺对提高工程质量、缩短工期、降低造价的可行性(1~2分)								
	合计								

说明:1.表中1~10项共计20分。

2.技术标中质量、工期、安全任何一项不合格者,其技术标即为不合格;因其他评审内容不合格而被评为技术标不合格的,应有2/3及以上评标委员的一致意见。打分不得超过打分标准的上、下限。

注:此样表可以根据评委的数量进行复制使用。

评标专家签名: 日期:

表6.10　项目技术标汇总表

投标企业名称＼评委	评委1	评委2	评委3	评委4	评委5	评委6	评委7	总得分	技术标得分

注：此表中技术标的得分是总得分的平均值。

全体评委签字：　　　　　　　　　　　日期：　年　月　日

技术标评审结束后,开启商务标,送往评标室,由评标委员会专家对商务标的形式性和响应性进行评审(表6.11至表6.17)。

表6.11　形式性评审记录表

序号	评审因素	投标人名称及评审意见											
		符合	不符合	符合	不符合	符合	不符合	符合	不符合	符合	不符合	符合	不符合
1	响应函签字盖章：有法定代表人或其委托代理人签字或加盖单位章												
2	投标响应文件格式：符合第八章"投标文件格式"的要求												
3	报价唯一：只能有一个响应报价												

注：符合要求的打"√",不符合的打"×"(应有2/3及以上评标委员的一致意见)。

全体评委签字：　　　　　　　　　　　日期：　年　月　日

84

表 6.12　响应性评审记录表

序号	评审因素	投标人名称及评审意见											
		符合	不符合	符合	不符合	符合	不符合	符合	不符合	符合	不符合	符合	不符合
1	投标内容												
2	工期												
3	工程质量												
4	投标有效期												
5	权利义务												
6	已标价工程量清单												
7	有效投标报价												
8	分包计划												
	是否通过评审												

说明:符合要求的打"√",不符合的打"×"(应有 2/3 及以上评标委员的一致意见)。

全体评委签字:　　　　　　　　　　　日期:　年　月　日

表 6.13　工程投标报价评分表

总分:30　　　　　　　　本工程项目扣分标准:$X=1$

序号	投标单位	投标总价	合理报价	基准价	偏差率/%	得分
	标底		报价下限:		92%	

说明:投标总价得分标准,在有效报价范围内,报价最低的投标价即为基准价,等于基准价得满分,高于基准价每 1% 扣 X 分,扣完为止。

偏差率 =(投标报价 - 基准价)/基准价×100%

得分 = 投标总得分 -(偏差率/1%)× X

全体评委签字:　　　　　　　　　　　日期:　年　月　日

表6.14 措施项目费评分表

总分:10　　　极端判定标准 δ=10　　　正偏差扣分标准 X=1　　　负偏差扣分标准 Y=0.5

序号	投标单位	措施项目费	去掉极端值后有效报价值	基准价	偏差率/%	计算得分	得分
本项目总分							

说明:项目措施费得分标准,根据一定范围内有效报价确定基准价。有效报价的判定标准为:最低与次低、最高与次高相比超过 δ% 时,最低或最高即为极端值,不得参与基准价确定计算;去掉极端值后的有效报价不大于 7 个时,有效值算术平均产生基准价,大于 7 个时去掉一个最高值和一个最低值然后进行算术平均,产生基准价。等于基准价得满分,高于基准价每 1% 扣 X 分,低于基准价每 1% 扣 Y 分;表中偏差率为负者即为低于基准价的偏差,反之为高出偏差。

措施费基准价 = 有效报价(投标人 1 + 投标人 2 + … + 投标人 n)/n。例如:偏差率 =(投标报价 − 基准价)/基准价×100%,正偏差 1% 扣 X=1 分;负偏差 1% 扣 Y=0.5 分。正偏差的措施项目费的得分 = 措施总得分 −(正偏差率/1%)× X,负偏差的措施项目费的得分 = 措施总得分 −(负偏差率/1%)× Y。

全体评委签字:　　　　　　　　　　　　　　　　日期:　　年　　月　　日

表6.15 综合单价评分表

总分:M　　　极端判定标准 δ=10　　　正偏差扣分标准 X=10%M　　　负偏差扣分标准 Y=5%M

序号	投标单位	项目费	去掉极端值后有效报价值	基准价	偏差率/%	计算得分	得分
本项目总分							

说明:分部分项得分标准,根据一定范围内有效报价确定基准价。有效报价的判定标准为:最低与次低、最高与次高相比超过 $\delta\%$ 时,最低或最高即为极端值,不得参与基准价确定计算;去掉极端值后的有效报价值不大于 7 个时,有效值算术平均产生基准价,大于 7 个时去掉一个最高值和一个最低值然后进行算术平均,产生基准价。等于基准价得满分,高于基准价每 1% 扣 X 分,低于基准价每 1% 扣 Y 分;表中偏差率为负者即为低于基准价的偏差,反之为高出偏差。

此表中计算公式与措施费中相类似,根据选定的分部分项中清单数量的多少复制使用。分部分项基准价=有效报价(投标人 1 +投标人 2 +…+投标人 n)/n。例如:偏差率=(投标报价-基准价)/基准价 $\times100\%$ 正偏差 1% 扣 $X=10\%M$ 分;负偏差 1% 扣 $Y=5\%M$ 分。正偏差的分部分项得分 = 分部分项总得分-(偏差率/1%)$\times X$。负偏差的分部分项得分 = 分部分项总得分-(偏差率/1%)$\times Y$。

全体评委签字:　　　　　　　　　　日期:　年　月　日

表6.16　商务标得分汇总表

序号	投标单位	商务标得分			其他项目	备注	汇总得分
		投标总价得分	措施项目费得分	清单综合单价得分			

全体评委签字:　　　　　　　　　　日期:　年　月　日

表6.17　技术标商务标汇总得分表

投标单位名称										
技术标	总分									
商务标	总分									
总得分										
排名										

全体评委签字:　　　　　　　　　　日期:　年　月　日

根据评审最终结果,评标委员会推介中标候选人,由招标代理公司填写评标报告书。

××市
建设工程招标评标报告书

建设单位：_____(盖章)_____

工程名称：_____(盖章)_____

招标代理公司：_____(盖章)_____

××市建设工程招标投标管理办公室印制

开标时间	___年___月___日___时___分		开标地点	
参加会议的单位和人员	姓名	单位	职务、职称	备注
评标依据	本工程评标办法			
评审意见	得分最高者为第一中标候选人			
中标人候选人				
评标委员会成员签字				
监督单位人员签字				

中选结果公示

_____项目于_____年_____月_____日_____时_____分在依法公开招标后,评标委员会按照招标文件规定的评比标准和方法进行了评审,根据评标委员会提出的书面报告和推荐的中标候选人,现将评审结果公告如下:

项目名称	
中标候选人	
最高限价	
中标价	
工期	
质量等级	
项目经理	
证书号	

现将上述评标结果和中标候选人在公示栏中予以公示,投标人对评审结果和推荐的中标候选人有异议或认为评审活动存在违法违规行为或不公正、不公平行为的,可向招标人、招标代理机构提出质疑并书面投诉。

投诉受理单位:

投诉电话:

建设单位:(盖章)
年　　月　　日

××市
建设工程施工招标中标通知书

（　　　）招（　　　）第（　　　）号

建设项目名称：＿＿＿＿＿＿＿＿＿＿＿＿＿＿＿＿＿＿＿

中标单位名称：＿＿＿＿＿＿＿＿＿＿＿＿＿＿＿＿＿＿＿

招标单位及法定代表人：＿＿＿＿＿＿（印鉴）＿＿＿＿＿

招标代理机构及法定代表人：＿＿＿＿（印鉴）＿＿＿＿＿

年　　月　　日

××市建设工程招标投标管理办公室印制

工程名称			
建筑面积/m²		承包方式	
结构形式		层数	
中标价格/元	总价:＿＿＿＿＿＿＿＿＿＿（小写:＿＿＿元） 其中:预留金＿＿＿＿＿元		
主材用量			
质量等级			
开竣工日期		日历天数	
承包范围			
中标建造师		注册编号	
开标时间		公示时间	
拟签订合同时间		开标地点	
有关需要说明的问题			

注意事项:

1.中标单位接通知后,招投标双方按我省施工合同管理有关规定签订承发包合同,合同中必须体现中标价的结算方式。合同副本在签订合同后 7 日内送招投标管理机构备案,退还投标人投标保证金。

2.凭中标通知书,建设单位到质量监督部门办理工程质量监督手续,到建设行政主管部门办理施工许可证。

3.办理好上述手续之前,工程不得开工。

4.施工现场必须按我省施工现场管理有关规定进行文明施工。

5.本工程不得转包,一经发现,按有关规定严肃处理。

建设 单位 意见	（印鉴）	招投 标管 理办 公室	（印鉴）
招标 代理 机构 意见	（印鉴）	备案 审查 意见	

6.3　实训时间安排

发放招标文件最早 20 天后进行开标、评标、定标。实训时间约需 2 天。

项目 3
建筑、安装工程结算

任务 7　建筑、安装工程索赔、变更、签证和价款结算

任务简介

发承包双方应当在施工合同中约定合同价款,实行招标工程的合同价款由合同双方依据中标通知书的中标价款在合同协议书中约定,不实行招标工程的合同价款由合同双方依据双方确定的施工图预算的总造价在合同协议书中约定。在工程施工阶段,由于项目实际情况的变化,发承包双方在施工合同中约定的合同价款可能会出现变动。为合理分配双方的合同价款变动风险,有效地控制工程造价,发承包双方应当在施工合同中明确约定合同价款的调整事件、调整方法及调整程序。

发承包双方按照合同约定调整合同价款的若干事项,大致包括 5 类:

①法规变化类,主要包括法律法规变化事件;

②工程变更类,主要包括工程变更、项目特征不符、工程量清单缺项、工程量偏差、计日工等事件;

③物价变化类,主要包括物价波动、暂估价事件;

④工程索赔类,主要包括不可抗力、提前竣工(赶工补偿)、误期赔偿、索赔等事件;

⑤其他类,主要包括现场签证以及发承包双方约定的其他调整事项,现场签证根据签证内容,有的可归于工程变更类,有的可归于索赔类,有的可能不涉及合同价款调整。

任务要求

能力目标	知识要点	相关知识	权重
掌握工程变更的处理	工程变更的范围、工程变更的价款调整方法	承包人报价浮动率、价格指数调整、采用造价信息调整	25%
掌握工程现场签证的处理	现场签证的提出、现场签证的价款计算	现场签证表内容填写	25%

能力目标	知识要点	相关知识	权重
掌握工程索赔的处理	工程索赔的内容与分类,工程索赔成立的条件与证据、工程索赔文件的组成	工程索赔程序、工程索赔的计算	25%
掌握工程价款结算	工程计量的原则与范围、工程计量的方法	预付款的支付、预付款的扣回	25%

7.1　实训目的和要求

7.1.1　实训目的

①通过完成广联达办公大厦项目建筑工程索赔、变更、签证和结算的模拟工作任务,提高学生正确贯彻执行陕西省建设工程相关的法律、法规,正确应用现行的《建设工程工程量清单计价规范》(GB 50500—2013)、《建设工程施工合同(示范文本)》(GF—2017-0201)等价款调整文件。

②提高学生运用所学的索赔、变更、签证和价款结算等基本知识解决实际问题的能力。

③使学生熟练掌握建筑工程索赔、变更、签证和价款结算的处理方法和技巧,重点培养学生编制索赔、变更、签证和结算文件的专业技能。

7.1.2　实训要求

①按照指导老师要求的实训进度安排,分阶段独立完成实训内容。

②认真分析案例中发生的工程事件,解决所提出的问题。

③学生实训结束后,所完成的内容必须满足以下标准:

a. 所有实际问题的解答,必须按照专业要求叙述;

b. 采用《建设工程工程量清单计价规范》(GB 50500—2013)统一的表格,规范填写建筑工程索赔报告、变更签证单等各项内容,且字迹工整、清晰。

7.2　实训内容

依据广联达办公大厦设计图纸、施工内容,解决案例中发生的实际问题。

7.2.1　事件一:索赔处理原则

广联达办公大厦项目在施工过程中施工单位(乙方)与建设单位(甲方)按照《建设工程施工合同(示范文本)》(GF—2017-0201)签订了广联达办公大厦建筑的地基处理与基础工程施工合同。由于工程量无法准确确定,根据施工合同专用条款的规定,按施工图预算方式计价,乙方必须严格按照施工图及施工合同规定的内容及技术要求施工。乙方的分项工程首先向监理人申请质量验收,取得质量验收合格文件后,向监理人提出计量申请和支付工程款。

工程开工前,乙方提交了施工组织设计并得到批准。

问题:

①在工程施工过程中,当进行到施工图所规定的处理范围边缘时,乙方在取得在场的监理人认可的情况下,为了使夯击质量得到保证,将夯击范围适当扩大。施工完成后,乙方将扩大

范围内的施工工程量向业主提出计量付款的要求,但遭到监理人的拒绝。试问监理人拒绝乙方的要求合理否? 为什么?

②在工程施工过程中,因图纸差错监理人口头要求暂停施工,乙方亦口头答应。待施工图纸修改后,乙方恢复施工。事后监理人要求乙方就变更所涉及的工程费用问题提出书面报告。试问监理人和乙方的执业行为是否妥当? 为什么? 工程变更部分合同价款应根据什么原则确定?

③在开挖土方过程中,有两项重大事件使工期发生较大的拖延:一是土方开挖时遇到了一些工程地质勘探没有探明的孤石,排除孤石拖延了一定的时间;二是施工过程中遇到数天季节性大雨后又转为特大暴雨引起山洪暴发,造成现场临时道路、管网和甲乙方施工现场办公用房等设施以及已施工的部分基础被冲坏,施工设备损坏,运进现场的部分材料被冲走,乙方数名施工人员受伤,雨后乙方用了很多工时进行工程清理和修复作业。为此,乙方按照索赔程序提出了延长工期和费用补偿要求。试问:监理人应如何处理?

④在随后的施工中又发现了较有价值的出土文物,造成乙方部分施工人员和机械窝工,同时乙方为保护文物付出了一定的措施费用。请问:乙方应如何处理此事?

7.2.2 事件二:索赔的程序、证据

广联达办公大厦基础土方工程施工中,在合同标明有松软石的地方没有遇到松软石,因此进度提前 1 个月。但在合同中另一未标明有坚硬岩石的地方遇到更多的坚硬岩石,开挖工作变得更加困难,由此造成了实际生产率比原计划低得多,经测算影响工期 3 个月。由于施工速度减慢,部分施工任务拖到雨季进行,按一般公认标准推算,又影响工期 2 个月。为此,承包商准备提出索赔。

问题:

①该项施工索赔能否成立? 为什么? 在该索赔事件中,应提出的索赔内容包括哪两方面?

②在工程施工中,通常可以提供的索赔证据有哪些?

③承包商应提供的索赔文件有哪些? 请协助承包商拟定一份索赔意向通知。

④在后续施工中,业主要求承包商根据设计院提出的设计变更图纸施工。试问:依据相关规定,承包商应就该变更做好哪些工作?

7.2.3 事件三:索赔的计算

广联达办公大厦施工合同《专用条件》规定:钢材、木材、水泥由业主供货到现场仓库,其他材料由承包商自行采购。

当工程施工至第 5 层框架柱钢筋绑扎时,因业主提供的钢筋未到,使该项作业从 10 月 3 日至 10 月 6 日停工(该项作业的总时差为零)。

10 月 7 日至 10 月 9 日,因停电、停水使第三层的砌砖停工(该项作业的总时差为 4 天)。

10 月 14 日至 10 月 17 日,因砂浆搅拌机发生故障使第一层抹灰迟开工(该项作业的总时差为 4 天)。

为此,承包商于 10 月 20 日向工程师提交了一份索赔意向书,并于 10 月 25 日送交了一份工期、费用索赔计算书和索赔依据的详细材料。

问题:

①承包商应得工期索赔为多少天?

②假定经双方协商一致,窝工机械设备费索赔按台班单价的60%计;考虑对窝工人工应合理安排工人从事其他作业后的降效损失,窝工人工费索赔按每工日35.00元计;保函费计算方式合理,管理费、利润损失不予补偿。试确定费用索赔额。

7.2.4 事件四:设计变更

广联达办公大厦混凝土工程招标清单工程量为55 m³,合同中规定:混凝土全费用综合单价为680元/m³。当实际工程量超过(或低于)清单工程量15%时,调整单价,调整系数为0.9(或1.1)。(说明:计算结果保留两位小数)

问题:

①若实际施工时监理签证的混凝土工程量为70 m³,则混凝土工程款为多少万元?

②若实际施工时监理签证的混凝土工程量为45 m³,则混凝土工程款为多少万元?

③若实际施工时监理签证的混凝土工程量为50 m³,则混凝土工程款为多少万元?

广联达办公大厦工程建筑面积为4 745.6 m²,框架-剪力墙结构。建设单位自行编制了招标工程量清单等招标文件,招标控制价为25 000万元;工期自2018年6月1日起至2019年3月30日止,工期为9个月。某施工总承包单位最终中标,双方签订了工程施工总承包合同A,并上报建设行政主管部门。

内装修施工时,项目经理部发现建设单位提供的工程量清单中未包括一层公共区域楼地面面层子目,铺贴面积为1 200 m²,因招标工程量清单中没有类似子目,于是项目经理部按照市场价格体系重新组价,综合单价为1 200元/m²,经现场专业监理工程师审批后上报建设单位。

问题:依据投标报价浮动率原则,计算一层公共区域楼地面面层的综合单价(单位:元/m²)及总价(单位:万元,保留小数点后两位)分别是多少?

广联达办公大厦工程项目的投标报价浮动率为5%,已知某分部分项工程招标工程量清单数量为1 000 m²,招标控制价中的综合单价为100元/m²,工程变更时的价款结算按现行清单计价规范考虑报价浮动率进行计算。

问题:

①若施工中设计变更调整为1 100 m²,投标报价中的综合单价为95元/m²,则综合单价是否需调整?工程价款是多少?

②若施工中设计变更调整为1 200 m²,投标报价中的综合单价为95元/m²,则综合单价是否需调整?工程价款是多少?

③若施工中设计变更调整为1 200 m²,投标报价中的综合单价为75元/m²,则综合单价是否需调整?工程价款是多少?

④若施工中设计变更调整为1 200 m²,投标报价中的综合单价为120元/m²,则综合单价是否需调整?工程价款是多少?

7.2.5 事件五:现场签证

广联达办公大厦现场签证单示例如表7.1所示。

表 7.1　现场签证

编号:001　　　　　　　　　　　　　　　　　　　　　　　　　　　　日期:2018 年 9 月 4 日

工程名称	广联达办公大厦	建设单位	××有限公司
签证项目	土石方工程	监理单位	××监理有限责任公司
签证部位	基坑底部	施工单位	××建筑安装工程公司

现场签证原因及主要内容(附工程联络单):

基坑开挖至设计基底标高(−4.9 m)后,由建设单位、勘察设计单位、监理单位、施工单位共同进行验槽,在基底 −3.9 m 以下局部,发现有地质勘查资料中没有载明的建筑垃圾。(变更发生于 2017 年 5 月 1 日)

根据设计变更通知单,应将建筑垃圾用挖掘机挖除并用自卸汽车运到距场地 15 km 处(Ⅲ类土),然后用回填土回填。

具体工程量如下:

1. 建筑垃圾(Ⅲ类土)挖掘与运输 1 500 m³;

2. 回填土 1 500 m³;

3. 建筑垃圾排放量 1 500 m³。

签证意见	建设单位	监理单位	施工单位
	业主代表: ××× 2018 年 9 月 4 日	专业监理工程师:××× 总监理工程师:××× 2018 年 9 月 4 日	已处理完毕。 专业工程师:××× 项目经理:××× 2018 年 9 月 4 日

问题:试根据下列资料完成某办公大厦现场签证表和现场签证计算书。

乙方提出的施工方案采用反铲挖掘机挖掘建筑垃圾(Ⅲ类土),自卸汽车运输(运距15 km);支设钢挡土板(疏撑、钢支撑),该方案得到甲方的批准后予以实施。甲乙双方认可的工程估价表如表 7.2 所示。

表 7.2　工程估价表

单位:元

序号	项目名称	计量单位	人材机费合计	人工费	材料费	机械费
1	挖掘机挖掘建筑垃圾(Ⅲ类土),自卸汽车运输(运距15 km)	1 000 m³	32 291.90	211.20	2 165.70	29 915.00
2	回填土	100 m³	1 232.54	1 034.88	—	197.66

该工程采用工程量清单计价,承包单位报价中,企业管理费率为 20%,利润和风险率为18%,规费率为 25%(不含建筑垃圾排放费)(以上 3 项费用均以人工和机械费之和为取费基数)。在该地区,建筑垃圾排放费标准为 3 元/m³,税率为 11%。

7.2.6　事件六:预付款、质量保证金和竣工结算款

假设某施工单位承包广联达办公大厦项目,甲乙双方签订的关于工程价款的合同内容如下:

①建筑、安装工程造价为 660 万元,建筑材料及设备费占施工产值的比重为 60%。

②工程预付款为建筑、安装工程造价的 20%。工程实施后,工程预付款从未施工工程尚需的建筑材料及设备费相当于工程预付款数额时起扣,从每次结算工程价款中按材料和设备占施工产值的比重扣抵工程预付款,竣工前全部扣清。

③工程进度款逐月计算。

④工程质量保证金为建筑安装工程造价的 3%,竣工结算月一次扣留。

⑤建筑材料和设备价差调整按当地工程造价管理部门有关规定执行(当地工程造价管理部门有关规定,上半年材料和设备价差上调 10%,在 6 月份一次调增)。

工程各月实际完成产值(不包括调整部分)见表 7.3。

表 7.3　各月实际完成产值

月份	2	3	4	5	6	合计
完成产值/万元	55	110	165	220	110	660

问题:

①通常工程竣工结算的前提是什么?

②工程价款结算的方式有哪几种?

③该工程的工程预付款、起扣点为多少?

④该工程 2 月至 5 月每月拨付工程款为多少?累计工程款为多少?

⑤6 月份办理竣工结算,该工程结算造价为多少?甲方应付工程结算款为多少?

⑥该工程在质量缺陷责任期间发生屋面漏水,甲方多次催促乙方修理,乙方一再拖延,最后甲方另请施工单位修理,修理费 1.5 万元,该项费用如何处理?

下 篇
综合实训指导书

项目 **1**
建筑、安装工程招标

任务 1　建筑、安装工程资格预审文件编制

任务简介

资格审查是对潜在的投标人或投标人的实力、经验、业绩和信誉做出限定并实行审查,目的是在招标投标过程中,剔除资格条件不适合承担(或履行)合同的潜在投标人或投标人。潜在的投标人是指符合招标人公布的招标项目的有关条件和要求,有兴趣并愿意参加投标竞争的人。对潜在投标人的资格进行审查,既是招标人,也是大多数招标活动经常采取的一道程序。这对保证招标人的利益,促进招标活动的顺利进行,具有重要意义。

对于是否进行资格审查及资格审查的要求和标准,招标人应在招标公告或投标邀请书中载明。这些要求和标准应平等地使用于所有的潜在投标人和投标人,招标人不得以任何不合理的标准、要求或程序或故意提高对技术标准、资质等级的要求排斥潜在投标人;招标人也不得制定或规定一些歧视某一特定投标人或某些投标人的标准、要求或程序。前者会限制或排除投标人,后者会给投标人以不公平的待遇,最终也会限制竞争。《工程建设项目施工招标投标办法》(七部委第 30 号令)第十七条规定:资格审查分为资格预审和资格后审。资格预审,是指在投标前对潜在投标人进行的资格审查。资格后审,是指在开标后(专家评标时)对投标人进行的资格审查。本实训书以资格预审为审查类型。

无论是资格预审还是资格后审,都是主要审查潜在投标人或投标人是否符合下列条件:

①具有独立订立合同的权利;

②具有圆满履行合同的能力,包括专业、技术资格和能力,资金、设备和其他物质设施状况,管理能力,经验、信誉和相应的工作人员;

③以往承担类似项目的业绩情况;

④没有处于被责令停业,财产被接管、冻结,破产状态;

⑤在最近几年内(如最近 3 年内)没有与骗取合同有关的犯罪或严重违法行为。

任务要求

能力目标	知识要点	相关知识	权重
掌握资格审查的方式	资格预审和资格后审	预审和后审方式	15%
掌握资格审查的基本程序	资格审查的程序	资格预审的程序	25%
掌握资格审查的内容	资质等级、资格证书	资质等级	25%
掌握资格审查文件的编制	资格审查、审查内容	审查因素	35%

1.1 建筑、安装工程资格预审文件编制实训指导书

1.1.1 编制依据

①招标人发布的资格审查文件。
②企业营业执照、资质等资料。
③企业的财务报表。
④企业的业绩证明。
⑤项目经理的相关证件。
⑥其他人员的相关证件。

1.1.2 编制步骤方法

①获取资格审查文件。
②组建编制资格审查小组。
③认真研究资格审查文件相关规定、要求。
④收集相关资料。
⑤按照要求填写相关内容。
⑥通过自评、互评检查资格审查内容。
⑦打印、整理、装订、密封。
⑧在截止日期之前递交资格审查文件。
⑨资格审查合格后领取招标文件。

1.2 广联达办公大厦项目资格预审文件的编制(实例)

1.2.1 资格预审申请文件

项目名称：　广联达办公大厦

招　标　人：　广联达股份有限公司

投　标　人：　延安××水利水电工程有限公司

　　　广联达办公大厦　　　1　标段施工招标
资格预审申请文件

申请人：　延安××水利水电工程有限公司　　（盖单位章）

法定代表人或其委托代理人：　张×荣　　　（盖章或签字）

　　　2018　年　2　月　8　日

目　录

一、资格预审申请函

___×××有限公司___（招标人名称）：

1. 按照资格预审文件的要求，我方（申请人）递交的资格预审申请文件及有关资料，用于你方（招标人）审查我方参加___广联达办公大厦___（项目名称）施工招标的投标资格。

2. 我方的资格预审申请文件包含第二章"申请人须知"第 3.1.1 项规定的全部内容。

3. 我方接受你方的授权代表进行调查，以审核我方提交的文件和资料，并通过我方的客户，澄清资格预审申请文件中有关财务和技术方面的情况。

4. 你方授权代表可通过___吴×蓉 189×××5566___（联系人及联系方式）得到进一步的资料。

5. 我方在此声明，所递交的资格预审申请文件及有关资料内容完整、真实和准确，且不存在第二章"申请人须知"第 1.4 款规定的任何一种情形。

申　请　人：___延安××水利水电工程有限公司___（盖单位章）

法定代表人或其委托代理人：___吴　×蓉___（签字）

电　　　话：___0911 - 8×××77___

传　　　真：___0911 - 8×××77___

申请人地址：___陕西省××市宝塔区西沟××路××号院___

邮 政 编 码：___716000___

___2018___年___2___月___8___日

二、法定代表人身份证明

申 请 人：___延安××水利水电工程有限公司___

单位性质：___有限责任公司___

成立时间：___2003___年___9___月___12___日

经营期限：___2007 年 8 月 16 日—2027 年 8 月 15 日___

姓　　名：___张×荣___　性别：___男___　年龄：___52 岁___　职务：___总经理___

系___延安××水利水电工程有限公司___（申请人名称）的法定代表人。

特此证明。

申请人：___延安××水利水电工程有限公司___（盖单位章）

___2018___年___2___月___8___日

三、授权委托书

本人　张×荣　（姓名）系　延安××水利水电工程有限公司　（申请人名称）的法定代表人，现委托　吴×蓉　（姓名）为我方代理人。代理人根据授权，以我方名义签署、澄清、递交、撤回、修改　广联达办公大厦　（项目名称）　1　标段施工招标资格预审申请文件，其法律后果由我方承担。

委托期限：　3个月　。

代理人无转委托权。

附：法定代表人身份证明

申请人：　延安××水利水电工程有限公司　（盖单位章）

法定代表人：　张×荣　　　　　　　　　（签字）

身份证号码：　61260119××090××310

委托代理人：　吴×蓉　　　　　　　　　（签字）

身份证号码：　61062219××0303××523

　　　　　　　　　　　　2018　年　2　月　8　日

附件：

四、申请人基本情况表

申请人名称	延安××水利水电工程有限公司				
注册地址	陕西省××市宝塔区西沟××路____××____号院			邮政编码	716000
联系方式	联系人	吴×蓉		电话	189×××5566
	传真	0911-8×××77		网址	www.huaweshuidian.com
组织结构					
法定代表人	姓名	张×荣	技术职称	高级工程师	电话	0911-8×××77
技术负责人	姓名	段×生	技术职称	高级工程师	电话	0911-8×××77
成立时间	2003年9月12日		员工总人数:368		
企业资质等级	水利水电工程施工总承包二级,公路工程施工总承包二级,建筑工程施工总承包二级,市政公用工程施工总承包二级	其中	项目经理	38
营业执照号	91610600752138××××		高级职称人员	28
注册资本	3 010万元		中级职称人员	70
开户银行	中国农业银行××北大街支行		初级职称人员	120
账号	2690550104000×××		技工	112
经营范围	一般经营项目:水利水电工程施工总承包;房屋建筑工程施工总承包;公路工程施工总承包市政公用工程施工总承包;大型机械租赁;建筑材料、装饰材料、石油管材、机械配件销售;机械安装;水泥制品加工				
备注	附统一代码营业执照、资质证书、安全生产许可证等公司资质复印件并加盖单位红章				

附件1：营业执照、建筑业企业资质证书

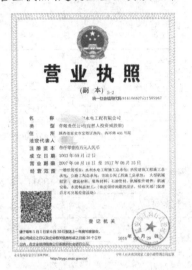

附件2：安全生产许可证

附件3：开户许可证

附件 4:职业健康安全管理体系认证、环境管理体系认证、质量管理体系认证

五、近年财务状况表

近年财务状况表指经过会计师事务所或者审计机构审计的财务会计报表,以下各类报表中反映的财务状况数据应当一致,如果有不一致之处,以不利于申请人的数据为准。(限于篇幅,近年资产负债表、利润表、现金流量表、所有者权益变动表从略。)

财务状况表

项目或指标	单位	2014 年	2015 年	2016 年
一、注册资本	万元	3 010	3 010	3 010
二、净资产	万元	10 372.32	17 089.76	20 650.52
三、总资产	万元	13 626.68	21 148.01	22 202.46
四、固定资产	万元	2 262.22	2 330.34	2 015.23
五、流动资产	万元	6 804.46	10 827.67	8 495.21
六、流动负债	万元	3 254.36	3 901.94	1 551.94
七、负债合计	万元	3 254.36	4 058.26	1 551.94
八、营业收入	万元	15 668.22	21 399.54	21 096.31
九、净利润	万元	2 463.47	3 491.05	3 560.77
十、现金流量净额	万元	2 977.06	64.14	−371.19
十一、主要财务指标	%			
1.净资产收益率	%	29.0	20.43	17.24
2.总资产报酬	%	1.8	18.02	16.43
3.主营业务利润率	%	16	26.09	26.57
4.资产负债率	%	24	19.19	6.99
5.流动比率	—	2.09	2.77	5.47
6.速动比率	—	1.46	2.17	3.93

附件1：资产负债表、利润表、企业年报公示结果报告书、现金流量表、所有者权益变动表

资 产 负 债 表

编制单位：延安华伟水利水电工程有限公司　　　　2016年12月31日　　　　　　　　　单位：元

资　产	行次	期末余额	年初余额	负债及所有者权益	行次	期末余额	年初余额
流动资产：				流动负债：			
货币资金	1	851,369.18	4,563,243.21	短期借款	32	8,000,000.00	13,200,000.00
交易性金融资产	2			交易性金融负债	33		
应收票据	3			应付票据	34		
应收账款	4	67,659,839.03	63,837,622.90	应付账款	35	3,016,209.00	13,285,762.47
预付账款	5		12,358,000.00	预收账款	36		
应收利息	6			应付职工薪酬	37		
应收股利	7			应交税费	38	3,953,187.47	11,636,817.35
其他应收款	8	2,520,706.00	4,000,000.00	应付利息	39		
存货	9	23,920,183.00	23,517,834.25	应付股利	40		
一年内到期的非流动资产	10			其他应付款	41	550,000.00	2,460,000.00
其他流动资产	11			一年内到期的非流动负债	42		
流动资产合计	12	84,952,097.21	108,276,700.36	其他流动负债	43		
非流动资产：				流动负债合计	44	15,519,396.47	40,582,579.82
可供出售金融资产	13			非流动负债：			
持有至到期投资	14			长期借款	45		
长期应收款	15			应付债券	46		
长期股权投资	16			长期应付款	47		
投资性房地产	17			专项应付款	48		
固定资产	18	20,152,330.68	23,303,446.32	预计负债	49		
在建工程	19	116,920,190.56	79,900,000.00	递延所得税负债	50		
工程物资	20			其他非流动负债	51		
固定资产清理	21			非流动负债合计	52	－	－
生产性生物资产	22			负债合计	53	15,519,396.47	40,582,579.82
油气资产	23			股东权益：			
无形资产	24			实收资本（或股本）	54	30,100,000.00	30,100,000.00
开发支出	25			资本公积	55		
商誉	26			减：库存股	56	30,100,000.00	30,100,000.00
长期待摊费用	27			盈余公积	57	15,163,052.20	11,602,286.69
递延所得税资产	28			未分配利润	58	161,242,169.78	129,195,280.17
其他非流动资产	29				59		
非流动资产合计	30	137,072,521.24	103,203,446.32	股东权益合计	60	206,505,221.98	170,897,566.86
资产总计	31	222,024,618.45	211,480,146.68	负债和股东权益总计	61	222,024,618.45	211,480,146.68

编制人：张小梅　　　　　　　　企业负责人：张建棠　　　　　　　　财务负责人：张建棠

利　润　表

编制单位：延安华伟水利水电工程有限公司　　　　2016年度　　　　　　　　　　单位：元

项　　目	行次	本年金额	上年金额
一、营业收入	1	210,963,108.59	213,995,437.61
减：营业成本	2	153,992,463.18	150,978,395.12
营业税金及附加	3	917,950.86	7,190,246.69
营业费用	4		
管理费用	5	7,716,209.16	7,155,832.30
财务费用	6	859,611.90	2,123,694.10
资产减值损失	7		
加：公允价值变动收益（损失以"-"号填列）	8		
投资收益	9		
其中：对联营企业和合营企业的投资收益	10		
二、营业利润	11	47,476,873.49	46,547,269.40
加：营业外收入	12		
减：营业外支出	13		
其中：非流动资产处置损失	14		
三、利润总额（亏损总额以"-"号填列）	15	47,476,873.49	46,547,269.40
减：所得税费用	16	11,869,218.37	11,636,816.85
四、净利润（净亏损以"-"号填列）	17	35,607,655.12	34,910,452.55
五、每股收益	18		
（一）基本每股收益	19		
（二）稀释每股收益	20		
六、其他综合收益	21		
七、综合收益总额	22		

编制人：张小梅　　　　　　　　企业负责人：张建棠　　　　　　　　财务负责人：张建棠

企业年报公示结果告知书

页码：1.1

公示策报劳公示证帽

延安▢▢水利水电工程有限公司（91610600752138599 7）：

你单位已于2016年3月14日在全国企业信用信息公示系统公示了2015年度报告。

详情请登录http://gsxt.sslc.gov.cn查询。

打印日期：2016年4月6日

现 金 流 量 表

编制单位：延安▢▢水利水电工程有限公司　　2016年度　　单位：元

项　目	行订	本年金额	上年金额
一、经营活动产生的现金流量：			
销售商品、提供劳务收到的现金		219,149,992.45	214,321,983.32
收到的税费返还			
收到其他与经营活动有关的现金			
经营活动现金流入小计		217,149,893.48	014,281,962.26
购买商品、接受劳务支付的现金		152,646,783.85	151,335,836.53
支付给职工以及为职工支付的现金		4,668,660.00	3,158,340.00
支付的各项税费		25,586,196.00	11,695,044.52
支付其他与经营活动有关的现金		217,710,407.14	
经营活动产生的现金流量净额		171,772,954.03	187,096,410.00
		30,367,939.45	26,222,953.26
二、投资活动产生的现金流量：			
收回投资所收到的现金			
取得投资收益所收到的现金			
处置固定资产、无形资产和其他长期资产收回的现金净额			
处置子公司及其他营业单位收到的现金净额			
收到的其他与投资活动有关的现金			
投资活动现金流入小计			
购建固定资产无形资产和其他长期资产所支付的现金		37,026,196.50	32,657,455.00
投资支付的现金			
取得子公司及其他营业单位支付的现金净额			
支付的其他与投资活动有关的现金		37,026,196.50	32,657,455.00
投资活动现金流出小计		-37,039,192.95	-22,587,455.00
投资活动产生的现金流量净额			
三、筹资活动产生的现金流量：			
吸收投资所收到的现金			
取得借款所收到的现金			
收到其他与筹资活动有关的现金			
筹资活动现金流入小计		5,200,000.00	506,000.00
偿还债务所支付的现金			
分配股利、利润或偿付利息所支付的现金		839,611.90	2,123,694.19
支付的其他与筹资活动有关的现金			
筹资活动现金流出小计		6,039,611.90	2,923,694.19
筹资活动产生的现金流量净额		-6,050,611.90	-2,923,694.19
四、汇率变动对现金及现金等价物的影响			
五、现金及现金等价物净增加额		-2,731,874.05	841,374.10
加：期初现金及现金等价物余额		4,583,242.21	3,921,884.11
六、期末现金及现金等价物余额		851,355.10	4,965,234.21

编制人：魏小梅　　企业负责人：张建荣　　财务负责人：张建荣

所有者权益变动表

2016年度　　金额单位：元

编制单位：延安华伟▢▢水电工程有限公司

项　目	行次	本年金额				上年金额				
		实收资本	盈余公积	未分配利润	所有者权益合计	实收资本（或股本）	资本公积	盈余公积	未分配利润	所有者权益合计
栏　次	一		5	7	8	10	###	14	16	17
一、上年年末余额	1	30,100,000.00	11,602,286.69	129,195,280.17	170,897,566.86	30,100,000.00		8,111,241.44	97,775,872.88	135,987,114.32
加：会计政策变更	2									
前期差错更正	3									
二、本年年初余额	4	30,100,000.00	11,602,286.69	129,195,280.17	170,897,566.86	30,100,000.00		8,111,241.44	97,775,872.88	135,987,114.32
三、本年增减变动金额（减少以"-"号填列）	5			32,046,889.61	32,046,889.61					
（一）净利润	6			35,607,655.12	35,607,655.12				31,419,407.29	31,419,407.29
（二）其他综合收益	7									
综合收益小计	8									
（三）所有者投入和减少资本	9									
1.所有者投入资本	10									
2.股份支付计入所有者权益的金额	11									
3.其他	12									
（四）利润分配	13									
1.提取盈余公积	14		3,560,765.51	3,560,765.51	3,560,765.51			3,491,045.26		3,491,045.26
其中：法定公积金	15									
任意公积金	16									
2.对所有者（或股东）的分配	17									
3.其他	18									
（五）所有者权益内部结转	19									
1.资本公积转增资本（或股本）	20									
2.盈余公积转增资本（或股本）	21									
3.盈余公积弥补亏损	22									
4.其他	23									
四、本年年末余额	24	30,100,000.00	15,163,052.20	161,242,169.78	206,505,221.98	30,100,000.00		11,602,286.69	129,195,280.17	170,897,566.86

编制人：张小梅　　企业负责人：张建荣　　财务负责人：张建荣

附件2：会计事务所报告书(仅选取部分)

陕西××联合会计师事务所

二、注册会计师的责任

我们的责任是在实施审计工作的基础上对财务报表发表审计意见。我们按照中国注册会计师审计准则的规定执行了审计工作。中国注册会计师审计准则要求我们遵守职业道德规范，计划和实施审计工作以对财务报表是否不存在重大错报获取合理保证。

审计工作涉及实施审计程序，以获取有关财务报表金额和披露的审计证据。选择的审计程序取决于注册会计师的判断，包括对由于舞弊或错误导致的财务报表重大错报风险的评估。在进行风险评估时，我们考虑与财务报表编制相关的内部控制，以设计恰当的审计程序，但目的并非对内部控制的有效性发表意见。审计工作还包括评价管理层选用会计政策的恰当性和做出会计估计的合理性，以及评价财务报表的总体例报。

我们相信，我们获取的审计证据是充分、适当的，为发表审计意见提供了基础。

三、审计意见

我们认为，贵公司的财务报表已经按照《企业会计准则》和《企业会计制度》的规定编制，在所有重大方面公允反映了2016年12月31日的财务状况以及年度经营成果、现金流量和所有者权益增减变动

情况。

附件：1、延安乐伟水利水电工程有限公司2016年12月31日的资产负债表、2016年利润表、现金流量表、所有者权益增减变动表及会计报表附注

2、营业执照、执业证书复印件

3、中国注册会计师证书复印件

陕西××联合会计师事务所
(盖章)

中国·延安

中国注册会计师：
(签字 盖章)

中国注册会计师：
(签字 盖章)

二零一七年三月九日

六、近年完成的类似项目情况表

项目名称	××警苑经济适用房室外工程
项目所在地	××县城区
发包人名称	××县城市建设投资开发有限责任公司
发包人地址	××县
合同价格	壹佰柒拾伍万壹仟捌佰零肆元肆角整
开工日期	2014年3月15日
竣工日期	2014年6月30日
承担的工作	图纸及招标文件包含的全部内容
工程质量	合格
项目经理	张×荣
技术负责人	段×生
项目描述	图纸及招标文件包含的全部内容
备注	

注：1. 每张表格只填写一个工程项目，并标明表序。

2. 类似项目业绩须附中标通知书及合同协议书或竣工验收备案登记表复印件。

附件1：中标通知书

招三

延安市
建设工程施工招标中标通知书

（洛）招（2014）第　号

建设项目名称：　苑经济适用房室外工程

中标单位名称：　水利水电工程有限公司

招标单位及法定代表人：　　　　　　　（印鉴）

招标代理机构及法定代表人：　　　　　　（印鉴）

二〇一四　年　一　月　二十五　日

建设工程招标投标管理办公室印制

七、本协议书中有关词语含义与本合同第二部分《通用条款》中赋予的定义相同。

八、承包人按照合同约定进行施工、竣工并在质量保修期内承担工程质量保修责任。

九、发包人按照合同约定的期限和方式支付合同价款及其他应当支付的款项。

十、合同生效

合同订立时间：　2014年3月14号
合同订立地点：洛川县城市建设投资开发有限责任公司
本合同双方约定或者其生效

发包人：（公章）　　　　承包人：（公章）
地址：　　　　　　　　地址：
邮政编码：　　　　　　邮政编码：
法定代表人：　　　　　法定代表人：
委托代理人：　　　　　委托代理人：
电话：　　　　　　　　电话：
传真：　　　　　　　　传真：
开户银行：　　　　　　开户银行：
帐号：　　　　　　　　帐号：

建设行政主管理部门备案意见：

工程名称	暨苑经济适用房室外工程		
建筑面积（m²）	/	承包方式	包工包料
结构形式	/	层　数	/
中标造价（元）	总价：肆佰贰拾万零贰仟玖佰叁拾陆圆壹角叁分（¥4202936.13元）其中：预留金　¥800000.00元		
主材用量	/		
质量等级	合格		
开竣工日期	2014.3.15-2014.6.30	日历天数	105天
承包范围	施工图涉及的全部工程内容		
中标建造师及项目经理	张	注册编号	二级陕 2610009
开标时间	2014年01月21日上午10时	公示时间	3天
拟签定合同时间	本通告书发出30日内	开标地点	延安市建设工程发包承包交易中心

有关需要说明的问题：

注意事项：

1、中标单位接通知后，招投标双方按我省施工合同管理有关规定签订承发包合同，合同中必须体现中标价即为合同价的结算方式，合同副本在签订合同后7天内送招投标管理机构备案，退还投标人投标保证金。

2、凭中标通知书，建设单位到质量管理部门办理工程质量监督手续，到建设行政主管部门办理《施工许可证》。

3、未办好上述手续之前，工程不得开工。

4、施工现场必须按我省施工现场管理有关规定进行文明施工。

5、本工程不得转包，一经发现，按有关规定严肃处理。

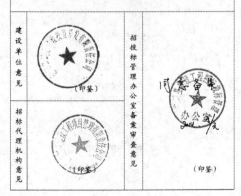

建设单位意见	（印鉴）	招投标管理办公室备案审查意见	同意备案（印鉴）
招标代理机构意见	（印鉴）		

附件2:合同协议书(仅选取部分)

第一部分　协议书

发包人(全称):○○县城市投资开发有限责任公司
承包人(全称):○○○○水电工程有限公司

依照《中华人民共和国合同法》、《中华人民共和国建筑法》及其他有关法律、行政法规,遵循平等、自愿、公平和诚实信用的原则,双方就本建设工程施工协商一致,订立本合同。

一、工程概况
工程名称:洛川警苑经济适用房室外工程
工程地点:洛川县
工程备案文号:
资金来源:自筹

二、工程承包范围
承包范围:图纸实际及招标文件包含的全部内容

三、合同工期:
总日历天数　105 天
开工日期:2014 年 3 月 15 号
竣工日期:2014 年 6 月 30 号

四、质量标准
工程质量标准:合格

五、合同份款
1、合同总价(大写):肆佰贰拾万零贰仟玖佰叁拾陆圆壹角叁分
(小写):¥:4202936.13 元(其中含预留金100 万元)
2、综合单价:详见承包人的报价书。

六、组成合同的文件
组成本合同的文件包括:
1、本合同协议书
2、本合同专用条款
3、本合同通用条款
4、中标通知书
5、投标书、工程报价单或预算书及其附件
6、招标文件、答疑纪要、工程前期有约定及工程量清单
7、图纸
8、标准、规范及有关技术文件

双方为履行本合同的有关协商、变更等书面协议、文件,视为本合同的组成部分。

附件3:竣工验收备案表

备案编号:　　　年度
房屋工程:FW(　　)
市政设施:SS(　　)

房屋建筑工程和市政基础设施工程

竣工验收备案表

工程名称　○○○○适用房房室外工程
建设单位(章)　○○县城市建设投资开发有限责任公司
施工企业(总包)(章)　○○○○水电工程有限公司

陕西省建设工程质量安全监督总站印制

工程竣工验收备案文件目录

	内　容	份数	验证情况	备注
工程竣工验收备案文件清单	1、工程施工许可证或开工报告	2		
	2、工程质量监督手续	1		
	3、施工图设计文件审查报告	1		
	4、质量合格文件			
	(1)勘察部门对地基及处理的验收文件			
	(2)单位工程验收记录表	4		
	(3)监理单位签署的竣工移交文件	1		
	单位工程质量评定文件			
	5、地基与基础、结构工程验收记录	2		
	6、有关质量检验和功能性试验资料	1		
	7、规划许可证及其它规划批复文件	2		
	8、公安消防部门出具的认可文件及批准使用文件			
	9、环保部门出具的认可文件或准许使用文件			
	10、陕西省建设工程质量保修合同			
	11、住宅质量保证书	1		
	12、住宅使用说明书			
	13、工程竣工验收报告	1		
	14、其他文件			
	(1)			
	(2)			
	(3)			
备案意见	该工程的竣工验收备案文件齐全，收讫，文件齐全		年　月　日	
	备案机关负责人		(公章)	20○○年 7 月 20 日

注:
1、本表用钢笔、碳素笔实用填写。
2、本表一式两份,一份由备案机关收存,一份在施工单位进行工程竣工验收后真实整理管理部门移交建设单位档案馆保存。

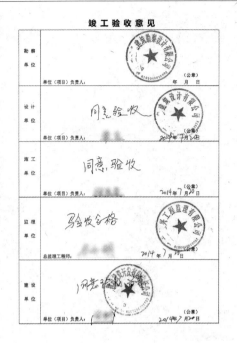

七、近年发生的诉讼及仲裁情况

类别	序号	发生时间	情况简介	证明材料索引
诉讼情况	1	2015 年	无诉讼情况	后附承诺书
	2	2016 年	无诉讼情况	后附承诺书
	3	2017 年	无诉讼情况	后附承诺书
仲裁情况	1	2015 年	无诉讼情况	后附承诺书
	2	2016 年	无诉讼情况	后附承诺书
	3	2017 年	无诉讼情况	后附承诺书

备注:近年发生的诉讼和仲裁情况仅限于申请人败诉的,且与履行施工承包合同有关的案件,不包括调解结案
　　以及未裁决的仲裁或未终审判决的诉讼。

附件:行贿犯罪档案查询结果告知函

检察机关
行贿犯罪档案查询结果告知函

延检预查〔2016〕□□□号

□□水利水电工程有限公司:
根据延安华伟水利水电工程有限公司申请,经查询,结果告知
如下:
延安□□□水利水电工程有限公司(91610600752138 5987)在查询
期限从2006年12月21日到2016年12月21日期间,未发现有行贿犯罪记
录.
以上查询结果来自全国行贿犯罪档案库.
特此函告.
本函有效期为2个月,复印件无效.

八、其他材料

(一)近年不良行为记录情况

企业不良行为记录情况主要是近年申请人在工程建设过程中因违反有关工程建设的法律、法规、规章或强制性标准和执业行为规范,经县级以上建设行政主管部门或其委托的执法监督机构查实和行政处罚,形成的不良行为记录。应当结合第二章"申请人须知"前附表第9.1.2项定义的范围填写。

序号	发生时间	简要情况说明	证明材料索引
1	2015 年	无诉讼及仲裁情况	后附承诺书
2	2016 年	无诉讼及仲裁情况	后附承诺书
3	2017 年	无诉讼及仲裁情况	后附承诺书

(二)合同履行情况

合同履行情况主要是申请人在施工程和近年已竣工工程是否按合同约定的工期、质量、安全等履行合同义务,对未竣工工程合同履行情况还应重点说明非不可抗力原因解除合同(如果有)的原因等具体情况,等等。

1. 拟投入主要施工机械设备情况表

机械设备名称	型号规格	数 量	目前状况	来 源	现停放地点	备 注

注:"目前状况"应说明已使用所限、是否完好以及目前是否正在使用,"来源"分为"自有"和"市场租赁"两种情况,正在使用中的设备应在"备注"中注明何时能够投入本项目。

2. 主要项目管理人员简历表

拟投入项目管理人员情况

姓名	职称	专业	资格证书编号	拟在本项目中担任的工作或岗位
苏×晶	工程师	工业与民用建筑	陕 26100090××××	项目经理
常×鹏	助理工程师	工程造价	陕建安 C(2015)000××××	专职安全员
刘×洋	助理工程师	土木工程	SGZ1214×××	施工员
代×毅	助理工程师	土木工程	ZLZ1214×××	质量员
张×梅	工程师	土木工程	ZIZ2224×××	资料员
李×华	助理工程师	土木工程	CLZ1214×××	材料员
……				

项目经理应附建造师执业资格证书、注册证书以及未担任其他在施建设工程项目项目经理的承诺。

岗位名称	项目经理		
姓 名	苏×晶	年龄	30
性 别	女	毕业学校	长安大学
学 历	大专	毕业时间	2008 年 7 月
拥有的执业资格	二级建造师	专业职称	工业与民用建筑
执业资格证书编号	陕 2610009×××	工作年限	8
主要工作业绩及担任的主要工作	××××××××××××××工程,担任材料员		

注:主要项目管理人员指专职安全生产管理人员等岗位人员,应附注册资格证书、身份证、职称证、学历证复印件或扫描件,专职安全生产管理人员应附有效的安全生产考核合格证书复印件或扫描件。

附件:执业资格证、安全生产考核合格证(部分)

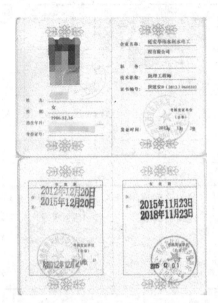

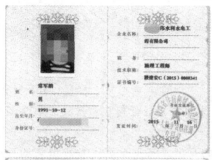

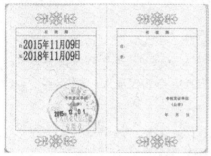

3. 承诺书

项目经理无在建项目承诺书

___×××有限公司___（招标人名称）：

我方在此声明,我方拟派往___广联达办公大厦___（项目名称）_1_标段(以下简称"本工程")的项目经理___苏×晶___（项目经理姓名）现阶段没有担任任何在施建设工程项目的项目经理。

我方保证上述信息的真实和准确,并愿意承担因我方就此弄虚作假所引起的一切法律后果。

特此承诺

申请人：___延安××水利水电工程有限公司___（盖单位章）
法定代表人或其委托代理人：___张×荣___（盖章或签字）

___2018___年___2___月___8___日

4. 专职安全员简历表

岗位名称	专职安全员		
姓　　名	常×鹏	年　　龄	28
性　　别	男	毕业学校	延安职业技术学院
学　　历	大专	毕业时间	2013 年 7 月
拥有的执业资格	专职安全员	专业职称	助理工程师
执业资格证书编号	陕建安 C(2015)000×××	工作年限	4
主要工作业绩及担任的主要工作	××××××××××××工程,担任安全员		

5. 施工员简历表

岗位名称	施工员		
姓　　名	刘×洋	年　　龄	31
性　　别	男	毕业学校	上海建筑工程学院
学　　历	大专	毕业时间	2009 年 7 月
拥有的执业资格	施工员	专业职称	助理工程师
执业资格证书编号	SGZ1214×××	工作年限	8
主要工作业绩及担任的主要工作	××××××××××××工程,担任施工员		

附件:施工员资格证

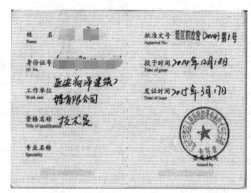 

6. 质量员简历表

岗位名称	质量员		
姓　　名	代×毅	年　　龄	26
性　　别	男	毕业学校	西安石油大学
学　　历	大学本科	毕业时间	2013 年 6 月
拥有的执业资格	质量员	专业职称	助理工程师
执业资格证书编号	ZLZ1214×× ×	工作年限	2
主要工作业绩及担任的主要工作	×××××××××××××工程,担任质量员		

7. 资料员简历表

岗位名称	资料员		
姓　　名	张×梅	年　　龄	43
性　　别	女	毕业学校	陕西师范大学
学　　历	专科	毕业时间	2014 年 7 月
拥有的执业资格	质量员	专业职称	工程师
执业资格证书编号	ZIZ2224×× ×	工作年限	2
主要工作业绩及担任的主要工作	×××××××××××××工程,担任资料员		

附件:资料员资格证

8. 材料员简历表

岗位名称	材料员		
姓　　名	李×华	年　　龄	26
性　　别	女	毕业学校	武汉大学
学　　历	本科	毕业时间	2013 年 6 月 30 日
拥有的执业资格	材料员	专业职称	助理工程师
执业资格证书编号	CLZ1214××××	工作年限	2 年
主要工作业绩及担任的主要工作	×××××××××××工程,担任材料员		

附件:材料员资格证

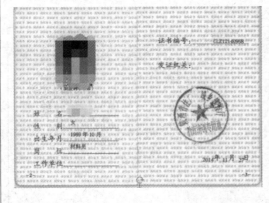

1.2.2 资格预审评审

对在截止时间之前递交的资格预审文件,招标人或者招标代理公司在监督部门申请资格评审。评审专家由监督公司在专家库里随机抽取,将评审报告最后结果通知所有投标人(表1.1、表1.2)。

表1.1 资格预审开标参会人员签到表

项目名称:广联达办公大厦

序号	单位	职位	姓名	联系方式
1	×××有限公司	工程部长	白×华	139×××2233
2	×××有限公司	总工程师	任×建	139×××4213
3	××市招标办	科长	王×红	139×××1556
4	××市招标办	科员	高×刚	136×××4562
5	×××造价咨询公司	负责人	崔×燕	137×××4782
6	×××造价咨询公司	参与人	罗×静	134×××8572

招标人:任×建　　　　　　监督人:王×红　　　　　　日期:2017年12月18日

表1.2 评标小组专家签到表

序号	单位	姓名	专业	职称	联系电话	签名
1	×××公司	冯×森	建筑工程施工	高级工程师	137×××4523	冯×森
2	×××公司	李×强	工程造价	高级工程师	139×××0531	李×强
3	×××公司	杨×庚	建筑工程施工	高级工程师	159×××4418	杨×庚
4	×××公司	姚×平	建筑工程施工	高级工程师	139×××7756	姚×平
5	×××公司	高×设	工程造价	高级工程师	156×××2325	高×设

招标人:任×建　　　　　　监督人:王×红　　　　　　日期:2017年12月18日

以下是招标代理公司提供的评审报告格式,各招标人、监督人和各位评审专家按要求填写,并签字确认结果。

广联达办公大厦工程 施工
投标申请人资格预审文件
评审报告

工程名称： 广联达办公大厦工程

招 标 人： 广联达股份有限公司

招标机构： ×××造价咨询公司

日期：2017 年 12 月 18 日

目　录

一、报告(总表一)

××市招标办:

　　__广联达办公大厦__ 招标投标报名时间于 __2017 年 12 月 9 日__ 截止,共有 __8(根据实际情况填写)__ 家施工企业报名投标,经资格预审并考察后,__3(根据实际情况填写)__ 家施工企业都符合本工程投标要求。

　　经我单位研究决定,以下施工企业为本工程的投标人,请予备案。

序号	企业名称	资质等级	法人代表	项目经理	项目经理资质等级
1	投标人1	二级	张×荣	苏×晶	二级
2	投标人2	二级	谢×标	张×国	二级
3	投标人3	三级	叶×仁	王×兵	二级

评标委员会全体成员签字:冯×淼　　李×强　　杨×庚　　姚×平　　高×设
建设单位(签章)　　　　　招标办(签章)　　　　　招标代理机构(签章)
　　任×建　　　　　　　　　王×红　　　　　　　　　崔×燕

2017 年 12 月 18 日

二、投标申请人资格预审评审报告

　　广联达办公大厦已经具备招标条件,现面向社会进行公开招标。

　　本工程建设地点在××市,为地上 4 层,地下 1 层的框架剪力墙办公楼,总建筑面积 4 745.6 m² 。本次招标范围为设计图纸的全部内容 。计划工期为 270 日历天。标段划分情况为施工 1 个标段 。采用公开招标的形式。

　　本工程要求投标申请人具有房屋建筑工程施工总承包三级及以上资质,项目经理二级及以上建造师。

　　本工程对投标申请人的资格初审、预审、评审,依据《××省建设工程招投标管理办法》和本次工程招标资格预审文件所涉及的全部内容,标准、要求、本着公正、科学、择优、对投标人的资格预审文件的内容,按标准要求进行评审、比较、择优,逐家审查。

　　本工程共有 __8__ 家施工企业参加了投标报名,根据本次工程招标资格预审、评审条件的标准要求,资格初审后合格的投标申请人详见总表四。报名时按招标公告要求,报名单位应携带法人委托书、介绍信、企业营业执照、资质证书、安全生产许可证、项目经理证(建造师证)、报名人身份证及投标备案册(省外进陕建筑企业登记证书)相关证件原件,经过资格初审后按照资格预审文件的要求,报名单位应在 12 月 16 日 18:00 前将"投标申请人资格预审表"按要求填写形成自己的预审申请资料,其中未按要求提供相关资料被视为自动放弃。经过详细评审后建设单位对合格的 __8__ 家投标申请单位进行了评审,经过评审后最后确定 __3__ 家企业资格预审合格。

三、投标申请人报名单(总表二)

招标报名登记表

序号	报名单位	日期	报名人	联系电话	资料接收人	备注
1	投标人1	2017年12月6日	苏×晶	139××××4564	崔×燕	
2	投标人2	2017年12月7日	张×国	137××××4578	崔×燕	
3	投标人3	2017年12月7日	王×兵	137××××8787	崔×燕	
4	投标人4	2017年12月7日	×××	135××××2636	崔×燕	
5	投标人5	2017年12月8日	×××	138××××9896	崔×燕	
6	投标人6	2017年12月8日	×××	189××××9192	崔×燕	
7	投标人7	2017年12月8日	×××	136××××2589	崔×燕	
8	投标人8	2017年12月9日	×××	135××××7478	崔×燕	

评标委员会全体成员签字:冯×淼 李×强 杨×庚 姚×平 高×设

建设单位(签章) 招标办(签章) 招标代理机构(签章)

　　任×建 　　　　王×红 　　　　　崔×燕

2017年12月18日

四、资格预审评审委员会名单(总表三)

序号	单位	姓名	专业	职称	联系电话	备注
1	×××公司	冯×淼	施工	高级工程师	137×××××4523	
2	×××公司	李×强	造价	高级工程师	139×××××0531	
3	×××公司	杨×庚	施工	高级工程师	159×××××4418	
4	×××公司	姚×平	施工	高级工程师	139×××××7756	
5	×××公司	高×设	造价	高级工程师	156×××××2325	

评标委员会全体成员签字:冯×淼 李×强 杨×庚 姚×平 高×设

建设单位(签章) 招标办(签章) 招标代理机构(签章)

　　任×建 　　　　王×红 　　　　　崔×燕

2017年12月18日

五、投标申请人资格预审初审合格名单(总表四)

序号	报名单位	企业资质等级	项目经理	项目经理资质等级	证书编号	法人
1	投标人1	二级	苏雪晶	二级	陕26100090××××	张×荣
2	投标人2	二级	张×国	二级	陕26100××××	谢×标

续表

序号	报名单位	企业资质等级	项目经理	项目经理资质等级	证书编号	法人
3	投标人3	三级	王×兵	二级	陕261000034×××	叶×仁
4	投标人4	二级	孙×宏	二级	陕261×××035461	高×鹏
5	投标人5	二级	曹×彦	二级	陕2610××58795	柴×军
6	投标人6	三级	白×红	二级	陕2610××××7581	李×洋
7	投标人7	二级	杨×莉	二级	陕2610××578413	石×东

评标委员会全体成员签字:冯×淼　李×强　杨×庚　姚×平　高×设

建设单位(签章)　　　　招标办(签章)　　　　招标代理机构(签章)

　任×建　　　　　　　王×红　　　　　　　崔×燕

2017年12月18日

六、投标申请人资格预审(详审)评审合格名单(总表五)

序号	报名单位	企业资质等级	项目经理	证书编号	法人
1	投标人1	二级	苏×晶	陕26100090×××	张×荣
2	投标人2	二级	李×	陕26100×××4750	谢×标
3	投标人3	二级	李×	陕261000×830	叶×仁

评标委员会全体成员签字:冯×淼　李×强　杨×庚　姚×平　高×设

建设单位(签章)　　　　招标办(签章)　　　　招标代理机构(签章)

　任×建　　　　　　　王×红　　　　　　　崔×燕

2017年12月18日

七、不合格投标申请人名单(总表六)

序号	报名单位	不合格原因
1	投标人4	法定代表人及授权委托人未签字或盖章
2	投标人5	建造师安全考核过期
3	投标人6	业绩不符合要求
4	投标人7	财务报表没有按照要求提交
5	投标人8	没有按照资格预审文件要求格式密封

备注:以上公司的不合格理由由评审委员会成员根据资格评审要求严格核查,根据实际情况填写。

评标委员会全体成员签字:冯×淼　李×强　杨×庚　姚×平　高×设

建设单位(签章)　　　　招标办(签章)　　　　招标代理机构(签章)

　任×建　　　　　　　王×红　　　　　　　崔×燕

2017年12月18日

八、资格预审评审结果通知书(电话记录单)(总表七)

序号	通知时间	通知人	被通知人	被通知人电话	通知电话号码	通知结果
1	2017 年 12 月 18 日 16:20 分	崔×燕	苏×晶	139×××4564	0×11-8××××5	合格
2	2017 年 12 月 18 日 16:22 分	崔×燕	张×国	137×××4578	0×11-8××××5	合格
3	2017 年 12 月 18 日 16:24 分	崔×燕	王×兵	137×××8787	0×11-8××××5	合格
4	2017 年 12 月 18 日 16:26 分	崔×燕	×××	135×××2636	0×11-8××××5	不合格
5	2017 年 12 月 18 日 16:28 分	崔×燕	××	138×××9896	0×11-8×××5	不合格
6	2017 年 12 月 18 日 16:30 分	崔×燕	×××	189××××9192	0×11-8×××5	不合格
7	2017 年 12 月 18 日 16:32 分	崔×燕	×××	136×××2589	0×11-8××××5	不合格
8	2017 年 12 月 18 日 16:34 分	崔×燕	×××	135×××7478	0×11-8×××5	不合格

评标委员会全体成员签字:冯×淼　　李×强　　杨×庚　　姚×平　　高×设

建设单位(签章)　　　　　　　招标办(签章)　　　　　　　招标代理机构(签章)

　任×建　　　　　　　　　　　王×红　　　　　　　　　　　崔×燕

2017 年 12 月 18 日

1.2.3　招标文件

经过评审投标人 1、投标人 2、投标人 3 是资格预审合格投标人,可以在接到电话通知之后,在指定地点购买招标文件,按照招标文件做投标书。

目　录

第一章　施工投标邀请书(代资格预审通过通知书)

_____(被邀请单位名称):

你单位已通过资格预审,现邀请你单位按招标文件规定的内容,参加广联达办公大厦施工投标。请你单位_____2017__年__12__月__19__日至__2018__年__1__月__7__日(法定公休日、法定节假日除外),每日上午__9:00__时至__12:00__时,下午__14:30__时至__17:00__时(北京时间,下同),在__××市××大厦1402室__持本投标邀请书购买招标文件。招标文件每套售价为__500__元,售后不退图纸押金__1 000__元,在退还图纸时退还(不计利息)。

递交投标文件的截止时间(投标截止时间,下同)为__2018__年__1__月__8__日__14__时__30__分,地点为__公共资源交易平台__。

逾期送达的或者未送达指定地点的投标文件,招标人不予受理。

你单位收到本投标邀请书后,请于__2018__年__1__月__8__日__××__时前以传真或快递方式予以确认。

招　标　人:__广联达股份有限公司__	招标代理机构:__×××造价咨询公司__
地　　　址:__××市__	地　　　　址:__××市××大厦1402室__
邮　　　编:_____	邮　　　　编:_____
联　系　人:__任×建__	联　　系　人:__崔×燕__
电　　　话:__0×11-84524×7__	电　　　　话:__0×11-8××××5__
传　　　真:_____	传　　　　真:_____
电子邮件:_____	网　　　　址:_____
开户银行:_____	开　户　银　行:_____
账　　　号:_____	账　　　　号:_____

__2017__年__12__月__18__日

第二章　投标人须知

投标人须知前附表

条款号	条款名称	编列内容
1.1.2	招标人	名称:广联达股份有限公司 地址:××市 联系人:任×建 电话:0×11-84524×7
1.1.3	招标代理机构	名称:××造价咨询公司 地址:××市××大厦1402室 联系人:崔×燕 电话:0×11-8××××5

续表

条款号	条款名称	编列内容
1.1.4	项目名称	广联达办公大厦
1.1.5	建设地点	××市
1.2.1	资金来源	企业自筹资金
1.2.2	出资比例	100%
1.2.3	资金落实情况	已落实
1.3.1	招标范围	施工图纸范围内全部土建、安装内容
1.3.2	计划工期	计 划 工 期: 270 天; 计划开工日期:2018 年 3 月 25 日 计划竣工日期:2018 年 12 月 20 日 有关工期的详细要求见第七章"技术标准和要求"
1.3.3	质量要求	质量标准:国家工程施工质量验收规范规定的合格标准
1.4.1	投标人资质条件	资质条件:应具备建筑工程施工总承包三级以上资质(含三级) 项目经理:项目经理为房屋建筑工程二级以上(含二级)建造师资质
1.4.2	是否接受联合体投标	☑不接受 □接受,应满足下列要求: 联合体资质按照联合体协议约定的分工认定
1.9.1	踏勘××××××××××××现场	☑不组织 □组织,踏勘时间: 　　　　踏勘集中地点:
1.10.1	投标预备会	☑不召开 □召开,召开时间: 　　　　召开地点:
1.10.2	投标人提出问题的截止时间	2018 年_____月_____日_____时前投标人将澄清问题以电子邮件发送至招标代理机构,邮箱: 24×××× 987@qq.com
1.10.3	招标人书面澄清的时间	2018 年_____月_____日
1.11	分包	☑不允许 □允许,分包内容要求: 　　　　分包金额要求: 　　　　接受分包的第三人资质要求:

续表

条款号	条款名称	编列内容
1.12	偏　离	☑不允许 □允许,可偏离的项目和范围见第七章 　"技术标准和要求": 　　允许偏离最高项数:＿＿＿＿＿ 　　偏差调整方法:＿＿＿＿＿＿
2.1	构成招标文件的其他材料	图纸答疑纪要等资料
2.2.1	投标人要求澄清招标文件的截止时间	＿2018＿年＿1＿月＿5＿日＿14＿时＿30＿分
2.2.2	投标截止时间	＿2018＿年＿1＿月＿8＿日＿14＿时＿30＿分
2.2.3	投标人确认收到招标文件澄清的时间	在收到相应澄清文件后＿24＿小时内
2.3.2	投标人确认收到招标文件修改的时间	在收到相应修改文件后＿24＿小时内
3.1.1	构成投标文件的其他材料	投标文件电子版光盘3张(一正一副,备份电子版)
3.3.1	投标有效期	＿60＿天(从投标截止之日算起)
3.4.1	投标保证金(无)	投标保证金的形式: 除现金以外的转账支票、银行电汇、银行保函或工程信用担保(从投标企业基本账户转出,由代理公司代收代退); 投标保证金必须在开标前3天缴入指定账户,投标保证金的金额:＿100 000.00＿元整。 ＿＿＿年＿＿＿月＿＿＿日＿17:30＿时前缴纳至 账户:陕西××项目管理有限公司 开户银行:中国建设银行××分行营业部 账号:6105016800×××999999 联系电话:0911-88××999
3.6	是否允许递交备选投标方案	☑不允许 □允许,备选投标方案的编制要求见附表七"备选投标方案编制要求",评审和比较方法见第三章"评标办法"
3.7.3	签字和(或)盖章要求	投标文件封面、投标函等投标文件中要求盖章签字的地方,均应加盖投标人印章并经法定代表人或其委托代理人签字和盖章
3.7.4	投标文件份数	正本一份,副本两份,已报价的工程量清单电子版光盘3张(一正一副外加备份电子版) 已报价的电子版工程量清单包括以下内容: 已报价的电子标书

续表

条款号	条款名称	编列内容
3.7.5	装订要求	商务标、技术标分别单独胶装成册 商务标正、副本均分袋密封(清单电子版光盘均放在商务标正副本中) 技术标正、副本均分袋密封 □不分册装订 ☑分册装订,共分 __2__ 册(技术标和商务标) 每册采用 __胶装__ 方式装订,装订应牢固、不易拆散和换页,不得采用活页装订
4.1.2	封套上写明	招标人地址: __××市__ 招标人名称: __广联达股份有限公司__ 项目名称:广联达办公大厦 单位名称: 投标文件在 2018 年 1 月 8 日 14 时 30 分前不得开启
4.2.2	递交投标文件地点	公共资源交易平台
4.2.3	是否退还投标文件	☑否 □是,退还安排:
5.1	开标时间和地点	开标时间:同投标截止时间 开标地点:××市公共资源交易平台
5.2	开标程序	(4)密封情况检查: (5)开标顺序:
6.1.1	评标委员会的组建	评标委员会构成: __5__ 人,其中招标人 __0__ 人、专家 __5__ 人;评标专家确定方式: __从××省建设工程评标专家库中随机抽取(有的项目建设单位在评审委员会中可以占 1/3 比例)__
7.1	是否授权评标委员会确定中标人	☑是 否,推荐的中标候选人数: __3__
7.3.1	履约担保	履约担保的形式:现金、银行保函 履约担保的金额:中标价的 10% 招标人提交同等的支付担保
10.	需要补充的其他内容	
10.1	词语定义	
10.1.1	类似项目	类似项目是指:结构形式
10.1.2	不良行为记录	不良行为记录是指:
	……	……
10.2	招标控制价	

续表

条款号	条款名称	编列内容
	招标控制价	☑不设招标控制价 ☑设招标控制价,招标控制价为:_____元 详见本招标文件附件:_____
10.3	"暗标"评审	
	施工组织设计是否采用"暗标"评审方式	☑不采用 □采用,投标人应严格按照第八章"投标文件格式"中"施工组织设计(技术暗标)编制及装订要求"编制和装订施工组织设计
10.4	投标文件电子版	
	是否要求投标人在递交投标文件时,同时递交投标文件电子版	□不要求 ☑要求,投标文件电子版内容: 已报价的电子标书 投标文件电子版份数: 正本、备份电子版(优盘)各一份、副本一份 投标文件电子版形式: 电子光盘 投标文件电子版密封方式:电子版正、副本及备份,分别密封在商务标正、副本内。另外将备份电子版(要求为 U 盘)用信封密封,装入商务标正本内,信封表明"备份"两字并加盖投标人公章。当正副本电子版均无法打开时,才能开启备份电子版
10.5	计算机辅助评标	
	是否实行计算机辅助评标 (实际工程在交易平台都是辅助于计算机进行开标,教学要求学生手工计算定标数据)	☑否 □是,投标人需递交纸质投标文件一份,同时按本须知附表八"电子投标文件编制及报送要求"编制及报送电子投标文件。计算机辅助评标方法见第三章"评标办法"
10.6	投标人代表出席开标会	
	按照本须知第 5.1 款的规定,招标人邀请所有投标人的法定代表人或其委托代理人参加开标会。投标人的法定代表人或其委托代理人应当按时参加开标会,并在招标人按开标程序进行点名时,向招标人提交法定代表人身份证明文件或法定代表人授权委托书,出示本人身份证,以证明其出席,否则,其投标文件按废标处理	
10.7	中标公示	
	在中标通知书发出前,招标人将中标候选人的情况在本招标项目招标公告发布的同一媒介和有形市场、交易中心予以公示,公示期不少于 3 日	
10.8	知识产权	
	构成本招标文件各个组成部分的文件,未经招标人书面同意,投标人不得擅自复印和用于非本招标项目所需的其他目的。招标人全部或者部分使用未中标人投标文件中的技术成果或技术方案时,需征得其书面同意,并不得擅自复印或提供给第三人	

续表

条款号	条款名称	编列内容
10.9	重新招标的其他情形	
除投标人须知正文第8条规定的情形外,除非已经产生中标候选人,在投标有效期内同意延长投标有效期的投标人少于3个的,招标人应当依法重新招标		
10.10	同义词语	
构成招标文件组成部分的"通用合同条款""专用合同条款""技术标准和要求"和"工程量清单"等章节中出现的措辞"发包人"和"承包人",在招标投标阶段应当分别按"招标人"和"投标人"进行理解		
10.11	监督	
本项目的招标投标活动及其相关当事人应当接受有管辖权的建设工程招标投标行政监督部门依法实施的监督		
10.12	解释权	
构成本招标文件的各个组成文件应互为解释,互为说明;如有不明确或不一致,构成合同文件组成内容的,以合同文件约定内容为准,且以专用合同条款约定的合同文件优先顺序解释;除招标文件中有特别规定外,仅适用于招标投标阶段的规定,按招标公告(投标邀请书)、投标人须知、评标办法、投标文件格式的先后顺序解释;同一组成文件中就同一事项的规定或约定不一致的,以编排顺序在后者为准;同一组成文件不同版本之间有不一致的,以形成时间在后者为准。按本款前述规定仍不能形成结论的,由招标人负责解释		
10.13	招标人补充的其他内容……	

投标人须知(正文部分)

同综合实训任务书中"投标人须知(正文部分)",限于篇幅,此处省略。

第四章　合同条款(限于篇幅,此处略)

第五章　工程量清单(略)

第六章　图　纸(略)

第七章　技术标准和要求(限于篇幅,此处略)

第八章　投标文件格式

_____(项目名称)　标段施工招标
投标文件

投标人：_____(盖单位章)

法定代表人或其委托代理人：_____(签字)

_____年_____月_____日

目　录

一、投标函及投标函附录

二、法定代表人身份证明

三、授权委托书

四、投标保证金

五、行贿犯罪档案查询结果告知函

六、已标价工程量清单

七、施工组织设计

八、其他材料

一、投标函及投标函附录

（一）投标函

致：＿＿＿＿＿＿＿＿＿＿＿＿＿＿＿＿（招标人名称）

在考察现场并充分研究＿＿＿＿＿＿＿＿＿＿＿＿＿（项目名称）＿＿＿＿＿标段（以下简称"本工程"）施工招标文件的全部内容后，我方兹以人民币（大写）：＿＿＿＿＿＿＿＿＿＿＿＿＿＿＿元（￥：＿＿＿＿＿＿＿＿＿＿＿＿元）的投标价格和按合同约定有权得到的其他金额，并严格按照合同约定，施工、竣工和交付本工程并维修其中的任何缺陷。在我方的上述投标报价中，包括措施费人民币（大写）＿＿＿＿＿＿＿＿＿＿＿＿＿元（￥：＿＿＿＿＿＿＿元）。

如果我方中标，我方保证在＿＿＿＿＿年＿＿＿＿＿月＿＿＿＿＿日或按照合同约定的开工日期开始本工程的施工，＿＿＿＿＿天（日历日）内竣工，并确保工程质量达到＿＿＿＿＿标准。我方同意本投标函在招标文件规定的提交投标文件截止时间后，在招标文件规定的投标有效期期满前对我方具有约束力，且随时准备接受你方发出的中标通知书。

随本投标函递交的投标函附录是本投标函的组成部分，对我方构成约束力。

随同本投标函递交投标保证金一份，金额为人民币（大写）：＿＿＿＿＿＿＿＿＿＿＿元（￥：＿＿＿＿＿＿＿元）。

在签署协议书之前，你方的中标通知书连同本投标函，包括投标函附录，对双方具有约束力。

投标人：（盖章）

法人代表或委托代理人：（签字或盖章）

日期：＿＿＿＿年＿＿＿＿月＿＿＿＿日

（二）投标函附录

工程名称：＿＿＿＿＿＿＿＿＿＿＿＿（项目名称）＿＿＿标段

序号	条款内容	合同条款号	约定内容	备注
1	项目经理	1.1.2.4	姓名：＿＿＿＿＿	
2	工期	1.1.4.3	＿＿＿＿日历天	
3	缺陷责任期	1.1.4.5		
4	分包	4.3.4	无	
5	逾期竣工违约金	11.5	＿＿＿＿＿元/天	
6	逾期竣工违约金最高限额	11.5	＿＿＿＿＿	
7	质量标准	13.1	合格	
8	预付款额度	17.2.1	合格总价15%	
9	质量保证金扣留百分比	17.4.1	3%	

备注：投标人在响应招标文件中规定的实质性要求和条件的基础上，可做出其他有利于招标人的承诺。此类承诺可在本表中予以补充填写。

投标人：（盖章）

法人代表或委托代理人：（签字或盖章）

日期：＿＿＿＿年＿＿＿＿月＿＿＿＿日

二、法定代表人身份证明

投 标 人:_____

单位性质:_____

地　　址:_____

成立时间:_____年_____月_____日

经营期限:_____

姓　　名:_____　性　　别:_____

年　　龄:_____　职　　务:_____

系_____(投标人名称)的法定代表人。

特此证明。

投标人:_____(盖单位章)

_____年_____月_____日

三、授权委托书

本人_____(姓名)系_____(投标人名称)的法定代表人,现委托_____(姓名)为我方代理人。代理人根据授权,以我方名义签署、澄清、说明、补正、递交、撤回、修改_____(项目名称)_____标段施工投标文件、签订合同和处理有关事宜,其法律后果由我方承担。

委托期限:_____。

代理人无转委托权。

附:法定代表人身份证明

投　标　人:_____(盖单位章)

法定代表人:_____(签字)

身份证号码:_____

委托代理人:_____(签字)

身份证号码:_____

_____年_____月_____日

四、投标保证金

(无)

五、行贿犯罪档案查询结果告知函

(复印件粘贴)

六、已标价工程量清单

(说明:表格按软件自带表格)

七、施工组织设计

投标人应根据招标文件和对现场的勘察情况,采用文字并结合图表形式,参考以下要点编制本工程的施工组织设计:
①工程质量保证措施;
②安全生产保证措施;
③文明施工保证措施;
④工期保证措施;
⑤施工方案和施工技术措施;
⑥施工机械设备配备计划及劳动力安排;
⑦施工进度表或施工网络图;
⑧项目经理部组成(其中包含建筑项目经理、资料员、质量员、安全员、材料员的资格证书、姓名、联系方式);
⑨施工现场平面布置图;
⑩新技术、新产品、新工艺、新材料的应用。

八、其他材料

(限于篇幅,此处省略)

任务2　建筑、安装工程工程量清单编制

任务简介

招标文件是指导整个招投标工作全过程的纲领性文件。按照《招标投标法》的规定,招标文件应当包括招标项目的技术要求,对投标人资格审查的标准、投标报价要求和评标标准等所有实质性要求和条件以及拟签合同的主要条款。工程量清单是招标文件的重要组成部分,主要是由发包方人或其委托的咨询代理机构编写。工程量清单是表现拟建工程分部分项工程、措施项目和其他项目名称和相应数量的明细清单,以满足工程项目体量化和计量支付的需要;是招标人编制招标控制价和投标人编制投标报价的重要依据。招标工程量清单是招标人依据国家标准、招标文件、设计文件以及施工现场实际情况编制的,随招标文件发布供投标报价的工程量清单,包括对其的说明和表格。编制招标工程量清单应充分体现"量价分离"和"风险分担"原则。

招标阶段由招标人或其委托的工程造价咨询人根据工程项目设计文件,编制出招标工程项目的工程量清单,并将其作为招标文件的组成部分。招标工程量清单的准确性和完整性由招标人负责;投标人应结合企业自身实际、参考市场有关价格信息完成清单项目工程的组合报价,并对其承担风险。

任务要求

能力目标	知识要点	相关知识	权重
掌握基本识图能力	正确识读工程图纸,理解建筑、结构做法和详图	制图规范、建筑图例、结构构件、节点做法	10%
掌握分部分项工程清单项目的划分	根据清单规则和图纸及施工内容正确划分各分部分项工程,准确确定分项项目名称	清单子目的内容、工程量计算规则、工程具体内容	15%
掌握清单工程量的计算方法	根据建筑装饰工程量清单计算规则,正确计算各项工程量	工程量计算规则的运用	35%
掌握项目特征的准确描述	按照图纸的做法及常规施工规范准确描述项目特征	清单项目特征及对应定额子目内容	25%
掌握措施项目、其他项目清单的编制	根据招标文件要求列出单价措施项目和总价措施项目的清单项目、其他项目的清单项目	措施项目和其他项目清单的内容	15%

2.1　建筑、安装工程工程量清单编制实训指导书

2.1.1　编制依据

1)招标工程量清单的编制依据

①《建设工程工程量清单计价规范》(GB 50500—2013)以及各专业工程计量规范等。

②现行的《陕西省建筑安装工程工程量清单计价办法》《陕西省建筑安装工程费用项目组成及计算规则》《陕西省建筑装饰消耗量定额》《陕西省安装工程消耗量定额》等。

③广联达办公大厦的设计文件及相关资料。

④与建设工程有关的标准、规范、技术资料。

⑤拟订的广联达办公大厦招标文件。

⑥工程所在地的施工现场情况、地勘水文资料、工程特点及常规施工方案。

⑦其他相关资料。

2)招标工程量清单编制的准备工作

招标工程量清单编制的相关工作在收集资料包括编制依据的基础上,需进行如下工作。

(1)初步研究

对各种资料进行认真研究,为工程量清单的编制做准备。主要包括以下内容:

①熟悉《建设工程工程量清单计价规范》(GB 50500—2013)和各专业工程计量规范、陕西省计价规定及相关文件;熟悉设计文件,掌握工程全貌,便于清单项目列项的完整、工程量的准确计算及清单项目的准确描述,对设计文件中出现的问题应及时提出。

②熟悉招标文件、招标图纸,确定工程量清单编审的范围及需要设定的暂估价;收集相关市场价格信息,为暂估价的确定提供依据。

③对《建设工程工程量清单计价规范》(GB 50500—2013)缺项的新材料、新技术、新工艺,收集足够的基础资料,为补充项目的制定提供依据。

(2)现场踏勘

为了选用合理的施工组织设计和施工技术方案,需进行现场踏勘,以充分了解施工现场情况及工程特点,主要对以下两方面进行调查。

①自然地理条件:工程所在地的地理位置、地形、地貌、用地范围等;气象、水文情况,包括气温、湿度、降雨量等;地质情况,包括地质构造及特征、承载能力等;地震、洪水及其他自然灾害情况。

②施工条件:工程现场周围的道路、进出场条件、交通限制情况;工程现场施工临时设施、大型施工机具、材料堆放场地情况;工程现场邻近建筑物与招标工程的间距、结构形式、基础埋深、新旧程度、高度;市政给排水管线位置、管径、压力、废水、污水处理方式;市政、消防供水管道管径、压力、位置等;现场供电方式、方位、距离、电压等;工程现场通信线路的连接和铺设;当地政府有关部门对施工现场管理的一般要求、特殊要求及规定等。

（3）拟订常规施工组织设计

施工组织设计是指导拟建工程项目的施工准备和施工的技术经济文件。根据项目的具体情况编制施工组织设计，拟订工程的施工方案、施工顺序、施工方法等，便于工程量清单的编制及准确计算，特别是工程量清单中的措施项目。施工组织设计编制的主要依据有：招标文件中的相关要求，设计文件中的面纸及相关说明，现场踏勘资料，有关定额，现行有关技术标准、施工规范或规则等。作为招标人，仅需拟订常规的施工组织设计即可。

在拟订常规的施工组织设计时，需注意以下问题：

①估算整体工程量。根据概算指标或类似工程进行估算，且仅对主要项目加以估算即可，如土石方、混凝土等。

②拟订施工总方案。施工总方案仅只需对重大问题和关键工艺作原则性的规定，不需考虑施工步骤，主要包括施工方法、施工机械设备的选择、科学的施工组织、合理的施工进度、现场的平面布置及各种技术措施。制订总方案要满足以下原则：

a.从实际出发，符合现场的实际情况，在切实可行的范围内尽量求其先进和快速；

b.满足工期的要求；

c.确保工程质量和施工安全；

d.尽量降低施工成本，使方案更加经济合理。

③确定施工顺序。合理确定施工顺序需要考虑各分部分项工程之间的关系、施工方法和施工机械的要求、当地的气候条件和水文要求以及施工顺序对工期的影响。

④编制施工进度计划。施工进度计划要满足合同对工期的要求，在不增加资源的前提下尽量提前。编制施工进度计划时，要处理好工程中各分部、分项、单位工程之间的关系，避免出现施工顺序的颠倒或工种相互冲突。

⑤计算人、材、机资源需要量。人工工日数量根据估算的工程量、选用的定额、拟订的施工总方案、施工方法及要求的工期来确定，并考虑节假日、气候等的影响。材料需要量主要根据估算的工程量和选用的材料消耗定额进行计算。机械台班数量则根据施工方案确定选择机械各方案及机械种类的匹配要求，再根据估算的工程量和机械时间定额进行计算。

⑥施工平面的布置。施工平面布置是根据施工方案、施工进度要求，对施工现场的道路交通、材料仓库、临时设施等做出合理的规划布置，主要包括建设项目施工总平面图上的一切地上、地下已有和拟建的建筑物、构筑物以及其他设施的位置和尺寸；所有为施工服务的临时设施的布置位置，如施工用地范围，施工用道路，材料仓库，取土与弃土位置，水源、电源位置，安全、消防设施位置，永久性测量放线标桩位置等。

2.1.2 编制步骤和方法

（1）熟悉广联达办公大厦施工图设计文件

①熟悉图纸、设计说明，了解工程性质，对工程情况进行初步了解。

②熟悉平面图、立面图和剖面图，核对尺寸。

③查看详图和做法说明，了解细部做法。

（2）熟悉施工组织设计资料

了解施工方法、施工机械的选择、工具设备的选择、运输距离的远近。

（3）熟悉陕西省建筑工程工程量清单计价办法

了解清单各项目的划分、工程量计算规则,掌握各清单项目的项目编码、项目名称、项目特征、计量单位及工作内容。

（4）列项计算清单工程量并编制工程量计算书

工程量计算必须根据设计图纸和说明提供的工程构造、设计尺寸和做法要求,结合施工组织设计和现场情况,按照清单项目划分、工程量计算规则和计量单位的规定,对每个分项工程的工程量进行具体计算。它是工程量清单编制工作中的一项细致而重要的环节。

为了做到计算准确、便于审核,工程量计算的总体要求有以下几点:

①根据设计图纸、施工说明书和建筑工程工程量清单计价办法的规定要求,计算各分部分项工程量。

②计算工程量所取定的尺寸和工程量计量单位要符合清单计价办法的规定。

③尽量按照"一数多用"的计算原则,以加快计算速度。

④门窗、洞口、预制构件要结合建筑平面图、立面图对照清点,也可列出数量、面积体积明细表,以备扣除门窗、洞口面积和预制构件体积之用。

（5）编制分部分项工程量清单

依据工程量计算结果编制分部分项工程量清单,并结合拟建工程施工设计和施工方案内容完成措施项目清单、其他项目清单和规费税金清单的编制。

2.2 广联达办公大厦建筑工程工程量清单的编制（实例）

1）手工计算广联达办公大厦部分分项工程的清单工程量

确定项目名称及计算规则,列式计算清单项目的工程量。计算过程中,注意图纸的识读及计算规则的应用。工程量的计算是一项繁杂而细致的工作,为了计算快速准确并尽量避免漏算或重算,必须依据一定的计算原则及方法,具体计算过程参照表 2.1。

表2.1 工程量计算式

工程名称:广联达办公大厦 　　　　　　　　　　　　　　　　　　　　　　第　页 共　页

序号	项目名称	计量单位	计算式	工程量	备注
	建筑工程				
	A.1 土(石)方工程				5 229.681 74
1	平整场地	m²	清单计价规则:按设计图示尺寸以建筑物首层建筑面积计算 $S = 1\ 005.95$ $S_{计价} = (50.4 + 4) \times (22.5 + 4) = 1\ 441.6$	1 005.95	建施-3 一层平面图
2	挖一般土方	m³	大开挖工程量计算时,不考虑放坡 1.从基础开挖平面图中计算出开挖底面积 $S_{基底} = (22.5 + 0.5 + 0.6) \times (50.4 + 1.2 + 1.2) - (14.4 + 1.2 - 0.5) \times (7.2 - 0.7 + 0.6) \times 2 = 1\ 031.66$ 2.挖土深度 = 4.4(筏板顶标高) + 0.5(筏板厚) + 0.1(垫层厚) - 0.45(室外地坪标高) = 4.55 3.$V = 1\ 031.66 \times 4.55 = 4\ 694.05$	4 694.05	结施-3 基础结构平面图
3	挖基坑土方(电梯基坑和集水坑)	m³	清单计价规则:按设计图示尺寸以基础垫层底面积乘以挖土深度计算 $V = \frac{1}{3} \times H \times [S_{上} + (S_{上} \times S_{下})^{\frac{1}{2}} + S_{下}]$ $S = \frac{1}{3} \times 1.4 \times \{(22.5 \times 2 + 0.2 \times 3 + 0.4 \times 2) \times (22.25 + 0.2 \times 2) + (22.5 \times 2 + 0.2 \times 3 + 0.4 \times 2 + 1.4 \times 2) \times (22.25 + 0.2 \times 2) + [(22.5 \times 2 + 0.2 \times 3 + 0.4 \times 2) \times (22.25 + 0.2 \times 2) \times (22.5 \times 2 + 0.2 \times 3 + 0.4 \times 2 + 1.4 \times 2) \times (22.25 + 0.2 \times 2)]^{\frac{1}{2}}\}$	26.51	结施-3 基础结构平面图 A—A 和 B—B 剖面图
4	挖基础土方(坡道)	m³	按设计图示尺寸以体积计算 $V = (4.55 + 7.2 - 0.7) \times 3 \times (4.4 + 0.6 - 0.45)/2$	82.96	结施-3 基础结构平面图
5	基底钎探	m²	按外墙外边线每边外放 3 m 计算面积 $S = (22.5 + 6) \times (50.4 + 6)$	1 607.40	结施-3 基础结构平面图

续表

序号	项目名称	计量单位	计算式	工程量	备注
6	土方回填（素土）	m³	基础回填:挖方清单项目工程量减去自然地坪以下埋设的基础体积(包括基础垫层及其他构筑物) $V = 4\,694.05 - $ 基础梁体积 $-$ 筏板体积 $-$ 垫层体积	226.74	
7	土方回填(2:8灰土)	m³	场地回填:回填面积×平均厚度	340.82	
8	土方回填(2:8灰土)	m³	房心回填:室内净面积×回填厚度	544.56	
	A.3 砌筑工程				
	墙的工程量	m³	砖墙计算应区分不同墙厚和砂浆种类,以 m³ 计算。 1.计算公式 墙体体积 =(墙体长度×墙体高度 - 门窗洞口面积)×墙厚 - 嵌入墙体内的钢筋混凝土柱、圈梁、过梁体积 + 砖垛、女儿墙等体积 2.墙体长度 外墙长度按外墙的中心线 $L_{中}$ 计算 内墙长度按内墙的净长线 $L_{内}$ 计算 3.墙身高度 (1)外墙墙身高度 ①坡屋面无檐口天棚者:算至屋面板底。 ②有屋架且室内外均有天棚者:算至屋架下弦另加 200 mm;无天棚者算至屋架下弦底 300 mm。 ③平屋面:应算至钢筋混凝土板顶面。 ④有女儿墙者:算至女儿墙顶面(有混凝土压顶的算至混凝土压顶底面)。 (2)内墙墙身高度 ①位于屋架下弦者:其高度算至屋架底。 ②无屋架者:算至天棚底另加 100 mm。 ③有钢筋混凝土楼板隔层者:算至钢筋混凝土楼板面。 ④有框架梁:应算至框架梁底面——框架结构的填充墙。 (3)内、外山墙墙身高度 按其平均高度计算		

续表

序号	项目名称	计量单位	计算式	工程量	备注
9	实心砖墙（女儿墙）	m³	$L_{墙长} = (4.8 - 0.9 + 4.8 + 0.18 + (15.3 + 0.18) \times 2 + (0.91 + 4.8 \times 3 + 0.18) \times 2 + 7.2 \times 2 + 4.8 \times 3 - 0.9 + 0.61 \times 2) = 99.94$ $V = 99.94 \times 0.75 \times 0.24 = 17.99$	17.99	建施-8
10	实心砖墙（弧形女儿墙）	m³	$L_{墙长}$:根据勾股定理得出圆弧半径 $r = 25.5$ $\tan \alpha/2 = 7.2 \times 3/2/(25.5 - 2.41)$，$\alpha = 50°$。所以，圆弧长 $= 25.5 \times 2 \times 3.14 \times 50/360 = 22.4$ $V = 22.4 \times 0.75 \times 0.24$	4.03	建施-7
11	空心砖墙、砌块墙（内墙200 mm）	m³	$V_{地下} = \{[21.6 + 14.4 - 4.1 - 6 \times 0.6 + 9.6 - 2 \times 0.6 + 21.6 - 3 \times 0.6 + (6 - 0.6) \times 2 + (6.9 - 0.6)] \times 3.15 - 1.8 \times 2.1 - 1.2 \times 2 \times 2 - 1 \times 2.1 \times 2 - 1.5 \times 2.1 \times 2\} \times 0.2 = 42.55$ $V_{1层} = \{[50.4 - 0.6 \times 9 - 4.1 + 50.4 - 21.6 - 0.6 \times 6 + (6.9 - 0.6) \times 4 + (6 - 0.6) \times 4] \times (3.9 - 0.65) - 1 \times 2.1 \times 10 - 1.2 \times 2.1 \times 2 - 3 \times 2.1 - 1.5 \times 2.1 - 1.2 \times 2.1\} \times 0.2 = 65.78$ $V_{2层} = 65.78 + 1 \times 2.1 \times 0.2 - 1.5 \times 2.1 \times 0.2 + 3 \times 2.1 \times 0.2 - 1.5 \times 2.1 \times 0.2 - (6.9 - 0.6) \times (3.9 - 0.65) \times 0.2 = 62.11$ $V_{3层} = \{[21.6 + 14.4 + 4.8 - 7 \times 0.6) \times 2 - 4.1 + (6.9 - 0.6) \times 2 + 6.8 + (6 - 0.6) \times 2] \times (3.9 - 0.65) - 1.2 \times 2.1 \times 2 - 1.5 \times 2.1 \times 5 - 1 \times 2.1 \times 8 - 1.2 \times 2.1\} \times 0.2 = 56.52$ $V_{4层} = \{[(50.4 - 0.6 \times 9) \times 2 - 4.1 + (6.9 - 0.6) \times 2 + 6.8 + (6 - 0.6) \times 4] \times (3.9 - 0.6) - 1.2 \times 2.1 \times 2 - 1.5 \times 2.1 \times 7 - 1 \times 2.1 \times 8 - 1.2 \times 2.1\} \times 0.2 = 74.47$ $V = V_{地下} + V_{1层} + V_{2层} + V_{3层} + V_{4层} - V_{构造柱} = 301.43$	301.43	建施-2、3、4、5、6

续表

序号	项目名称	计量单位	计算式	工程量	备注
12	空心砖墙、砌块墙（外墙 250 mm）	m³	$V_{1层} = (((50.4 - 1.2) \times 2 - 21.6) \times (3.9 - 0.5) - 1.2 \times 2.7 \times 16 - 0.9 \times 2.7 \times 10 - 2.1 \times 3) \times 0.25 = 44.67$ $V_{2层} + V_{3层} + V_{4层} = (((50.4 - 1.2) \times 2 - 21.6) \times (3.9 - 0.5) - 1.2 \times 2.7 \times 16 - 0.9 \times 2.7 \times 12) \times 0.25 \times 3 = 135.09$ $V = V_1 + V_2 + V_3 + V_4 - V_{构造柱} = 179.76$	179.76	建施-3、4、5、6
13	空心砖墙、砌块墙（弧形外墙 250 mm）	m	$V = 22.4 \times (3.9 - 0.5) \times 0.25 \times 2 - V_{构造柱}$	38.08	建施-5、6
	A.4 混凝土及钢筋混凝土工程				
14	满堂基础（坡道）	m³	无梁式满堂基础 坡道的斜长 $= \sqrt{(4.55 + 7.2 + 4)^2 + (3.7 - 0.45)^2} = 16.08$ $V = 16.08 \times 0.2 \times (4.8 - 1.4)$	10.93	结施-3 基础结构平面图
15	满堂基础	m³	有梁式满堂基础体积 $= V_{板} + V_{梁}$ $V_{板} = [(50.4 + 1.2 \times 2) \times (22.5 + 0.5 + 0.6) - (4.8 \times 3 - 0.5 + 1.2) \times (7.2 + 0.6 - 0.7) \times 2] \times 0.5 = 515.83$ $V_{JZL1} = 0.5 \times 1.2 \times (50.4 - 0.3 \times 2 - 0.6 \times 6 - 0.85 \times 2) + 0.5 \times 1.2 \times (50.4 - 0.3 \times 2 - 0.6 \times 8) = 53.7$ $V_{JZL2} = 0.5 \times 1.2 \times (6 + 2.4 + 6.9 - 0.3 \times 2 - 0.6 \times 2) \times 6 = 48.6$ $V_{JZL3} = 0.5 \times 1.2 \times (22.5 - 0.25 - 0.3 - 0.6 \times 2 - 0.85) \times 2 = 23.88$ $V_{JZL4} = 0.5 \times 1.2 \times (7.2 \times 3 - 0.3 \times 2 - 0.6 \times 2) = 11.88$ $V_{JCL1} = 0.5 \times 1.2 \times (7.2 - 0.5) = 4.02$	657.91	结施-3、4
16	垫层	m³	基础底板垫层面积 × 垫层厚 $S = [(50.4 + 1.3 \times 2) \times (22.5 + 0.6 + 0.7) - (4.8 \times 3 - 0.5 + 1.2) \times (7.2 + 0.6 - 0.7) \times 2] = 1\,049.98$ $V = 1\,046.98 \times 0.1$	104.70	结施-3

续表

序号	项目名称	计量单位	计算式	工程量	备注
17	构造柱	m³	构造柱的体积＝（柱截面面积＋马牙槎面积）×柱高×个数 地下一层 GZ2＝（0.2×0.25＋0.25×0.03＋0.2×0.03×2）×4.9＝0.34 GZ3＝（0.2×0.2＋0.2×0.03×2）×4.9×14＝2.74 一层 GZ1＝（0.25×0.25＋0.25×0.03×2）×3.9×18＝5.44 GZ2＝（0.2×0.25＋0.2×0.03＋0.25×0.03×2）×3.9×9＝2.49 GZ3＝（0.2×0.2＋0.2×0.03×2）×3.9×25＝3.9 二层、三层、四层构造柱计算方法一样	58.95	结施-2 第九条（4）建施-16、17、18、19、20、21
18	异形柱	m³	异形柱的体积＝截面面积×柱高×个数 地下一层柱 C30：GDZ1＝（0.6×0.6＋0.3×0.25×2）×（4.4－0.1）×4＝8.77 GDZ2＝（0.6×0.6＋0.3×0.25×2）×（4.4－0.1）×13＝28.51 GDZ3＝（0.6×0.6＋0.3×0.25×3）×（4.4－0.1）×3＝7.56 GDZ4＝（0.6×0.6＋0.3×0.25）×（4.4－0.1）×4＝7.48 GDZ5＝（3.14×0.5×0.5＋0.33×0.25×2）×4.3×4＝16.34 GDZ6＝（3.14×0.5×0.5＋0.3×0.25×2）×4.3×6＝24.12 GJZ1＝（0.5×0.2＋0.3×0.2）×4.3×2＝1.38 GJZ2＝（0.25×0.725＋0.3×0.2）×4.3＝1.04 GYZ1＝（0.25×1.025＋0.3×0.2）×4.3＝1.4 GYZ2＝（1.25×0.25＋0.2×0.3）×4.3＝1.6 GYZ3＝（0.8×0.2＋0.3×0.2）×4.3＝0.95 GAZ1＝0.4×0.25×4.3＝0.43 其余工程量参照广联达软件图形算量	355.43	结施-4 结施-6 剪力墙柱表

序号	项目名称	计量单位	计算式	工程量	备注
19	矩形柱	m³	矩形柱的体积 = 截面面积×柱高×个数(按全高计算) 地下一层柱 C30：KZ1 = 0.6 × 0.6 × 4.3 × 12 = 18.58 其余工程量参照广联达软件图形算量	18.58	结施-4 结施-6 剪力墙柱表
20	圆形柱	m³	圆形柱体积 = 截面积×柱高×个数 地下一层柱 C30：KZ2 = 3.14 × 0.425 × 0.425 × 4.3 × 2 = 4.88	4.88	结施-4 结施-6 剪力墙柱表
21	直形墙	m³	剪力墙的体积 = 墙厚×墙高×墙长,墙长扣柱地下剪力墙 $WQ1 = 0.25 × 4.3 × [50.4 - 0.6 × 2 - 1.2 × 8 + (22.5 - 0.6 × 2 - 1.2 × 2 - 0.6 - 1.99 × 2) × 2 + 50.4 - 0.6 × 2 - 1.2 × 2 - 0.6 × 2 - 1.1 × 6 - 1.2 × 2] = 112.7$ $Q1 = 0.25 × 4.3 × (6 + 2.4 + 6.9 - 0.6 × 2 - 0.9 × 2 - 0.4 × 2] = 12.36$ $Q2 = 0.2 × 4.3 × [(2.25 - 0.3 - 0.3) × 2 + (2.225 - 0.3 - 0.3) × 3] = 8.18$	133.23	结施-4 剪力墙身表
22	梁	m³	异形梁 V = 异形梁截面积(剖面图)×梁长,工程量参照广联达软件图形算量; 矩形梁 V = 梁的截面积×梁长(梁长算至柱的侧面),工程量参照广联达软件图形算量		
23	有梁板	m³	有梁板 V = 梁的体积 + 板的体积,工程量参照广联达软件图形算量		
24	平板(电梯井)	m³	平板 V = 板的净面积×板厚	1.20	
25	直形楼梯	m²	楼梯按设计尺寸以水平投影面积计算。不扣除宽度小于或等于 500 mm 的楼梯井,伸入墙内部分不计算。其中,水平投影面积包括休息平台、平台梁、斜梁和楼梯的连接梁。当整体楼梯与现浇楼板无梯梁连接时,以楼梯的最后一个踏步边缘加 300 mm 一层楼梯平面图 $S = (3.3 + 1.4) × (1.35 × 2 + 0.1) = 13.16$ 二至四层平面图及机房楼梯平面图 $S = (3.6 + 1.4) × 2.8 × 4 = 56$	69.16	建施-13

续表

序号	项目名称	计量单位	计算式	工程量	备注
26	雨篷板	m³	$V=1.5 \times 3.3 \times 0.15$	0.74	结施-12
27	坡道	m²	坡道按斜面积计算,$S=\left[(4.55+7.2+4)^2+(3.7-0.45)^2\right]^{\frac{1}{2}} \times 3.2$	56.20	结施-3 基础结构平面图
28	散水	m²	按设计水平投影面积计算,$S=$(首层外边线周长 – 坡道长 – 台阶长)×散水宽 +4×散水宽×散水宽 $S=\left[(50.4+0.3 \times 2+6+2.4+6.9+0.3 \times 2) \times 2-(2.1+0.3 \times 6+7.2+7.2+7.2+0.75+0.75)\right] \times 0.9+4 \times 0.9 \times 0.9$	99.36	建施-3
29	电缆沟、地沟	m	按设计图示以中心线长度计算	1.39	
30	后浇带	m³	按体积计算,$V=(22.5+0.85) \times 0.8 \times 0.12$	2.24	结施-7

2)编制广联达办公大厦分部分项招标工程量清单

编制分部分项招标工程量清单主要是由招标人确定清单中的 5 个要件,即项目名称、项目编码、项目特征、计量单位、工程量。广联达办公大厦项目的清单五要件应根据《建设工程工程量清单计价规范》(GB 50500—2013)中的清单项目设置及《陕西省消耗量定额》进行编制。

(1)项目编码

分部分项工程量清单的项目编码,应根据拟建工程的工程量清单项目名称设置,同一招标工程的项目编码不得有重码。

(2)项目名称

分部分项工程量清单的项目名称应按专业工程计量规范附录的项目名称结合拟建工程的实际确定。在分部分项工程量清单中所列出的项目,应是在单位工程的施工过程中本身构成该单位工程实体的分项工程,但应注意以下两点:

①当在拟建工程的施工图纸中有体现,并且在专业工程计量规范附录中也有相对应的项目时,则根据附录中的规定直接列项,计算工程量,确定其项目编码。

②当在拟建工程的施工图纸中有体现,但在专业工程计量规范附录中没有相对应的项目,并且在附录项目的"项目特征"或"工程内容"中也没有提示时,则必须编制针对这些分项工程的补充项目,并在清单中单独列项,同时在清单的编制说明中注明。

(3)项目特征描述

工程量清单的项目特征是确定一个清单项目综合单价不可缺少的重要依据。在编制工程量清单时,必须对项目特征进行准确和全面的描述。但有些项目特征用文字往往又难以进行准确、全面的描述。为达到规范、简洁、准确、全面描述项目特征的要求,在描述工程量清单项目特征时应按以下原则进行:

①项目特征描述的内容应按附录中的规定,结合拟建工程的实际,满足确定综合单价的需要。

②若采用标准图集或施工图纸能够全部或部分满足项目特征描述的要求,项目特征描述可直接采用详见相关图集。对不能满足项目特征描述要求的部分,仍应用文字描述。

(4)计量单位

分部分项工程量清单的计量单位与有效位数应遵守《建设工程工程量清单计价规范》(GB 50500—2013)的规定。当附录中有两个或两个以上计量单位的,应结合拟建工程项目的实际选择其中一个确定。

(5)工程量的计算

分部分项工程量清单中所列工程量,应按专业工程计量规范规定的工程量计算规则计算。另外,对补充项的工程量计算规则必须符合以下原则:一是其计算规则要具有可计算性;二是计算结果要具有唯一性。

广联达办公大厦建筑装饰工程分部分项招标工程量清单详见表2.2。

广联达办公大厦给排水工程分部分项招标工程量清单详见表2.3。

广联达办公大厦采暖工程分部分项招标工程量清单详见表2.4。

广联达办公大厦电气工程分部分项招标工程量清单详见表2.5。

广联达办公大厦消防工程分部分项招标工程量清单详见表2.6。

广联达办公大厦通风工程分部分项招标工程量清单详见表2.7。

表 2.2　建筑装饰工程分部分项招标工程量清单

工程名称:广联达办公大厦土建工程　　　　　专业:土建工程　　　　　第1页　共9页

序号	项目编码	项目名称	计量单位	工程数量
1	010101001001	平整场地 1. 土壤类别:二类土	m²	1 005.95
2	010101002001	挖一般土方 1. 土壤类别:一般土 2. 挖土深度:5 m 以内 3. 弃土运距:1 km 以内	m³	4 694.05
3	010101002002	挖一般土方 1. 土壤类别:一般土 2. 挖土深度:3 m 以内 3. 弃土运距:1 km 以内	m³	82.96
4	010101002003	基底钎探	m³	1 607.4
5	010101004001	挖基坑土方 1. 土壤类别:一般土 2. 挖土深度:1.5 m 以内 3. 弃土运距:1 km 以内	m³	26.51
6	010103001001	回填方 1. 密实度要求:夯填 2. 填方材料品种:素土 3. 填方来源、运距	m³	217.12
7	010103001002	回填方 1. 密实度要求:夯填 2. 填方材料品种:素土 3. 部位:房心回填 4. 填方来源、运距:1 km 以内	m³	542.82
8	010103001003	回填方 1. 密实度要求:夯填 2. 填方材料品种:素土	m³	337.34
9	010401003001	实心砖墙 1. 砖品种、规格、强度等级:标准黏土砖 2. 墙体类型:女儿墙 3. 墙体厚度:240 mm 4. 砂浆强度等级、配合比:M5 混合砂浆	m³	17.99
10	010401003002	实心砖墙 1. 砖品种、规格、强度等级:标准黏土砖 2. 墙体类型:女儿墙 弧形墙 3. 墙体厚度:240 mm 4. 砂浆强度等级、配合比:M5 混合砂浆	m³	4.03

工程名称:广联达办公大厦土建工程　　　　专业:土建工程　　　　第2页　共9页

序号	项目编码	项目名称	计量单位	工程数量
11	010402001001	砌块墙 1.砌块品种、规格、强度等级:加气混凝土砌块 2.墙体类型:200 mm 3.砂浆强度等级:M10 混合砂浆	m³	301.43
12	010402001002	砌块墙 1.砌块品种、规格、强度等级:加气混凝土砌块 2.墙体类型:250 mm 3.砂浆强度等级:M10 混合砂浆	m³	1
13	010402001003	砌块墙 1.砌块品种、规格、强度等级:加气混凝土砌块 2.墙体类型:250 mm 弧形墙 3.砂浆强度等级:M10 混合砂浆	m³	28.08
14	010402001004	砌块墙 1.砌块品种、规格、强度等级:加气混凝土砌块 2.墙体类型:120 mm 弧形墙 3.砂浆强度等级:M10 混合砂浆	m³	0.67
15	010402001005	砌块墙 1.砌块品种、规格、强度等级:加气混凝土砌块 2.墙体类型:100 mm 弧形墙 3.砂浆强度等级:M10 混合砂浆	m³	10.2
16	010501004001	满堂基础 1.混凝土强度等级:C20 2.混凝土拌和料要求:商品混凝土 3.基础类型:无梁式满堂基础 4.部位:坡道 5.抗渗等级:P8	m³	10.93
17	010501004002	满堂基础 1.混凝土强度等级:C30 2.混凝土拌和料要求:商品混凝土 3.基础类型:有梁式满堂基础 4.抗渗等级:P8	m³	657.91
18	010501001001	垫层 1.混凝土种类:商品混凝土 2.混凝土强度等级:C15	m³	104.7
19	010502002001	构造柱 1.混凝土种类:商品混凝土 2.混凝土强度等级:C25	m³	58.95
20	010502001001	矩形柱 1.混凝土种类:商品混凝土 2.混凝土强度等级:C30 3.柱截面尺寸:截面周长在 1.8 m 以上	m³	127.55

序号	项目编码	项目名称	计量单位	工程数量
21	010502001002	矩形柱 1.混凝土种类:商品混凝土 2.混凝土强度等级:C25 3.柱截面尺寸:截面周长在1.8 m以上	m³	120.32
22	010502001003	矩形柱 1.混凝土种类:商品混凝土 2.混凝土强度等级:C30 3.柱截面尺寸:截面周长在1.8 m以上 4.抗渗等级:P8	m³	29.74
23	010502001004	矩形柱 1.混凝土种类:商品混凝土 2.混凝土强度等级:C30 3.柱截面尺寸:截面周长在1.2 m以内 4.部位:楼梯间	m³	2.21
24	010502003001	圆形柱 1.柱直径:0.5 m以内 2.混凝土强度等级:C30 3.拌和料要求:商品混凝土 4.抗渗等级:P8 5.部位:地下一层	m³	8.17
25	010502003002	圆形柱 1.柱直径:0.5 m以内 2.混凝土强度等级:C30 3.拌和料要求:商品混凝土	m³	7.66
26	010502003003	圆形柱 1.柱直径:0.5 m以上 2.混凝土强度等级:C30 3.拌和料要求:商品混凝土	m³	1
27	010503004001	圈梁 1.混凝土强度等级:C25 2.拌和料要求:商品混凝土	m³	21.9
28	010503004002	圈梁 1.混凝土强度等级:C25 2.拌和料要求:商品混凝土 3.类型:弧形梁	m³	1.8
29	010503005001	过梁 1.混凝土强度等级:C25 2.拌和料要求:商品混凝土	m³	0.27

工程名称:广联达办公大厦土建工程　　　　专业:土建工程　　　　第4页　共9页

序号	项目编码	项目名称	计量单位	工程数量
30	010504001001	直形墙 1.混凝土强度等级:C30 2.混凝土拌和料要求:商品混凝土 3.部位:地下室 4.抗渗等级:P8 5.墙厚:300 mm 以内	m³	364.75
31	010504001002	直形墙 1.混凝土强度等级:C25 2.混凝土拌和料要求:商品混凝土 3.墙厚:300 mm 以内	m³	86.06
32	010504001003	直形墙 1.混凝土强度等级:C30 2.混凝土拌和料要求:商品混凝土 3.部位:坡道处 4.抗渗等级:P8 5.墙厚:200 mm 以内	m³	6.06
33	010504001004	直形墙 1.混凝土强度等级:C30 2.混凝土拌和料要求:商品混凝土 3.部位:坡道处 4.抗渗等级:P8 5.墙厚:300 mm 以内	m³	3.46
34	010504001005	直形墙 1.混凝土强度等级:C30 2.混凝土拌和料要求:商品混凝土 3.部位:电梯井壁 4.墙厚:200 mm 以内	m³	28.62
35	010504001006	直形墙 1.混凝土强度等级:C30 2.混凝土拌和料要求:商品混凝土 3.部位:电梯井壁 4.墙厚:300 mm 以内	m³	9.52
36	010504001007	直形墙 1.混凝土强度等级:C25 2.混凝土拌和料要求:商品混凝土 3.部位:电梯井壁 4.墙厚:300 mm 以内	m³	8.63
37	010504001008	直形墙 1.混凝土强度等级:C30 2.混凝土拌和料要求:商品混凝土 3.墙厚:300 mm 以内	m³	101.76

序号	项目编码	项目名称	计量单位	工程数量
38	010504001009	直形墙 1.混凝土强度等级:C25 2.混凝土拌和料要求:商品混凝土 3.部位:电梯井壁 4.墙厚:200 mm 以内	m³	23.12
39	010505001001	有梁板 1.混凝土种类:商品混凝土 2.混凝土强度等级:C30 3.板厚:100 mm 以内	m³	26.54
40	010505001002	有梁板 1.混凝土种类:商品混凝土 2.混凝土强度等级:C30 3.板厚:100 mm 以上	m³	435.06
41	010505001003	有梁板 1.混凝土种类:商品混凝土 2.混凝土强度等级:C30 3.板厚:100 mm 以上 4.类型:弧形有梁板	m³	6.03
42	010505001004	有梁板 1.混凝土种类:商品混凝土 2.混凝土强度等级:C25 3.板厚:100 mm 以上	m³	275.73
43	010505001005	有梁板 1.混凝土种类:商品混凝土 2.混凝土强度等级:C25 3.板厚:100 mm 以上 4.类型:弧形有梁板	m³	12.06
44	010505001006	有梁板 1.混凝土种类:商品混凝土 2.混凝土强度等级:C25 3.板厚:100 mm 以上 4.部位:坡屋面	m³	7.73
45	010505003001	平板 1.混凝土种类:商品混凝土 2.混凝土强度等级:C25 3.部位:电梯井 4.板厚:100 mm 以上	m³	1.5

工程名称:广联达办公大厦土建工程　　　　　专业:土建工程　　　　第6页　共9页

序号	项目编码	项目名称	计量单位	工程数量
46	010505007001	天沟(檐沟)、挑檐板 1.混凝土种类:商品混凝土 2.混凝土强度等级:C25 3.板厚:100 mm 以上	m³	2.96
47	010505008001	雨篷、悬挑板、阳台板 1.混凝土种类:商品混凝土 2.混凝土强度等级:C25	m³	1.87
48	010506001001	直形楼梯 1.混凝土种类:商品混凝土 2.混凝土强度等级:C25	m²	114.74
49	010507005001	扶手、压顶 1.混凝土种类:商品混凝土 2.混凝土强度等级:C25 3.部位:女儿墙压顶	m³	6.6
50	010507005002	扶手、压顶 1.混凝土种类:商品混凝土 2.混凝土强度等级:C25 3.部位:弧形女儿墙压顶	m³	2.15
51	010507001001	散水、坡道 1.60 厚 C15 混凝土,面上加5 厚1:1水泥砂浆,随打随抹光 2.150 厚 3:7 灰土 3.素土夯实,向外放坡4% 4.延外墙皮,每隔8 m 设伸缩缝	m²	99.36
52	010507001002	坡道 1.200 厚 C25 混凝土 2.3 厚两层 SBS 改性沥青 3.100 厚 C15 垫层	m²	56.2
53	010508001001	后浇带 1.混凝土强度等级:C35 2.混凝土拌和料要求:商品混凝土 3.部位:有梁式满堂基础 4.抗渗等级:P8	m³	2.24
54	010515001001	现浇构件钢筋(砌体加固筋) 一级直径 10 以内	t	3.808

序号	项目编码	项目名称	计量单位	工程数量
55	010515001002	现浇构件钢筋 一级直径 10 以内	t	85.483
56	010515001003	现浇构件钢筋 2 级钢筋综合	t	296.648
57	010515001004	现浇构件钢筋 3 级钢筋综合	t	0.666
58	010515001005	现浇构件钢筋接头 锥螺纹接头直径 25 以内	t	1
59	010515001006	现浇构件钢筋接头 锥螺纹接头直径 25 以上	t	1
60	010516002001	预埋铁件	t	0.475
61	010902001001	屋面卷材防水(块料上人屋面) 特征详见屋面 1 做法	m²	783.88
62	010902002001	屋面涂膜防水 特征详见屋面 2、屋面 3 做法	m²	263.88
63	010902004001	屋面排水管 UPVC D100	m	127.6
64	011001003001	保温隔热墙面 1. 保温隔热部位:外墙 2. 保温隔热方式:外保温	m²	2 061.88
65	011101001001	水泥砂浆楼地面 地 2	m²	366.22
66	011101003001	细石混凝土楼地面 地 1	m²	489.46
67	011102003001	块料楼地面 地 3	m²	46.81
68	011102001001	石材楼地面 楼 3	m²	2 350.92
69	011102001002	石材楼地面(台阶平台) 楼 3	m²	146.33
70	011107001001	石材台阶面 楼 3	m²	28.6

序号	项目编码	项目名称	计量单位	工程数量
71	011102003002	块料楼地面 楼1	m²	362.24
72	011102003003	块料楼地面 楼2	m²	196.7
73	011105001001	水泥砂浆踢脚线 踢1	m²	52.45
74	011105002001	石材踢脚线 踢3	m²	133.61
75	011105003001	块料踢脚线 踢2	m²	50.77
76	011106002001	块料楼梯面层 楼2	m²	112.54
77	040309001001	金属栏杆 部位:楼梯、大堂、窗户	m	114.07
78	011201001001	墙面一般抹灰 1. 做法:内墙1 2. 基层:混凝土墙	m²	1 393.99
79	011201001002	墙面一般抹灰 1. 做法:内墙1 2. 基层:加气混凝土墙	m²	3 870.59
80	011201001003	墙面一般抹灰 1. 做法:外墙 2. 基层:加气混凝土墙	m²	1 312
81	011201001004	墙面一般抹灰 1. 做法:外墙 2. 基层:混凝土墙	m²	683.05
82	011202001001	柱、梁面一般抹灰 1. 做法:内墙1 2. 自行车车库及首层门厅内	m²	115.82
83	011203001001	零星项目一般抹灰 1. 做法:内墙1 2. 压顶	m²	117.89
84	011204003001	块料墙面 1. 做法:内墙2 2. 基层:混凝土墙	m²	222.16

序号	项目编码	项目名称	计量单位	工程数量
85	011204003002	块料墙面 1. 做法:内墙2 2. 基层:加气混凝土	m²	1 212.73
86	011301001001	天棚抹灰 做法:顶棚2	m²	210.36
87	011302001001	吊顶天棚 吊顶1	m²	1 649.61
88	011302001002	吊顶天棚 吊顶2	m²	1 417.61
89	010801001001	木质夹板门 1. 部位:M1、M2 2. 类型:实木成品装饰门,含五金	m²	135.45
90	010801004001	木质防火门 成品木质丙级防火门,含五金	m²	29.5
91	010802001001	金属(塑钢)门 塑钢平开门,含五金、玻璃	m²	6.3
92	010802003001	钢质防火门 甲级	m²	5.88
93	010802003002	钢质防火门 乙级	m²	27.72
94	010805005001	全玻自由门 玻璃推拉门,含玻璃、配件	m²	6.3
95	010807001001	金属(塑钢、断桥)窗	m²	543.78
96	011406001001	抹灰面油漆 1. 基层类型:清理抹灰基层 2. 腻子种类:满刮腻子两道 3. 油漆品种、刷漆遍数:乳胶漆两遍	m²	7 098.33
97	011406001002	抹灰面油漆 1. 基层类型:清理抹灰基层 2. 腻子种类:满刮腻子两道 3. 刮腻子遍数:防水腻子	m²	1 826.18

表 2.3　给排水工程分部分项招标工程量清单

工程名称:广联达办公大厦给排水工程　　　　　专业:给排水、采暖、燃气工程　　　　第 1 页　共 2 页

序号	项目编码	项目名称	计量单位	工程数量
		给水部分		
1	030801008001	热镀锌衬塑复合管 1.安装部位:室内 2.输送介质:冷水 3.规格:DN70 4.连接形式:丝口连接 5.管道冲洗设计要求:管道消毒冲洗 6.套管形式、材质、规格:钢制刚性防水套管制作安装 DN125	m	10.73
2	030801008002	热镀锌衬塑复合管 1.安装部位:室内 2.输送介质:冷水 3.规格:DN25 4.连接形式:丝口连接 5.管道冲洗设计要求:管道消毒冲洗	m	21.08
3	030803001001	螺纹阀门 1.类型:截止阀 2.型号、规格:DN50 3.连接形式:螺纹连接	个	8
4	030804003001	洗脸盆 1.材质:陶瓷 2.组装形式:成套 3.开关:红外感应水龙头	组	16
5	030804012001	蹲便器 1.材质:陶瓷 2.组装形式:成套 3.开关类型:脚踏式	套	24
		排水部分		
6	030801005001	螺旋塑料管 UPVC 1.安装部位:室内 2.输送介质:排水 3.规格:De110 4.连接形式:黏结 5.套管形式、材质、规格:钢制刚性防水套管制作安装 DN125	m	42.2

序号	项目编码	项目名称	计量单位	工程数量
7	030801005002	塑料管 UPVC 1. 安装部位:室内 2. 输送介质:排水 3. 规格:De50 4. 连接形式:黏结	m	64.04
8	030804017001	地漏 1. 材质:塑料 2. 规格:DN50	个	8
		潜污部分		
9	030109001001	潜污泵 1. 型号:50QW10-7-0.75 2. 检查接线	台	1
10	030801003001	承插铸铁管 1. 安装部位:室内 2. 输送介质:压力废水 3. 规格:DN100 4. 连接形式:W 承插水泥接口 5. 套管形式、材质、规格:钢制刚性防水套管制作安装 DN125 6. 除锈、刷油设计要求:手工除轻锈,刷沥青漆两遍	m	4.61
11	030604001001	橡胶软接头 1. 连接形式:焊接 2. 规格:DN100	个	1

表2.4　采暖工程分部分项招标工程量清单

工程名称:广联达办公大厦采暖工程　　　　　专业:给排水、采暖、燃气工程　　　　第1页　共1页

序号	项目编码	项目名称	计量单位	工程数量
1	030801001001	镀锌钢管 1.安装部位:管道井 2.输送介质:热水 3.规格:DN70 4.连接形式:螺纹连接 5.管道冲洗设计要求:管道消毒冲洗 6.除锈、刷油、绝热设计要求:手工除轻锈,刷防锈漆两遍,橡塑板材保温,厚25 mm	m	34.4
2	030801001002	镀锌钢管 1.安装部位:室内 2.输送介质:热水 3.规格:DN70 4.连接形式:螺纹连接 5.管道冲洗设计要求:管道消毒冲洗 6.除锈、刷油、绝热设计要求:手工除轻锈,刷防锈漆两遍,橡塑板材保温,厚25 mm	m	5.64
3	030801001003	镀锌钢管 1.安装部位:室内 2.输送介质:热水 3.规格:DN25 4.连接形式:螺纹连接 5.管道冲洗设计要求:管道消毒冲洗 6.除锈、刷油、绝热设计要求:手工除轻锈,刷防锈漆两遍,橡塑板材保温,厚13 mm	m	105.31
4	030803002001	螺纹法兰阀门 1.类型:平衡阀 2.规格:DN70	个	4
5	030805006001	钢制柱式散热器 1.片数:14 片 2.安装方式:挂墙	组	18
6	030807001001	采暖工程系统调整	系统	1

表2.5 电气工程分部分项招标工程量清单

工程名称:广联达办公大厦电气工程　　　　专业:电气设备安装工程　　　　

序号	项目编码	项目名称	计量单位	工程数量
1	030204018001	配电箱柜 1. 名称、型号:AA2 2. 规格:800×2 200×800 3. 安装方式:落地	台	1
2	030204018002	配电箱 1. 名称、型号:AL3(65 kW) 2. 规格:800×1 000×200 3. 安装方式:嵌入式 4. 端子板外部接线	台	1
3	030204031001	小电器 1. 名称:三联单控开关 2. 型号:250 V,10 A 3. 安装方式:安装	个	43
4	030204031002	小电器 1. 名称:单相三级插座 2. 型号:250 V,20 A 3. 安装方式:安装	个	11
5	030208001001	电力电缆 1. 型号:YJV-4×35+1×16 2. 敷设部位:电井 3. 电缆头制作安装	m	29.9
6	030208001002	电力电缆 1. 型号:YJV-4×35+1×16 2. 敷设方式:桥架或穿管 3. 电缆头制作安装	m	59.36
7	030208004001	电缆桥架 1. 型号、规格:300×100 2. 材质:钢制 3. 类型:槽式 4. 支撑架安装	m	12.65
8	030209001001	接地装置 1. 接地母线材质、规格:①-40×4 镀锌扁钢; ②基础钢筋 2. 总等电位端子箱 MEB 3. 等电位端子箱 LEB	项	1

工程名称:广联达办公大厦电气工程   专业:电气设备安装工程   第 2 页 共 2 页

序号	项目编码	项目名称	计量单位	工程数量
9	030209002001	避雷装置 1.受雷体名称、材质、规格、技术要求(安装部分):φ10 镀锌钢筋 2.引下线材质、规格、技术要求(引下形式):柱内主筋	项	1
10	030211002001	送配电装置系统	系统	1
11	030211008001	接地装置调试	系统	1
12	030212001001	电气配管 1.名称:SC40 2.配置形式:暗配	m	20.48
13	030212001002	电气配管 1.名称、规格:PVC20 2.配置形式:暗配 3.接线盒安装	m	1 358.47
14	030212003001	电气配线 1.配线形式:照明配线 2.导线型号、材质、规格:BV-4 3.敷设方式:穿管	m	4 892.86
15	030213001001	普通灯具 1.名称、型号:防水防尘灯 2.规格:1×13 W 3.安装方式:吸顶安装	套	24

表2.6　消防工程分部分项招标工程量清单

工程名称:广联达办公大厦消防工程　　　　专业:消防设备安装工程　　　　第1页　共2页

序号	项目编码	项目名称	计量单位	工程数量
		消火栓系统		
1	030701003001	消火栓镀锌钢管 1.安装部位:室内 2.规格:DN100 3.连接形式:螺纹连接 4.管道冲洗设计要求:管道消毒冲洗 5.套管形式、材质、规格:钢制刚性防水套管制作安装DN125	m	134.04
2	030701006001	螺纹法兰阀门 1.阀门类型:闸阀 2.规格:DN100	个	3
3	030610001001	低压碳钢螺纹法兰 1.材质:钢制 2.规格:DN100	副	3
4	030701018001	消火栓 1.安装部位:室内 2.型号:单栓	套	11
5	030706002001	水灭火系统控制装置调试(消火栓系统) 1.点数:11点	系统	1
6	CB002	系统调试费_系统调整费(水灭火管道系统)	项	1
		自喷系统		
7	030701001001	水喷淋镀锌钢管 1.安装部位:室内 2.规格:DN100 3.连接形式:螺纹连接 4.压力试验及管道冲洗设计要求:系统压力试验及管道消毒冲洗 5.套管形式、材质、规格:钢制刚性防水套管制作安装DN125	m	185.2
8	030704001001	管道支架制作安装 1.管架形式:一般管架 2.材质:型钢 3.除锈、刷油设计要求:手工除轻锈,刷两遍红丹防锈漆,两遍醇酸磁漆	kg	291
9	030701006002	螺纹法兰阀门 1.阀门类型:信号蝶阀 2.规格:DN100	个	5

工程名称:广联达办公大厦消防工程　　　　专业:消防设备安装工程　　　第2页　共2页

序号	项目编码	项目名称	计量单位	工程数量
10	030701014001	水流指示器 1.连接形式:法兰连接 2.规格:$DN100$	个	5
11	030610001002	低压碳钢螺纹法兰 1.材质:钢制 2.规格:$DN100$	副	10
12	030701016001	末端试水装置 规格:$DN20$	组	1
13	030701011001	水喷头 有吊顶、无吊顶:无	个	396
14	030701012001	湿式报警阀组 规格:$DN100$	组	1
15	030706002002	水灭火系统控制装置调试(自喷系统) 点数:5点	系统	1
		自动报警系统		
16	030705001001	点型探测器 1.名称:感烟探测器 2.线制形式:总线制	只	144
17	030705003001	按钮 名称:手动报警按钮(带电话插孔)	只	10
18	030705003002	按钮 1.名称:消火栓报警按钮 2.安装	只	10
19	030705004001	模块(接口) 输出形式:单输出模块	只	10
20	030705004002	模块(接口) 输出形式:控制模块	只	4
21	030705009001	声光报警器	台	10
22	030706001001	自动报警系统装置调试 1.点数:200点以内 2.线制形式:总线制	系统	1

表2.7　通风工程分部分项招标工程量清单

工程名称:广联达办公大厦通风工程　　　　专业:通风、空调工程　　　　第1页　共1页

序号	项目编码	项目名称	计量单位	工程数量
1	030901002001	排风兼排烟轴流风机 1.型号:PY-B1F-1 2.规格:风量26 000 m³/h,功率15 kW 3.设备支架制作安装	台	1
2	030902001001	碳钢通风管道制作安装 1.材质:镀锌钢板 2.形状:方形 3.周长:500×250 4.板材厚度:$\delta=0.6$ 5.接口形式:法兰咬口连接	m²	15.51
3	030903011001	铝合金风口安装 1.类型:单层百叶风口 2.规格:400×300	个	2
4	030903001001	碳钢调节阀安装 1.类型:70 ℃防火阀 2.规格:500×250	个	2
5	030904001001	通风工程检测、调试	系统	1

3)编制广联达办公大厦措施项目清单

　　措施项目清单指为完成工程项目施工,发生于该工程施工准备和施工过程中的技术、生活、安全、环境保护等方面的项目清单,措施项目分单价措施项目和总价措施项目。措施项目清单的编制需考虑多种因素,除工程本身的因素外,还涉及水文、气象、环境、安全等因素。措施项目清单应根据拟建工程的实际情况列项,若出现《建设工程工程量清单计价规范》(GB 50500—2013)中未列的项目,可根据工程实际情况补充。项目清单的设置要考虑拟建工程的施工组织设计、施工技术方案、相关的施工规范与施工验收规范、招标文件中提出的某些必须通过一定的技术措施才能实现的要求,以及设计文件中一些不足以写进技术方案的但是要通过一定的技术措施才能实现的内容。一些可以精确计算工程量的措施项目可采用与分部分项工程量清单编制相同的方式,编制"分部分项工程和单价措施项目清单与计价表"。而有一些措施项目费用的发生与使用时间、施工方法或者两个以上的工序相关且大都与实际完成的实体工程量的大小关系不大,如安全文明施工、冬雨季施工、已完工程设备保护等,应编制"总价措施项目清单与计价表"。

　　广联达办公大厦土建工程措施项目招标工程量清单详见表2.8。

　　广联达办公大厦给排水工程措施项目招标工程量清单详见表2.9。

　　广联达办公大厦采暖工程措施项目招标工程量清单详见表2.10。

　　广联达办公大厦电气工程措施项目招标工程量清单详见表2.11。

　　广联达办公大厦消防工程措施项目招标工程量清单详见表2.12。

　　广联达办公大厦通风工程措施项目招标工程量清单详见表2.13。

表2.8 土建工程措施项目招标工程量清单

工程名称:广联达办公大厦土建工程　　　　　　专业:土建工程　　　　　　第1页　共1页

序号	项目名称	计量单位	工程数量
一	通用项目		
1	安全文明施工(含环境保护、文明施工、安全施工、临时设施)	项	1
1.1	安全文明施工费	项	1
1.2	环境保护(含工程排污费)	项	1
1.3	临时设施	项	1
2	冬雨季、夜间施工措施费	项	1
2.1	人工土石方	项	1
2.2	机械土石方	项	1
2.3	桩基工程	项	1
2.4	一般土建	项	1
2.5	装饰装修	项	1
3	二次搬运	项	1
3.1	人工土石方	项	1
3.2	机械土石方	项	1
3.3	桩基工程	项	1
3.4	一般土建	项	1
3.5	装饰装修	项	1
4	测量放线、定位复测、检测试验	项	1
4.1	人工土石方	项	1
4.2	机械土石方	项	1
4.3	桩基工程	项	1
4.4	一般土建	项	1
4.5	装饰装修	项	1
5	大型机械设备进出场及安拆	项	1
二	建筑工程		
11	混凝土、钢筋混凝土模板及支架	项	1
12	脚手架	项	1
13	建筑工程垂直运输机械、超高降效	项	1
三	装饰工程		
14	脚手架	项	1

注:安全文明施工措施费为不可竞争费用,应按规定在规费、税金项目清单计价表中计算。

表2.9　给排水工程措施项目招标工程量清单

工程名称:广联达办公大厦给排水工程　　　　　　专业:给排水、采暖、燃气工程　　　　第1页　共1页

序号	项目名称	计量单位	工程数量
一	通用项目		
1	安全文明施工(含环境保护、文明施工、安全施工、临时设施、扬尘污染治理)	项	1
1.1	安全文明施工费	项	1
1.2	环境保护(含工程排污费)	项	1
1.3	临时设施	项	1
1.4	扬尘污染治理费	项	1
2	冬雨季、夜间施工措施费	项	1
3	二次搬运	项	1
4	测量放线、定位复测、检测试验	项	1
二	安装工程		
25	脚手架	项	1

注:安全文明施工措施费为不可竞争费用,应按规定在规费、税金项目清单计价表中计算。

表 2.10 采暖工程措施项目招标工程量清单

工程名称:广联达办公大厦采暖工程　　　　　专业:给排水、采暖、燃气工程　　　　第 1 页　共 1 页

序号	项目名称	计量单位	工程数量
一	通用项目		
1	安全文明施工(含环境保护、文明施工、安全施工、临时设施、扬尘污染治理)	项	1
1.1	安全文明施工费	项	1
1.2	环境保护(含工程排污费)	项	1
1.3	临时设施	项	1
1.4	扬尘污染治理费	项	1
2	冬雨季、夜间施工措施费	项	1
3	二次搬运	项	1
4	测量放线、定位复测、检测试验	项	1
二	安装工程		
25	脚手架	项	1

注:安全文明施工措施费为不可竞争费用,应按规定在规费、税金项目清单计价表中计算。

表 2.11　电气工程措施项目招标工程量清单

工程名称:广联达办公大厦电气工程　　　　　专业:电气设备安装工程　　　　　第 1 页　共 1 页

序号	项目名称	计量单位	工程数量
一	通用项目		
1	安全文明施工(含环境保护、文明施工、安全施工、临时设施、扬尘污染治理)	项	1
1.1	安全文明施工费	项	1
1.2	环境保护(含工程排污费)	项	1
1.3	临时设施	项	1
1.4	扬尘污染治理费	项	1
2	冬雨季、夜间施工措施费	项	1
3	二次搬运	项	1
4	测量放线、定位复测、检测试验	项	1
二	安装工程		
25	脚手架	项	1

注:安全文明施工措施费为不可竞争费用,应按规定在规费、税金项目清单计价表中计算。

表 2.12 消防工程措施项目招标工程量清单

工程名称:广联达办公大厦消防工程　　　　专业:消防设备安装工程　　　　第1页 共1页

序号	项目名称	计量单位	工程数量
一	通用项目		
1	安全文明施工(含环境保护、文明施工、安全施工、临时设施、扬尘污染治理)	项	1
1.1	安全文明施工费	项	1
1.2	环境保护(含工程排污费)	项	1
1.3	临时设施	项	1
1.4	扬尘污染治理费	项	1
2	冬雨季、夜间施工措施费	项	1
3	二次搬运	项	1
4	测量放线、定位复测、检测试验	项	1
二	安装工程		
25	脚手架	项	1

注:安全文明施工措施费为不可竞争费用,应按规定在规费、税金项目清单计价表中计算。

表 2.13　通风工程措施项目招标工程量清单

工程名称:广联达办公大厦通风工程　　　　专业:通风、空调工程　　　　第 1 页　共 1 页

序号	项目名称	计量单位	工程数量
一	通用项目		
1	安全文明施工(含环境保护、文明施工、安全施工、临时设施、扬尘污染治理)	项	1
1.1	安全文明施工费	项	1
1.2	环境保护(含工程排污费)	项	1
1.3	临时设施	项	1
1.4	扬尘污染治理费	项	1
2	冬雨季、夜间施工措施费	项	1
3	二次搬运	项	1
4	测量放线、定位复测、检测试验	项	1
二	安装工程		
25	脚手架	项	1

注:安全文明施工措施费为不可竞争费用,应按规定在规费、税金项目清单计价表中计算。

4)编制广联达办公大厦其他项目清单

其他项目清单是应招标人的特殊要求而发生的与拟建工程有关的其他费用项目和相应数量的清单。工程建设标准的高低、工程的复杂程度、工程的工期长短、工程的组成内容、发包人对工程管理要求等都直接影响到其具体内容。当出现未包含在表格中内容的项目时,可根据实际情况补充。广联达办公大厦其他项目清单汇总见表 2.14。

①暂列金额是指招标人暂定并包括在合同中的一笔款项,用于工程合同签订时尚未确定或者不可预见的所需材料、工程设备、服务的采购,施工中可能发生的工程变更、合同约定调整因素出现时的合同价款调整以及发生的索赔、现场签证确认等费用。此项费用由招标人填写其项目名称、计量单位、暂定金额等,若不能详列,也可只列暂定金额总额。由于暂列金额由招标人支配,实际发生后才得以支付,因此,在确定暂列金额时应根据施工图纸的深度、暂估价设定的水平、合同价款约定调整的因素以及工程实际情况合理确定。一般可按分部分项工程量清单的 10% ~15% 确定,不同专业预留的暂列金额应分别列项。广联达办公大厦暂列金额明细见表 2.15。

②暂估价是招标人在招标文件中提供的用于支付必然要发生但暂时不能确定价格的材料、工程设备的单价以及专业工程的金额。一般而言,为方便合同管理和计价,需要纳入分部分项工程量项目综合单价中的暂估价,应只是材料、工程设备暂估单价,以方便投标与组价。以"项"为计量单位给出的专业工程暂估价一般应是综合暂估价,即应当包括除规费、税金以外的管理费、利润等。广联达办公大厦甲供材料、设备明细、材料、设备暂估单价、专业工程暂估价明细分别见表 2.16 至表 2.18。

③计日工是为了解决现场发生的工程合同范围以外的零星工作或项目计价而设立的。计日工为额外工作的计价提供一条方便快捷的途径。计日工对完成零星工作所消耗的人工工时、材料数量、机具台班进行计量,并按照计日工表中填报的适用项目的单价进行计价支付。编制计日工表格时,一定要给出暂定数量,并需要根据经验,尽可能估算一个比较贴近实际的数量,且尽可能把项目列全,以消除因此而产生的争议。广联达办公大厦计日工见表 2.19。

④总承包服务费是为了解决招标人在法律法规允许的条件下,进行专业工程发包以自行采购供应材料、设备时,要求总承包人对发包的专业工程提供协调和配合服务,对供应的材料、设备提供收发和保管服务以及对施工现场进行统一管理,对竣工资料进行统一汇总整理等发生并向承包人支付的费用。招标人应当按照投标人的投标报价支付该项费用。广联达办公大厦总承包服务费、主要材料设备分别见表 2.20、表 2.21。

表 2.14   其他项目清单

工程名称:广联达办公大厦土建工程   专业:土建工程   第 1 页   共 1 页

序号	项目名称	计量单位	工程数量
1	暂列金额	项	1
2	专业工程暂估价	项	1
3	计日工	项	1
4	总承包服务费	项	1

表 2.15 暂列金额明细表

工程名称:广联达办公大厦土建工程　　　　　　专业:土建工程　　　　　　第 1 页　共 1 页

序号	项目名称	计量单位	暂定金额/元
1	建筑工程暂列金额	项	300 000
2	给排水工程暂列金额	项	100 000
3	暖通工程暂列金额	项	100 000
4	电气工程暂列金额	项	100 000
5	消防工程暂列金额	项	100 000
6	通风工程暂列金额	项	100 000

表 2.16 甲供材料、设备数量及单价明细表

工程名称:广联达办公大厦土建工程　　　　　专业:土建工程　　　　　第 1 页　共 1 页

序号	材料设备编码	名称、规格、型号	单位	数量	单价/元

注:对于本工程,无相关项目,故表中无内容。

表2.17　材料、设备暂估单价明细表

工程名称:广联达办公大厦土建工程　　　　　　　　专业:土建工程　　　　　　第1页　共1页

序号	材料设备编码	名称、规格、型号	计量单位	暂估单价/元

注:对于本工程,无相关项目,故表中无内容。

表 2.18　专业工程暂估价明细表

工程名称:广联达办公大厦土建工程　　　　　　专业:土建工程　　　　第 1 页　共 1 页

序号	项目名称	计量单位	暂估单价/元
1	幕墙工程	项	650 000

表 2.19 计日工表

工程名称:广联达办公大厦土建工程　　　　　　　　专业:土建工程　　　　　　　　第 1 页　共 1 页

序号	项目名称	计量单位	暂定工程量
1	人工		
	木工	工日	10
	瓦工	工日	10
	钢筋工	工日	10
2	材料		
	砂子(中砂)	m³	5
	水泥	m³	5
3	机械		
	载重汽车	台班	1

表 2.20　总承包服务项目表

工程名称:广联达办公大厦土建工程　　　　　专业:土建工程　　　　　第1页　共1页

序号	项目名称	计量单位	工程数量
1	发包人发包专业工程管理服务费	项	1
2	发包人供应材料、设备保管费	项	1

表 2.21　主要材料设备表

工程名称:广联达办公大厦土建工程　　　　　　专业:土建工程　　　　　　第 1 页　共 1 页

序号	材料编码	材料名称	型号规格	单位	数量	备注
1	C00187	瓷片周长 1 000 mm 以内		m²	1 485.111 2	
2	C00201	大理石板		m²	2 592.068 4	
3	C00490	规格料(支撑用)		m³	39.136 2	
4	C00561	挤塑聚苯乙烯泡沫板		m²	2 082.498 8	
5	C00564	加气混凝土砌块		m³	339.331 7	
6	C00571	净砂		m³	347.065 2	
7	C00783	铝合金龙骨不上人型(平面)600×600		m²	1 438.874 2	
8	C00801	铝合金条板龙骨 h＝35		m	1 556.901 9	
9	C01172	水泥 32.5		kg	153 138.457	
10	C01210	塑钢窗		m²	515.503 4	
11	C01252	陶瓷地面砖周长 2 000 mm 以内		m²	623.922 5	
12	C01253	陶瓷地面砖周长 2 000 mm 以外		m²	811.315 8	
13	C01403	圆钢筋(综合)		t	402.204 1	
14	C01428	支撑钢管及扣件		kg	7 088.619 6	
15	C01483	组合钢模板		kg	11 446.507 6	
16	C01885	成品木门		m²	164.95	
17	C01996	柴油		kg	6 697.461	
18	C02132	商品混凝土 C15 32.5R		m³	121.913 1	
19	C02134	商品混凝土 C25 32.5R		m³	677.101 1	
20	C02135	商品混凝土 C30 32.5R		m³	1 825.120 5	

5)编制广联达办公大厦规费、税金项目清单

规费、税金项目清单应按照规定的内容列项,当出现规范中没有的项目,应根据省级政府或有关部门的规定列项。税金项目清单除规定的内容外,如国家税法发生变化或增加税种,应对税金项目清单进行补充。规费、税金的计算基础和费率均应按国家或地方相关部门的规定执行。

广联达办公大厦土建工程招标规费、税金项目清单详见表2.22。

广联达办公大厦给排水工程招标规费、税金项目清单详见表2.23。

广联达办公大厦采暖工程招标规费、税金项目清单详见表2.24。

广联达办公大厦电气工程招标规费、税金项目清单详见表2.25。

广联达办公大厦消防工程招标规费、税金项目清单详见表2.26。

广联达办公大厦通风工程招标规费、税金项目清单详见表2.27。

表 2.22　土建工程招标规费、税金项目清单

工程名称:广联达办公大厦土建工程　　　　　　　专业:土建工程　　　　　　　第1页　共1页

序号	项目名称	计量单位	数量
一	规费	项	1
1	社会保障费	项	1
1.1	养老保险	项	1
1.2	失业保险	项	1
1.3	医疗保险	项	1
1.4	工伤保险	项	1
1.5	残疾人就业保险	项	1
1.6	女工生育保险	项	1
2	住房公积金	项	1
3	危险作业意外伤害保险	项	1
二	税金	项	1

表2.23　给排水工程招标规费、税金项目清单

工程名称:广联达办公大厦给排水工程　　　　　　专业:给排水、采暖、燃气工程　　第1页　共1页

序号	项目名称	计量单位	数量
一	规费	项	1
1	社会保障费	项	1
1.1	养老保险	项	1
1.2	失业保险	项	1
1.3	医疗保险	项	1
1.4	工伤保险	项	1
1.5	残疾人就业保险	项	1
1.6	女工生育保险	项	1
2	住房公积金	项	1
3	危险作业意外伤害保险	项	1
二	税金	项	1

表2.24 采暖工程招标规费、税金项目清单

工程名称:广联达办公大厦采暖工程　　　　专业:给排水、采暖、燃气工程　　　第1页　共1页

序号	项目名称	计量单位	数量
一	规费	项	1
1	社会保障费	项	1
1.1	养老保险	项	1
1.2	失业保险	项	1
1.3	医疗保险	项	1
1.4	工伤保险	项	1
1.5	残疾人就业保险	项	1
1.6	女工生育保险	项	1
2	住房公积金	项	1
3	危险作业意外伤害保险	项	1
二	税金	项	1

表2.25 电气工程招标规费、税金项目清单

工程名称:广联达办公大厦电气工程　　　　专业:电气设备安装工程　　　　第1页 共1页

序号	项目名称	计量单位	数量
一	规费	项	1
1	社会保障费	项	1
1.1	养老保险	项	1
1.2	失业保险	项	1
1.3	医疗保险	项	1
1.4	工伤保险	项	1
1.5	残疾人就业保险	项	1
1.6	女工生育保险	项	1
2	住房公积金	项	1
3	危险作业意外伤害保险	项	1
二	税金	项	1

表 2.26 消防工程招标规费、税金项目清单

工程名称:广联达办公大厦消防工程　　　　专业:消防设备安装工程　　　　第 1 页　共 1 页

序号	项目名称	计量单位	数量
一	规费	项	1
1	社会保障费	项	1
1.1	养老保险	项	1
1.2	失业保险	项	1
1.3	医疗保险	项	1
1.4	工伤保险	项	1
1.5	残疾人就业保险	项	1
1.6	女工生育保险	项	1
2	住房公积金	项	1
3	危险作业意外伤害保险	项	1
二	税金	项	1

表 2.27　通风工程规费、税金项目清单

工程名称:广联达办公大厦通风工程　　　　　专业:通风、空调工程　　　　第 1 页　共 1 页

序号	项目名称	计量单位	数量
一	规费	项	1
1	社会保障费	项	1
1.1	养老保险	项	1
1.2	失业保险	项	1
1.3	医疗保险	项	1
1.4	工伤保险	项	1
1.5	残疾人就业保险	项	1
1.6	女工生育保险	项	1
2	住房公积金	项	1
3	危险作业意外伤害保险	项	1
二	税金	项	1

6)编制广联达办公大厦工程量清单总说明

工程量清单编制总说明包括工程概况,工程招标及分包范围,工程量清单编制依据,工程质量、材料、施工等的特殊要求,其他需说明的事项。

(1)工程概况

工程概况中,要对建设规模、工程特征、计划工期、施工现场实际情况、自然地理条件、环境保护要求等作出描述。其中,建设规模是指建筑面积;工程特征应说明基础及结构类型、建筑层数、高度、门窗类型及各部位装饰、装修做法;计划工期是指按工期定额计算的施工天数;施工现场实际情况是指施工场地的地表状况;自然地理条件是指建筑场地所处地理位置的气候及交通运输条件环境保护要求,是针对施工噪声及材料运输可能对周围环境造成的影响和污染所提出的防护要求。

(2)工程招标及分包范围

招标范围是指单位工程的招标范围,如建筑工程招标范围为"全部建筑工程",装饰装修工程招标范围为"全部装饰装修工程",或招标范围不含桩基础、幕墙头、门窗等。工程分包是指特殊工程项目的分包,如招标人自行采购安装"铝合金闸窗"等。

(3)工程量清单编制依据

编制依据包括建设工程工程量清单计价规范、设计文件、招标文件、施工现场情况、工程特点及常规施工方案等。

(4)工程质量、材料、施工等的特殊要求

工程质量的要求是指招标人要求拟建工程的质量应达到合格或优良标准;材料的要求是指招标人根据工程的重要性、使用功能及装饰装修标准提出,如对水泥的品牌、钢材的生产厂家、花岗石的出产地、品牌等的要求;施工要求一般是指建设项目中对单项工程的施工顺序等的要求。

(5)其他需要说明的事项

根据工程自身的特殊需求提出相应要求。

7)广联达办公大厦项目招标工程量清单汇总

在分部分项工程量清单、措施项目清单、其他项目清单、规费和税金项目清单编制完成以后,经审查复核,与工程量清单封面及总说明汇总并装订,由相关责任人签字和盖章,形成完整的招标工程量清单文件。

最后,按一定的顺序装订相关表格。

任务3　建筑工程招标控制价编制

任务简介

《招标投标法实施条例》规定,招标人可以自行决定是否编制标底,一个招标项目只能有一个标底,标底必须保密。同时规定,招标人设有最高投标限价的,应当在招标文件中明确最高投标限价或者最高投标限价的计算方法,招标人不得规定最低投标限价。

招标控制价是指根据国家或省级建设行政主管部门颁发的有关计价依据和办法,依据拟订的招标文件和招标工程量清单,结合工程具体情况发布的招标工程的最高投标限价。根据住房和城乡建设部颁布的《建筑工程施工发包与承包计价管理办法》(住建部令第 16 号)的规定,国有资金投资的建筑工程招标的,应当设有最高投标限价;非国有资金投资的建筑工程招标的,可以设有最高投标限价或者招标标底。

采用招标控制价招标的优点:

①可有效控制投资,防止恶性哄抬报价带来的投资风险。

②提高透明度,避免暗箱操作、寻租等违法活动的产生。

③可使各投标人自主报价、公平竞争,符合市场规律。投标人自主报价,不受标底左右。

④既设置控制上限,又尽量地减少了业主依赖评标基准价的影响。但是采用招标控制价招标也可能出现如下问题:

a. 若"最高限价"大大高于市场平均价时,就预示中标后利润很丰厚,只要投不超过公布的限额都是有效投标,从而可能诱导投标人串标、围标。

b. 若公布的最高限价远远低于市场平均价,就会影响招标效率。即可能出现只有 1 ~ 2 人投标或出现无人投标情况,因为按此限额投标将无利可图,超出此限额投标又成为无效投标,结果使招标人不得不修改招标控制价进行二次招标。

任务要求

能力目标	知识要点	相关知识	权重
掌握分部分项工程清单项目的内容	根据清单项目确定工程内容	清单项目工程具体内容	25%
掌握计价工程量的计算方法和消耗量的确定	根据建筑安装工程消耗量定额的计算规则,正确计算各子目的计价工程量,正确使用消耗量定额	计价工程量计算规则的运用及消耗量定额的选用	20%
掌握分部分项工程量清单计价表的编制	综合单价的确定、组价及分部分项工程费的确定	组价程序	30%
掌握措施项目、其他项目清单及规费、税金项目清单计价表的编制	单价措施项目费和总价措施项目费的确定,暂列金额、暂估价的确定,计日工、总承包服务费的确定,规费和税金的确定	通用措施项目、专业措施项目、暂列金额、暂估价、计日工、总承包服务费	25%

3.1 建筑、安装工程工程量清单编制实训指导书

3.1.1 编制依据

（1）招标控制价的编制依据

①现行国家标准《建设工程工程量清单计价规范》（GB 50500—2013）与专业工程计量规范。

②国家或省级、行业建设主管部门颁发的计价定额和计价办法。

③建设工程设计文件及相关资料。

④拟定的招标文件及招标工程量清单。

⑤与建设项目相关的标准、规范、技术资料。

⑥施工现场情况、工程特点及常规施工方案。

⑦工程造价管理机构发布的工程造价信息；工程造价信息没有发布的，参照市场价。

⑧其他的相关资料。

（2）编制招标控制价时的注意问题

①采用的材料价格应是工程造价管理机构通过工程造价信息发布的材料价格；工程造价信息未发布材料单价的材料，其材料价格应通过市场调查确定。另外，未采用工程造价管理机构发布的工程造价信息时，需在招标文件或答疑补充文件中对招标控制价采用的与造价信息不一致的市场价格予以说明，采用的市场价格则应通过调查、分析确定，有可靠的信息来源。

②施工机械设备的选型直接关系到综合单价水平，应根据工程项目特点和施工条件，本着经济实用、先进高效的原则确定。

③应该正确、全面地使用行业和地方的计价定额与相关文件。

④不可竞争的措施项目和规费、税金等费用的计算均属于强制性的条款，编制招标控制价时应按国家有关规定计算。

⑤不同工程项目、不同施工单位会有不同的施工组织方法，所发生的措施费也会有所不同。因此，对于竞争性措施费用的确定，招标人应首先编制常规的施工组织设计或施工方案，然后经专家论证确认后再合理确定措施项目与费用。

3.1.2 编制内容和方法

1）招标控制价与投标报价编制的异同

招标控制价与投标报价的计价的程序相同，但是在计算方法和依据上有所不同，具体见表3.1。

表3.1 建设单位招标控制价和施工企业投标报价计价程序

序号	计算内容	计算方法		金额
		招标控制价	投标报价	
1	分部分项工程	按计价规定计算	自主报价	
2	措施项目	按计价规定计算	自主报价	

序号	计算内容	计算方法		金额
		招标控制价	投标报价	
2.1	安全文明施工费	按规定标准估算	按规定标准计算	
3	其他项目			
3.1	暂列金额	按计价规定估算	按招标文件提供金额计列	
3.2	专业工程暂估价	按计价规定估算	按招标文件提供金额计列	
3.3	计日工	按计价规定估算	自主报价	
3.4	总承包服务费	按计价规定估算	自主报价	
4	规费	按规定标准计算	按规定标准计算	
5	税金	增值税	增值税	
招标控制价(投标报价)		合计 = 1 + 2 + 3 + 4 + 5		

2) 分部分项工程费的编制要求

①分部分项工程费应根据招标文件中的分部分项工程量清单及有关要求,按《建设工程工程量清单计价规范》(GB 50500—2013)有关规定确定综合单价计价。

②工程量依据招标文件中提供的分部分项工程量清单确定。

③招标文件已提供暂估单价的材料,应按暂估的单价计入综合单价。

④为使招标控制价与投标报价所包含的内容一致,综合单价中应包括招标文件中要求投标人所承担的风险内容及其范围(幅度)产生的风险费用。

3) 措施项目费的编制要求

①措施项目费中的安全文明施工费应当按照国家或省级、行业建设主管部门的规定标准计价,该部分不得作为竞争性费用。

②措施项目应按招标文件中提供的措施项目清单确定,措施项目分为以"量"计算和以"项"计算两种。对于可精确计量的措施项目,以"量"计算,即按其工程量用与分部分项工程工程量清单单价相同的方式确定综合单价;对于不可精确计量的措施项目,则以"项"为单位,采用费率法按有关规定综合取定,采用费率法时需确定某项费用的计费基数及其费率,结果应是包括除规费、税金以外的全部费用。计算公式为:以"项"计算的措施项目清单费 = 措施项目计费基数 × 费率。

4) 其他项目费的编制要求

(1) 暂列金额

暂列金额可根据工程的复杂程度、设计深度、工程环境条件(包括地质、水文、气候条件等)进行估算,一般可以分部分项工程费的 10% ~ 15% 为参考。

（2）暂估价

暂估价中的材料单价应按照工程造价管理机构发布的工程造价信息中的材料单价计算，工程造价信息未发布的材料单价，其单价参考市场价格估算；暂估价中的专业工程暂估价应分不同专业，按有关计价规定估算。

（3）计日工

在编制招标控制价时，对计日工中的人工单价和施工机械台班单价应按省级、行业建设主管部门或其授权的工程造价管理机构公布的单价计算；材料应按工程造价管理机构发布的工程造价信息中的材料单价计算，工程造价信息未发布单价的材料，其价格应按市场调查确定的单价计算。

（4）总承包服务费

总承包服务费应按照省级或行业建设主管部门的规定计算，在计算时可参考以下标准：

①招标人仅要求对分包的专业工程进行总承包管理和协调时，按分包的专业工程估算造价的1.5%计算。

②招标人要求对分包的专业工程进行总承包管理和协调，并同时要求提供配合服务时，根据招标文件中列出的配合服务内容和提出的要求，按分包的专业工程估算造价的3%~5%计算。

③招标人自行供应材料的，按招标人供应材料价值的1%计算。

5）规费和税金的编制要求

规费必须按国家或省级、行业建设主管部门的规定计算。税金按增值税计算方法计算。

3.2 建筑工程招标控制价的编制（实例）

招标控制价和投标报价的计价程序相同，所以对于广联达办公大厦项目的具体编制过程参照任务5投标报价的编制内容。

　广联达办公大厦　工程
招标最高限价

最高限价（小写）：　9 567 993.67

　　　（大写）：玖佰伍拾陆万柒仟玖佰玖拾叁元陆角柒分

招 标 人：＿＿＿＿＿＿＿＿＿＿＿＿＿＿＿＿（单位盖章）

法定代表人
或其授权人：＿＿＿＿＿＿＿＿＿＿＿＿＿＿（签字或盖章）

工程造价咨询
或招标代理人：＿＿＿＿＿＿＿＿＿＿＿＿（单位盖章）

法定代表人
或其授权人：＿＿＿＿＿＿＿＿＿＿＿＿＿＿（签字或盖章）

编 制 人：＿＿＿＿＿＿＿＿＿＿＿＿＿（造价人员签字盖专用章）

复 核 人：＿＿＿＿＿＿＿＿＿＿＿＿＿（造价人员签字盖专用章）

编制时间：　　　年　　　月　　　日
复核时间：　　　年　　　月　　　日

工程项目总造价表

工程名称:广联达办公大厦   第1页 共1页

序号	单项工程名称	造价/元
1	广联达办公大厦	9 567 993.67
	合计	9 567 993.67
总报价(大写):玖佰伍拾陆万柒仟玖佰玖拾叁元陆角柒分		

工程项目总造价表

项目名称：广联达办公大厦

序号	工程名称	金额/元	其中/元							
			分部分项合计	措施项目合计	其他项目合计	规费	增值税销项税额	附加税	劳保费用	安全文明施工费
1	广联达办公大厦	9 567 993.67	6 445 665.98	1 600 926.92	808 950	413 553.85	943 770.47	44 491.67	314 371.76	324 829.37
1.1	广联达办公大厦土建工程	9 199 287.88	6 123 283.85	1 578 936.96	808 950	397 471.68	907 403.52	42 761.48	302 146.56	311 584.29
1.2	广联达办公大厦给排水工程	46 822.2	41 578.91	2 153.14		2 042.28	4 618.26	219.72	1 552.49	1 682
1.3	广联达办公大厦消防工程	182 911.24	158 814.92	12 024.6		7 978.22	18 041.28	858.33	6 064.8	6 570.76
1.4	广联达办公大厦采暖工程	26 157.09	23 260.86	1 169.94		1 140.91	2 579.98	122.74	867.29	939.64
1.5	广联达办公大厦通风工程	9 416.83	8 316.39	478.94		410.75	928.82	44.19	312.23	338.28
1.6	广联达办公大厦电气工程	103 398.43	90 411.05	6 163.34		4 510.01	10 198.61	485.21	3 428.39	3 714.4
	合计	9 567 993.67	6 445 665.98	1 600 926.92	808 950	413 553.85	943 770.47	44 491.67	314 371.76	324 829.37

项目 2

建筑、安装工程投标

任务 4 建筑、安装工程技术标编制

任务简介

技术标的编写要按招标书规定格式编制,不多也不少,做到图文并茂,针对性强,有项目的亮点,符合图纸、规范及招标书的要求。

任务要求

能力目标	知识要点	相关知识	权重
掌握施工部署的内容	施工部署确定的原则	单位工程的施工程序、施工顺序	25%
掌握施工方案的制订	如何让选择单位工程的施工方法和施工机械	流水施工组织	20%
会准确划分施工过程、施工段	流水参数、流水方式	单位工程横道图	30%
熟悉图纸、掌握施工平面图的设计内容	平面设计的依据、原则和设计步骤	施工平面布置图绘制的步骤	25%

4.1 建筑、安装工程技术标的编制实训指导书

4.1.1 编制依据

1)一般编制依据

①建设单位对工程的要求或施工合同、开竣工日期、质量等级、技术要求、验收办法等。

②经审批的有效施工图、标准图及会审记录材料。

③施工现场勘察所调查的资料和信息。

④国家或行业及建设地区现行的有关规定、施工验收规范、安全操作规程、质量标准等文件。

⑤施工组织总设计。

⑥工程预算文件用及有关定额。

⑦建设单位可能提供的条件(临时设施)。

⑧施工企业的生产能力及本地区劳动力、资源分布状况。

⑨施工企业的质量管理体系、标准文件等。

2)平面图设计参考资料

(1)常用施工机械台班产量

塔吊:110 次/台班(综合);井架、门架:80 次/台班;砂浆搅拌机:10 m³/台班。

(2)一次提升材料数量

红砖:0.5 m³;砂浆:0.325 m³;混凝土:0.5 m³;空心板:2 块。

(3)材料数量计算数据

每 1 m³ 砌体需用红砖 535 块,砂浆 0.23 m³;每 100 m³ 抹灰面积需用砂浆 2.2 m³。

(4)临时工程防火规定

①每幢临时建筑物的面积不应超过 300 m²,每组建筑面积总和不超过 2 000 m²,组与组之间的防火间距不应小于 10 ~ 15 m。

②临时建筑物的高度一般不应低于 2.5 m。用稻草、芦苇、竹子等易燃材料修建的房屋,内外应抹泥或砂浆。

③食堂、俱乐部等临时建筑门的总宽度至少按每 100 人 2 m 计,每个门宽度不小于1.4 m。

④易燃建筑物不能作下列用途:

a.制造或使用化学易燃、易爆物品的车间,如喷漆、乙炔站等。

b.高温或经常产生火花、火焰的车间,如冶金、铸工、锻工、焊接、热处理等。

c.储存化学易燃易爆品、贵重器材以及全自燃或遇水产生热量的物资仓库。

d.在木工棚附近应有消火栓。

e.施工现场的通行道路(主要干道)不应小于 3.5 m,当道路宽度仅供一辆汽车通行时,应在适当地点修建回车场。

⑤建筑工地道路与构筑物最小距离应满足表 4.1 的要求。

表 4.1　建筑工地道路与构筑物最小距离

构筑物名称	至行车道边最小距离/m
棚栏	1.5
建筑物墙壁(无汽车入口)外墙表面	1.5
建筑物墙壁(有汽车入口)外墙表面	7.0
铁路轨道外侧缘	3.0

4.1.2 编制步骤和方法

1)熟悉有关原始资料

①熟悉任务书中有关工程建筑结构情况、地点特征和施工准备工作概况。

②熟悉对本实训的要求(如实训内容和实训成果等)及实训时所用的有关资料(如劳动定额、工期定额等)。

③在熟悉以上情况的基础上初步考虑施工方案。

2)工程概况

工程概况主要包括工程特点、地点特征和施工条件等。

(1)工程特点

①工程建设:主要包括拟建工程的建设单位、工程性质、名称、用途、工程造价、开竣工日期、设计及施工单位等。

②设计:主要包括平面组合、建筑面积、层数、层高、总高、总宽、总长,以及室内外装修的构造及做法等。

③结构设计:主要包括基础类型及埋深,主体结构的类型,墙、柱、梁、板的材料及截面尺寸,预制构件、楼梯形式等。

④施工特点:主要包括工程施工的重点、关键。

(2)地点特征

主要包括拟建工程的位置、地形、地质、地下水位、水质、水质气温、冬雨期间、主导风向、地震烈度等。

(3)施工条件

主要包括"三通一平"情况,如交通运输条件、资源供应的情况、现场临时设施以及施工单位机械、设备、劳动力的落实情况等。

3)施工方案及施工方法

拟订施工方法时,应着重考虑影响整个单位工程施工的全部分项工程的施工程序和施工流向。多层建筑除了突出平面上的流向外,还应突出分层施工的施工流向。

(1)确定施工项目

根据工程设计概况和工程量一览表,将单位工程划分为分部工程和施工过程,再考虑施工过程的合并和分解,确定施工项目。

(2)基础工程

主要包括基槽开挖方法、基础工程施工顺序、施工流向、施工段划分、组织流水施工的基本思路、回填土的施工方法、保证工程质量的措施。

(3)主体结构工程

主要包括主体结构工程的施工内容、施工顺序、施工段与施工层划分、组织流水施工的基本思路以及垂直运输机械选择、脚手架搭设方法。

（4）砌筑工程

主要包括材料运输方式（砖、砂浆）、砌体组砌方式、砌筑方法、轴线及标高的控制方法、砌墙与预制构件安装的配合关系（如过梁、预制楼梯等）、门窗框的安装方法、保证砌筑工程质量的措施。

（5）现浇混凝土工程

①模板工程：包括模板种类、支模、拆模方案、平面位置和标高控制方法。

②钢筋工程：包括钢筋配料、加工、绑扎、安装方法。

③混凝土工程：包括混凝土搅拌和运输方法、机具选择、混凝土浇筑方法、施工缝留设及处理、混凝土的捣实与机械、养护制度、保证现浇混凝土工程质量的措施。

④预应力空心板安装：板的运输方式、安装方法、板缝灌注、施工注意事项。

⑤楼面抄平放线、轴线引测、标高传递方法。

（6）屋面工程

主要包括屋面工程的施工内容、屋面工程各层次施工技术要求、材料的运输方式、屋面分部工程与其他分部工程施工的时间关系、保证屋面工程施工质量的措施。

（7）装修工程

主要包括装修工程室内外装修工程的内容、确定施工顺序、施工段划分、组织流水施工的基本思路、各装修项目的施工方法、技术要求、材料运输方式、保证工程质量的措施。

4）施工进度计划

编制单位工程施工进度计划时，在满足工期要求的情况下，对选定的施工方案和施工方法、材料、构件和加工件、半成品的供应情况，以及能够投入的劳动力、机械数量及其效率、协作单位配合施工的能力和时间等因素做综合研究。

（1）确定施工顺序

根据建筑结构特点及施工条件，尽量做到争取时间，充分利用空闲，处理好各工序之间的施工顺序，加速施工进度。

（2）划分施工项目

根据结构特点，结合已定的施工方法进行劳动组织，并适应进度计划编制的要求，拟订施工项目和工序名称。

（3）划分流水施工段

各施工段的工程量要大致相等，以保证各施工班组能连续、均衡地施工。划段的界限要能保证施工质量及有利于结构的受力。

（4）工程量计算

按施工顺序的先后计算工程量，计算单位应与定额单位一致。回填土等要按施工流水段的划分列出分层、分段的工程量，以便于安排进度计划。

（5）计算劳动量和机械台班

结合施工顺序及相关规定，确定劳动量和机械台班。

（6）确定各施工项目的作业时间

根据劳动力和机械需要量以及各工序每天可能的出勤人数与机械数量，并考虑到工作面的大小，确定各工序的作业时间。

（7）编制横道计划图

根据各施工项目的搭接关系,编制横道计划草图,先安排主导工程的施工进度,其余的分部工程应尽可能配合主导工作安排进度,并将各分部工程最大限度地合理搭接起来,使其相互联系,汇成单位工程施工进度计划的初步方案。

（8）检查与调整施工进度计划

进度计划初步方案编好后,检查各分部分项工程的施工时间和施工顺序安排是否合理及总工期是否满足规定工期的要求,是否出现劳动力、材料、机具需要较大的不均衡现象,以及施工机械是否充分利用等。经过检查,对不合要求的部分需要调整和修改。

5）主要劳动力、材料、预制构件及机械设备的供应计划

①劳动力需要量计划。其编制方法是:将单位工程施工进度计划表内所列各施工过程每天所需工人人数按工种进行汇总,即为每天所需的工种人数。

②主要材料需要量计划。对材料所需数量、名称、规格、使用时间,应考虑到各种材料的储备定额和消耗定额并进行汇总,即为每天所需材料数量。

③构件需要量计划。预制构件和加工半成品计划,按所需规格、数量和需用时间,并考虑进度计划要求进行编制。

④施工机械需用计划。根据采用的施工方案和安排的施工进度确定施工机械的类型、数量、进场时间,通常是对单位工程施工进度表中每一个施工过程进行分析确定。

6）施工平面图

单位工程施工平面图是一幢建筑物的施工现场布置图。这是施工组织设计的主要组成部分,是进行施工现场布置的依据,也是进行文明施工的先决条件。其绘制比例一般为 1:200 ~ 1:500。要求绘制主体结构施工的施工现场平面布置图。

其绘制步骤如下:
①确定直运输起重机械的位置;
②确定搅拌站的位置(混凝土搅拌站一般按 20 ~ 25 m^2/台,砂浆搅拌站一般按 10 ~ 15 m^2/台);
③确定建筑材料、预制构件的堆场位置(用公式求堆场面积);
④确定运输道路;
⑤布置临时设施;
⑥布置水、电线路;
⑦布置安全消防设施及围墙。

7）主要技术组织措施

主要技术组织措施包括:工程质量保证措施、工程进度保证措施、降低工程成本措施、安全生产保证措施,以及文明施工、环境保护保证措施。

4.2　建筑、安装工程技术标的编制(实例)

框架结构(广联达办公大厦)

编制日期:2018 年 1 月 12 日

编制单位:

目　录

第一章　编制依据

(1)北京某设计研究总院设计的某写字楼施工图。

(2)《土方及爆破工程施工及验收规范》(GB 50201—2012)。

(3)《砌体结构工程施工及验收规范》(GB 50203—2011)。

(4)《建筑地基基础工程施工质量验收规范》(GB 50202—2013)。

(5)《混凝土结构工程施工质量验收规范》(GB 50204—2015)。

(6)《建筑装饰装修工程质量验收规范》(GB 50210—2011)。

(7)《建筑工程冬期施工规程》(JGJ/T 104—2017)。

(8)《建筑给水排水及采暖工程施工质量验收规范》(GB 50242—2002)。

(9)《电气装置安装工程施工及验收规范》(GB 50254—2016)。

(10)《通风与空调工程施工质量验收规范》(GB 50243—2016)。

(11)《建筑机械使用安全技术规程》(JGJ 33—2012)。

(12)《建筑施工高处作业安全技术规范》(JGJ 80—2016)。

(13)《施工现场临时用电安全技术规范》(JGJ 46—2012)。

(14)《建筑安装分项工程施工工艺规程》(DBJ/T 01-26-2003)。

(15)《建筑工程施工质量验收统一标准》(GB 50300—2013)。

(16)《地下防水工程施工质量验收标准》(GB 50208—2011)。

(17)《屋面工程技术规范》(GB 50345—2012)。

(18)《建筑地面工程施工质量验收规范》(GB 50209—2010)。

(19)北京市施工现场管理有关文件和标准。

(20)甲方提供的本工程招标文件及图纸答疑文件。

(21)施工现场状况及对周围环境的调查。

第二章　工程概况

(一)基本情况

本工程为广联达办公大厦,位于北京市郊,建筑地区地貌属于平缓场地。

本工程为二类多层办公建筑,结构类型为框架 - 剪力墙结构体系,主体布局为呈"一"形内走道布局方式。合理使用年限为50年,抗震设防烈度为8度。

本工程建筑面积为 4 745.6 m^2,其中地上建筑面积为 3 739.65 m^2,地下建筑面积为1 005.95 m^2。

本建筑物建筑层数为地下1层、地上4层。地下一层为自行车库、库房、弱机电房、排烟机房及配电室;一、二层为办公用房、卫生间、清洁间、档案室;三、四层为软件开发中心、软件销售中心、软件测试中心、软件培训中心、培训学员报名处、办公室及董事长专用会议室。

本建筑物高度(檐口距地高度)为 15.6 m,该工程 ±0.000 m 标高相当于绝对标高41.500 m。

（二）节能设计

（1）本建筑物的体形系数小于 0.3。

（2）本建筑物框架部分外墙砌体结构为 250 mm 厚陶粒空心砖，外墙外侧均做 35 mm 厚聚苯颗粒，外墙外保温做法，传热系数小于 0.6。

（3）本建筑物塑钢门窗均为单层框中空玻璃，传热系数不大于 3.0。

（4）本建筑物屋面均采用 40 mm 厚现喷硬质发泡聚氨保温层，导热系数小于 0.024。

（三）防水设计

（1）本建筑物地下工程防水等级为一级，用防水卷材与钢筋混凝土自防水两道设防要求；底板、外墙、顶板卷材均选用 3.0 mm 厚两层 SBS 改性沥青防水卷材，所有阴阳角处附加一层同质卷材，底板处在防水卷材的表面做 50 mm 厚 C20 细石混凝土保护层；钢筋混凝土外墙外做 6 mm 厚泡沫聚苯板保护墙，保护墙外回填 2∶8 灰土夯实，回填范围为 500 mm。在地下室外墙管道穿墙处，防水卷材端口及出地面收口处用防水油膏做局部防水处理。

（2）本建筑物屋面工程防水等级为二级，坡屋面采用 1.5 mm 厚聚氨酯防水涂膜防水层（刷 3 遍），撒一层砂黏牢；平屋面采用 3 mm 厚高聚物改性沥青防水卷材防水层，屋面雨水采用 ϕ100UPVC 内排水方式。

（3）楼地面防水：在凡需要楼地面防水的房间，均做水溶性防水涂膜 3 道，共 1.5 mm 厚，防水层四周卷起 300 mm 高。房间在做完闭水试验后再进行下道工序施工。凡管道穿楼板处均预埋防水套管。

（4）集水坑防水：所有集水坑内部抹 20 mm 厚 1∶2.5 防水水泥砂浆，分 3 次抹平，内掺 3% 防水剂。

（四）建筑防火设计

（1）防火分区：本建筑物一层为一个防火分区。

（2）安全疏散：本建筑物共设两部疏散楼梯，每部楼梯均可到达所有使用层，每部楼梯梯段净宽均大于 1.1 m，并满足安全疏散要求。

（3）消防设施及措施：本建筑物室外设消防水池；本建筑所有构件均达到二级耐火等级要求，穿越防火分区的管线预留套管及预留洞均用防火砂浆或防火枕堵严；设备用房门均为钢质甲级防火门。

（五）墙体设计

（1）外墙：地下部分均为 250 mm 厚自防水钢筋混凝土墙体；地上部分均为 250 mm 厚陶粒空心砖及 35 mm 厚聚苯颗粒保温复合墙体。

（2）内墙：均为 200 mm 厚陶粒空心砌块墙体。

（3）基础：采用钢筋混凝土筏片式基础，基础底板厚为 40 mm。

（4）主体：采用钢筋混凝土框架结构。框架柱柱距：长向分别为 4.8 m、7.2 m，宽向分别为 6 m、2.4 m、6.9 m；框架柱截面尺寸分别为 600 mm×600 mm、直径 850 mm、直径 500 mm；所有梁板均采用井字梁格结构，所有框架柱、框架梁、楼板均采用 C30 混凝土。

（六）装修工程

（1）外装修：除局部采用铝合金挂板外，其余均采用花岗岩石材面层。

（2）内装修：本次投标仅进行设备用房及地下停车库的室内装饰工程，不进行信息系统用房、办公用房、培训中心用房及餐厅等部位的室内装饰工程施工。

①楼地面:地下一层电梯厅、楼梯间采用防滑地砖地面;地下一层自行车库采用细石混凝土地面;库房、弱机电房、排烟机房及配电室采用水泥地面;地上1~4层电梯厅、门厅、楼梯间均采用防滑地砖楼面;接待室、会议室、办公室、走廊、档案室、软件办公中心均采用大理石楼面;卫生间、清洁间均采用防滑地砖防水楼面。

②墙面:楼梯间、卫生间、清洁间采用瓷砖墙面,其余均采用水泥砂浆墙面。

③顶棚:楼梯间、自行车库、库房、弱机电房、排烟机房及配电室均采用抹灰顶棚;电梯厅、走廊、卫生间、清洁间、档案室、软件办公中心均采用岩棉吸音板吊顶;电梯厅、门厅、接待室、会议室、办公室、软件培训中心、培训学员报名中心、董事长专用会议室均采用铝合金条板吊顶。

(3)门窗工程:窗选用铝塑上悬窗及铝塑平开飘窗;门采用木质夹板门、钢制甲级防火门、钢制乙级防火门、木质丙级防火检修门、铝塑平开门、玻璃推拉门。

(4)电气工程:设有结构化综合布线系统,语音、数据通信及卫星通信系统,楼宇自动控制系统,火灾自动报警及联动系统,安全防范系统,事故照明系统。

(5)给排水、通风空调工程:包括生活冷热水、排水、消火栓、自动喷淋、空调、通风、防排烟系统。

①给水:由市政直供,供水管在室外形成环线,屋面设生活消防水箱。

②热水:由热交换站供给,采用下行上供闭式循环系统,供给卫生间热水。

③排水:生活污水经化粪池收集后排入小区市政污水管网,生活污水排放量为33.6 m³/d。

④采暖:采暖热源园区内的自建锅炉房提供采暖热水,水温为60~85 ℃,室内冬季采暖采用散热器采暖方式;采暖系统采用上供上回双管异程系统。

⑤消火栓:本工程设置室内消火栓系统,室内消防用水量为15 L/s。消防用水由小区消防泵房经减压给水,管径为DN100,系统呈环状且两路供水。

⑥喷淋:全楼采用自动喷水灭火系统,每层设信号阀、水流指示器,水泵设在地下一层水泵房,喷头采用普通型和特大型玻璃球喷头,温标68 ℃。

⑦空调通风:室内预留分体空调电源插座;卫生间的通风由外窗通风排气;电梯机房平时通风按6次换气次数计算,均设有排气扇,室内排风口处设铁丝网防护罩,室外排风口设置防雨百叶窗;地下自行车库与库房部分做排烟系统,弱电机房与强电机房通风按6次换气次数计算,设有通风系统,补风均由车道补风。

⑧该工程设置2台SDE-YK-9A型电梯,额定载重1 000 kg,速度为0.63 m/s,所有预埋件及安装做法均由厂家负责现场配合。

(七)有关本建筑使用的材料和设备说明

(1)本套施工图纸对建筑物使用的金属门窗、玻璃幕墙及干挂石材,仅对其提出所用石材和玻璃的基本材质及颜色要求,提供其洞口和分格尺寸数据。这些金属门窗及石材的具体选材和预埋件及详细构造做法,待甲方确定具体装饰施工安装单位后,由装饰施工安装单位提出具体施工方案,经甲方和设计单位复核确认后方可实施,且外开启扇均设纱扇。具体负责门窗施工安装的单位,应具备由国家颁发的相应资质。

(2)本工程电梯为乘客电梯,电梯选型为SDE-YK-9A型,额定载重1 000 kg。电梯安装均按照电梯要求施工,施工过程中所有预埋件及安装做法均由厂家负责现场配合。如改变电梯型号,应及时与设计人联系,以对土建图纸进行复核。

（八）其他

（1）防腐、除锈：在预埋前，所有预埋铁件均应做除锈处理；在预埋前，所有预埋木砖均应先用沥青油做防腐处理。

（2）所有管井在管道安装完毕后，按结构要求封堵。管井做简单装修：1：3水泥砂浆找平地面，墙面和顶棚不做处理。检修门留C20细石混凝土100 mm高门槛。

（3）所有门窗除特别注明外，门窗的立框位置居墙中线。

（4）凡室内有地漏的房间，除特别注明外，其地面应自门口或墙边向地漏方向做0.5%的坡。

（九）施工注意事项

（1）在施工过程中，应以施工图纸为依据，严格监理，精心施工。

（2）在施工过程中，本套施工图纸的各专业图纸应配合使用，提前做好预留洞及预埋件，避免返工及浪费，不得擅自剔凿。

（3）在施工过程中遇到图纸中有不明白或不妥当之处时，应及时与有关设计人员联系，不得擅自做主施工。

（4）本说明未尽事宜均须严格按建筑施工安装工程验收规范及国家有关规定执行。

第三章　施工部署

（一）工程目标

（1）质量目标：创北京市优质工程。

（2）安全目标：确保无重伤、无死亡事故。

（3）工期目标：科学组织施工，合理安排工序穿插，确保合同工期实现。

（4）现场管理目标：北京市文明安全工地。

（二）管理组织机构

1.组织机构

本工程按项目法组织施工，选派承担过大型工程项目管理，并积累了丰富的施工管理经验的国家一级建造师担任项目经理；选派有较高技术管理水平、具有创优管理经验、参加过获鲁班奖项目管理的工程技术人员任本项目技术负责人。根据工程特点，组建精干项目部，对本项目的人、财、物按照项目法施工管理的要求实行统一组织，统一布置，统一计划，统一协调，统一管理，并认真执行ISO 9001质量标准，充分发挥各职能部门、各岗位人员的职能作用，认真履行管理职责，确保本项目质量体系持续、有效地运行。通过科学、严谨的工作和项目管理经验，确保实现合同规定的工期，工程质量获北京市优质工程、现场达到北京市文明安全工地的预定目标。

项目部班子主要成员及各主要部室的职责如表1所示。

表1

姓名	性别	年龄	职务	专业	职称	毕业学校	工作年限
王×菲	女	36	项目经理	一级建造师	工程师	西安建筑科技大学	10年
张×丽	女	32	项目副经理	二级建造师	助理工程师	延安大学	8年

续表

姓名	性别	年龄	职务	专业	职称	毕业学校	工作年限
葛×	男	32	技术负责人	二级建造师	工程师	延安大学	8年
段×亮	女	30	专职安全员	二级建造师	助理工程师	西安交通大学	6年
景×丽	女	30	商务合同负责人	二级建造师	助理工程师	西安建筑科技大学	6年
王×	男	29	安全员	二级建造师	助理工程师	西安建筑科技大学	4年
张×	女	28	资料员	二级建造师	助理工程师	西安交大	6年
刘×燕	女	27	材料员	二级建造师	助理工程师	延安大学	4年
刘×	男	27	施工员	二级建造师	助理工程师	延安大学	5年

①领导班子:由项目经理、项目副经理、项目技术负责人组成,负责对工程的领导、指挥、协调、决策等重大事宜,对工程进度、成本、质量、安全和创优及现场文明施工等负全部责任。

②技术部:负责编制工程施工组织设计,并在施工过程中进行动态管理,完善施工方案,对施工工序进行技术交底,组织技术培训,办理工程变更,及时收集整理工程技术档案,组织材料检验、试验、施工试验和施工测量,检查监督工序质量,调整工序设计,并及时解决施工中出现的一切技术问题。

③施工部:负责组织施工组织设计实施,制订生产计划,组织实施现场各阶段的平面布置、安全文明施工及劳动组织安排、工程质量等施工过程中各种施工因素管理。

④安质部:负责施工现场安全防护、文明施工、工序质量日常监督检查工作。

⑤创优部:在项目技术负责人直接领导下,开展各项创优工作。

⑥物资部:负责工程材料及施工材料和机械、工具的购置、运输。

⑦机械部:负责施工机械调配、进场安装及维修、保养等日常管理工作。

⑧核算部:负责工程款的回收,工程成本核算,工程资金管理,编制工程预算、决算、验收及统计等工作。

⑨综合办公室:设专人负责接待工程周边群众来访、协调解决施工扰民问题等事项;负责文件管理、劳资管理、后勤供应及与地方政府管理部门的对外工作联系及接待工作。

⑩安保部:负责施工现场治安保卫、防火消防工作。

以上各部室在经理部领导班子的领导下,统一协调,各尽其责,及时解决施工过程中出现的各种问题,确保优质、高效地完成施工任务。

2. 管理体系

管理机制采用项目法施工管理。质量体系经认证并符合 GB/T 19001—2016/ISO 9001:2015 标准的质量体系。

3. 主体施工技术工人配备

木工:92人,钢筋工:90人,架子工:25人,瓦工:38人,混凝土工:20人,电工:50人,水暖工:65人,其他:120人,总计:500人,高峰期:700人。

（三）施工部署

1. 项目部下设作业队及分工

（1）结构施工队：负责主体结构工程施工。

（2）瓦工作业队：负责砌筑工程、内外墙抹灰、楼地面工程施工。

（3）油工作业队：负责油漆、粉刷工程施工。

（4）木工作业队：负责门窗工程、吊顶工程施工。

（5）防水作业队：负责地下室外防水、屋面防水、厕浴间防水工程施工。

（6）电气工程作业队：负责管道预埋、管线敷设、电气设备安装调试工作。

（7）水、暖、通风空调工程作业队：负责水暖及空调管道预埋、管线敷设、水暖及通风空调设备的安装调试工作。

2. 施工段划分

片筏基础、地下室墙、顶板及 ±0.000 m 以上结构均分 3 个流水段平行流水作业，施工缝设在两个混凝土后浇带处，即①~④右为第一流水段、⑤左~⑨右为第二流水段、⑩左~⑭右为第三流水段，流水段划分如图 1 所示。

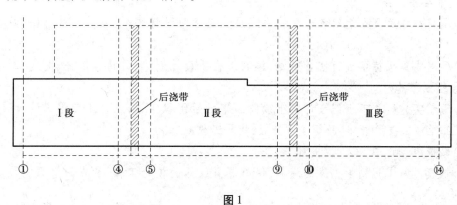

图 1

3. 垂直运输

在工程北侧东、西两端各设一台 MC60 固定式塔吊（塔臂 40 m），共同负责基础及主体结构模板、钢筋及零星混凝土的垂直运输；混凝土结构施工时，配两台混凝土泵车，在工程北侧设一台混凝土地泵，配一套混凝土布料杆负责将商品混凝土输送至浇筑部位，在进行地上结构施工时将地泵移至地下室屋面上；北侧设两台卷扬机提升架，共同负责砌筑、装修材料的垂直运输。

4. 混凝土工程

基础及主体结构混凝土主要采用商品混凝土，混凝土罐车运输到工地，由泵车、地泵输送至浇筑部位。零星混凝土及砌筑、装修用水泥砂浆由现场搅拌站拌制，由塔吊吊送至施工部位。

5. 模板

本工程模板均选用清水模板体系。地下室墙采用预制钢大模板，按一个流水段配置；框架柱采用钢框覆面竹胶板加工的可变截面模板，按一个流水段配置；井字梁格采用定型模板，按 4 个流水段配置；井字梁采用胶合板作底模，按两层配置，梁底支撑采用快拆体系；电梯井采用收缩式筒模作内模，外模采用钢大模板，每个电梯井配一套模板。

6.脚手架工程

主体结构及外装修均采用双排钢管脚手架。在结构施工阶段,建筑四周外脚手架挂安全网和绿色密目网,外墙砌筑采用内砌法,内墙砌筑及室内装修采用工具式脚手架。

7.结构工程

结构工程拟分3阶段进行施工,第一阶段施工地下室,第二阶段施工1、2层,第三阶段施工2层以上部分。砌筑工程在顶板模板拆除后及时进行施工,粗装修在每一阶段结构验收后分阶段、分层进行,粗装修工程及水电管道安装与主体结构采取立体交叉作业;精装修在屋面防水工程完成后从上往下进行。

8.其他

(1)现场设一临时搅拌站,负责零星混凝土、砌筑及装修砂浆的拌制;设一栋木工加工间,负责模板配件的加工及制作任务,钢筋在场外加工成半成品后运至施工现场。

(2)在原旧楼内安排工人宿舍等生活区,解决好工人的食宿问题。

(四)施工准备工作

1.技术准备工作

(1)项目技术负责人组织各专业技术人员认真学习设计图纸,领会设计意图,做好图纸会审。

(2)针对本工程特点进行质量策划,编制工程质量计划,制订特殊工序、关键工序、重点工序质量控制措施。

(3)编制实施性施工组织设计报上级总工审批后组织实施,依据施工组织设计,编制分部、分项工程施工技术措施,做好技术交底,指导工程施工。

(4)做模板设计图,进行模板加工。

(5)认真做好工程测量方案的编制,做好测量仪器的校验工作,认真做好原有控制桩的交接核验工作。

(6)编制施工预算,提出主要材料用量计划。

2.劳动力及物资、设备准备工作

(1)组织施工力量,做好施工队伍的编制及其分工,做好进场三级教育和操作培训。

(2)落实各组室人员,制定相应的管理制度。

(3)根据预算提出材料供应计划,编制施工使用计划,落实主要材料,并根据施工进度控制计划安排,制订主要材料、半成品及设备进场时间计划。

(4)组织施工机械进场、安装、调试,做好开工前的准备工作。

3.施工现场及管理准备工作

(1)做施工总平面布置(土建、水、电)并报有关部门审批。按现场平面布置要求,做好施工场地围护墙和施工三类用房的施工,做好水、电、消防器材的布置和安装。

(2)按北京市要求做好场区施工道路的路面硬化工作。

(3)抓紧时间与地方政府各有关部门接洽,办理开工前的各项手续,保证施工顺利进行。

(4)完成合同签约,组织有关人员熟悉合同内容,按合同条款要求组织实施。

第四章　主要分部分项工程施工方案

（一）施工测量

本工程建筑物外形呈"一"字形，基底标高为 -4.4 m；地上 4 层，屋顶标高为 19.5 m。本工程 ±0.000 m 相当于绝对高程 41.500 m。

1. 施工测量的准备工作

（1）熟悉、校核施工图轴线尺寸、结构尺寸和各层各部位的标高变化及其相互间的关系。

（2）对照总图，现场勘察、校测建筑用地红线桩点、坐标、高程及相邻建筑物关系。

（3）测量仪器准备：光学经纬仪（DJ_2）一台，带弯管目镜，自动安平水准仪（DS_1）一台，50 m 钢卷尺 3 个。以上测量仪器均应在施工前检定合格，确保测量数据准确。

（4）测量人员配备：测量员 2~3 人，验线员 1 人，上述人员均持有相应的上岗证书。

2. 建筑物定位放线

（1）因本工程在进行土方开挖施工时已由原施工单位进行了定位放线及高程控制桩的建立，进场后应认真进行复核，做好原始记录，验线人复查合格后报工程监理查验。

（2）依据本工程定位和高程点，建立本工程轴线控制网和相对高程控制网。轴线控制桩点按流水段的划分设置。

A 轴与西侧原有建筑物 A 轴重合，故基础施工时，轴线控制桩采用借线法投测；主体施工时，利用此桩进行复核。

钢板上十字凹槽表示轴线与相关尺寸交叉点。为防止控制桩遭受意外破坏，要进行保护并做好标志。

（3）经纬仪观测采用正倒镜取中定点，水准仪测量采用往返闭合测量方法，误差小于或等于 1.5 mm。距离丈量采用同一把钢尺往返丈量一次，拉力为 50 N，丈量结果当中应加入尺寸、温度、拉力、倾斜等改正数。

（4）轴线控制网的精度要求。根据规定本工程布网精度为二级，其中测角中误差为 ±12″，边长相对中误差为 1/15 000。

（5）轴线控制网和高程控制网建立后，验线员进行复核合格后报工程监理查验。

3. 基础施工测量

（1）进场后，要立即将相对标高返至基坑的侧壁上，由于本工程基底标高为 -12.4 m，无法用塔尺抄测，故采用悬挂钢尺法进行传递，详见图 2。在基坑侧壁钉设标高控制桩，间距 3~5 m，并以此作为清底、垫层、筏板等施工的控制依据，其高程传递允许误差为 ±10 mm。

（2）垫层施工前，以坑底轴线控制桩为依据两侧挂小线，用线坐标将各轴线点吊至坑底。全长复核后，放出垫层外边线及消防水池、集水坑边坡线。

（3）垫层上测量：垫层上测量放线前，首先对轴线控制网进行校测，然后架经纬仪（DJ_2）于坑边轴线桩上，依次用正、倒镜方法向下投测轴线点，允许误差为 3 mm。

投测后，架经纬仪于垫层上，盘左、盘右转角校核角度，大钢尺往返丈量闭合尺寸。

弹出所有墙、柱边线、洞口线、后浇带、集水坑位置线等，并将各轴线点返至底板防水护墙上，重点部位用红"▲"做上标记。

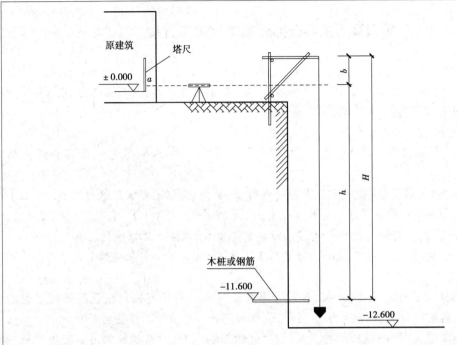

图 2

（4）顶板测量放线方法同上述第 3 条,但增加了柱边、墙边控制线以及电梯井、楼梯间控制线,以确保框架柱、墙、井等位置准确。

（5）地下室高程控制:在墙、柱合模后,架水准仪(DS_1)于自然地面上(或临时平台上),后视临时高程控制点,返出该层 +50 cm 线读数,抄测在墙、柱主筋上,用红漆做标记,作为浇筑混凝土找平的依据。

顶板模板铺完后,再对模板的平整度进行抄测,跨度大的梁、板中间应起拱。

4. 主体施工测量

（1）地下室顶板封顶后、主体施工前,要先对建筑物的控制网进行全面校验,合格后再进行首层定位放线。

（2）首层定位放线:利用建筑物四周及中间轴线控制桩,架设经纬仪向首层地面投测轴线,用钢尺复核建筑物轴线尺寸,误差在允许范围内(±10 mm),中间轴线整尺分出。

依轴线放出柱边线、电梯井、楼梯间边线及控制线。

因东、西两侧与原有建筑物相邻,南侧距外围挡较近,无法架镜向上投测,故在首层地面上①与 A 轴、④与 A 轴、⑨与 A 轴、⑭与 A 轴交点往里侧平移 80 cm 处,预埋 20 cm × 20 cm 钢板,画出十字线,作为向上投测控制点,楼层上在此位置均预留 25 cm × 25 cm 预留洞。此点应注意保护、覆盖。

（3）楼层测量:

①楼层竖向投测:首层柱拆模后将各轴线弹在柱身上,逐层向上投测,起始点始终以首层轴线为后视,柱身轴线弹至顶层。

②楼层高程传递:以首层柱身 +50 cm 线向上排尺,依次得出各层标高,每个流水段不少于 2 个楼层高程点。本工程楼层标高见表 2。

表2

楼层	结构标高	层高/m	备注
负一层	−4.4	4.3	
一层	−0.1	3.9	
二层	3.8	3.9	
三层	7.7	3.9	
四层	11.6	3.9	

高程竖向传递允许误差每层为±3.9 mm,全高为±5 mm。

(4)楼梯测量放线:

①各层楼梯踏步高、宽见表3。

表3

楼层	踏步高/mm	踏步宽/mm	备注
负一层(东)	166	300	
首层	164	280	
二层	159	280	
三层	159	280	
四层	159	280	

注:楼梯建筑做法厚度为6 cm。

②楼梯放线时,要先复核楼梯间尺寸,然后依据上下楼层+50 cm线,确定中间平台上下标高和平台长度,在梁位置两侧混凝土墙上弹出墨线(注意应扣除建筑做法的厚度),依上下平台标高及踏步高宽弹出各个踏步。

5.装饰施工测量

(1)围护砌筑过程中,随时将+50 cm线抄测到墙身上,弹上墨线,以此作为地面面层施工、门窗框安装、吊顶施工的标高控制线。

(2)外墙面装饰测量主要依据结构柱上轴线按设计图纸尺寸,分出窗口两侧控制线及外墙分格控制线。依据首层外±50 mm分出窗口上下控制线,允许误差为±3 mm。

(3)建筑四大角吊铅垂钢丝,用以控制大角及墙面垂直度、平整度。

(二)结构施工工艺流程

1.±0.000 m以下部分工艺流程

清理基槽→定位放线→验线→浇筑混凝土垫层→砌防水保护墙→做柔性防水→做防水保护层→放线→验线→绑扎底板钢筋→二次放线,在底板上层筋上画出插筋位置→插柱及剪力墙钢筋→验筋→浇筑基础底板混凝土→养护→地下一层墙体放线→验线→绑扎剪力墙柱钢筋→验筋→组合钢模支剪力墙→验模→浇筑墙体混凝土→拆墙体模板→支顶板模→绑扎顶板钢筋→验筋→浇筑顶板混凝土→养护→地下一层。

2. ±0.000 m 以上结构施工工艺流程

首层柱预留钢筋调整复位→放线→柱钢筋绑扎、接头→验筋→专业管线、盒、箱、洞预埋预留→钢筋内杂物清理→合模→隐检→验收→柱混凝土浇筑→拆模 →柱混凝土修整→顶板支模→验收清理→板底钢筋绑扎→专业管线、盒、洞预埋预留→绑扎板负弯钢筋→清理、隐检→顶板混凝土浇筑→养护→进行下一循环。

（三）钢筋工程

1．原材料

（1）钢筋的采购和进场检验应严格按采购程序、顾客提供产品的控制程序、产品标识和可追溯性程序、进货检验和试验程序等有关程序的要求执行。

（2）钢筋进场应备有出厂质量证明,物资人员应对其外观、材质证明进行检查,核对无误后方可入库。

（3）使用前按施工规范要求进行抽样试验及见证取样,合格后方可使用。

（4）要核算用于框架梁、柱、暗柱的纵向受力钢筋屈强比,符合规范要求后,方可使用。

2．钢筋加工配料

（1）钢筋在场外集中加工配料,运至施工现场后绑扎成型。

（2）钢筋加工前,应将钢筋表面油渍、铁锈、漆污等杂物清除干净。

（3）Ⅰ级钢筋末端需做180°弯钩。

（4）箍筋弯钩角度为135°,弯钩平直长度不小于箍筋直径的10倍。

（5）根据钢筋使用部位、接头形式、接头比例合理配料,其不同部位、不同种类钢筋的锚固长度、搭接长度应符合表4要求。

表4

结构部位	钢筋分级	锚固长度	搭接长度
一般梁板	Ⅰ级光圆钢筋	$30d$	$35d$
	Ⅱ级螺纹钢筋	$35d$	$40d$
全部钢筋混凝土墙、柱及与墙柱相连的主梁	Ⅱ级螺纹钢筋	$40d$	$45d$

（6）钢筋配料前认真核算柱纵向钢筋配筋率,当超过3%时,箍筋应用焊接封闭环式。

（7）应严格按钢筋料表进行钢筋加工,其加工的形状、尺寸必须符合设计要求。

（8）加工完的钢筋半成品堆放在指定的范围内,并按我单位程序文件规定进行明码挂牌标示,防止使用时发生混乱。

3．钢筋连接

（1）钢筋连接分为竖向和水平向钢筋接头。对不小于 φ22 的水平钢筋采用锥螺纹连接接头;不小于 φ22 的竖向钢筋采用电渣压力焊接头;不大于 φ22 的钢筋采用绑扎搭接接头。

（2）用于焊接型钢、钢板和Ⅰ级钢筋时,采用 43×× 焊条;用于焊接Ⅱ级钢筋时,采用 50×× 焊条。

4．钢筋接头位置

（1）框架梁上筋在跨中 $L/3$ 范围内连接,下筋在支座处或弯矩较小处连接,且应避开梁端箍筋加密区。

（2）框架柱钢筋接头断面应按要求错开，其接头错开距离不小于 $35d$，且不小于 500 mm。

（3）钢筋混凝土墙竖向钢筋第一批接头设在距楼地面上 $36d$ 以上，每批接头距离不小于 $36d$，且不小于 500 mm，详见图3。

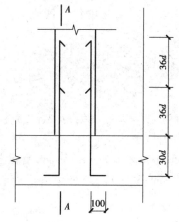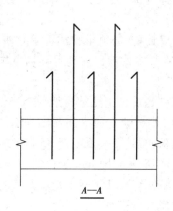

图3

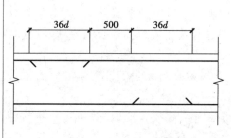

图4　水平分布筋搭接

（4）板面负筋在跨中搭接，板底钢筋在支座处搭接，搭接长度为 $36d$，相邻接头截面间的最小距离不小于 $45d$，且应大于 500 mm，详见图4。

5. 接头比例

（1）框架梁中有接头的受力钢筋面积占受力钢筋总面积的百分率：在受拉区机械连接接头不得超过 50%，绑扎搭接接头不得超过 25%，详见图5。在受压区绑扎搭接接头不得超过 50%。

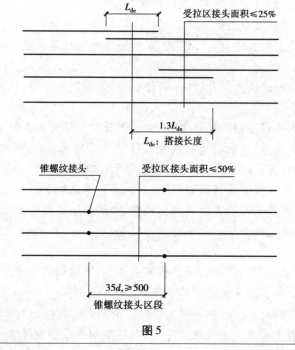

图5

219

（2）框架柱、钢筋混凝土墙中同一截面内钢筋接头不得超过受力钢筋总面积的 50%。

（3）同一截面板筋搭接接头数量不得超过钢筋总数量的 50%。

6．钢筋焊接

（1）钢筋焊接工艺、质量验收标准、钢筋焊接接头的试验应符合国家现行标准的有关规定。

（2）钢筋焊接前，必须根据施工条件进行试焊合格后方可正式焊接；焊工必须有焊工考试合格证，并在规定的范围内进行焊接操作。

7．钢筋绑扎

（1）钢筋绑扎前应先熟悉图纸，按设计要求检查已加工好的钢筋规格、形状、数量、长度是否正确，并按预先确定的绑扎顺序将钢筋运至指定地点。

（2）钢筋保护层：基础底板为 35 mm 厚，采用 50 mm×50 mm×35 mm 混凝土垫块；顶板、楼梯、墙分别为 15 mm、10 mm 厚；梁、柱分别为 25 mm、30 mm 厚，墙体采用专制硬塑钢筋保护层卡，其他部位均采用混凝土垫块。

（3）基础底板钢筋绑扎：

①工艺流程：弹钢筋位置线→铺设底层钢筋→放垫块→敷设专业管线→ 安放支架→标示上层钢筋网间距→铺设上层钢筋→锥螺纹节点连接→二次放线确定插筋位置→墙、柱插筋→申报隐检→隐检签证→转入下道工序。

②底板钢筋底筋从消防水池、集水坑处开始向四周辐射进行绑扎，上筋自东向西依次进行。

③底板采用 φ20、φ25 钢筋，直径粗，重量大，由塔吊运送到底板作业面，边吊运边按线铺放钢筋，布置 φ20 钢筋支架，间距为 1.2 m，确保钢筋间距符合设计要求。在底板四周立钢管，固定钢筋端头定位筋。

④钢筋接头：底板下铁接头在跨中，上铁接头在支柱。

⑤为防止墙、柱插筋及甩出上层的搭接筋在浇筑混凝土过程中位移，墙、柱立筋下端附加 φ12 水平筋与底板上层筋绑扎连接，上端用 φ14 钢筋临时定位箍固定。

（4）墙体钢筋绑扎：

①钢筋混凝土墙钢筋应逐点绑扎，水平钢筋在外，竖向钢筋在内，双排钢筋之间设拉筋和钢筋梯进行绑扎就位。

②钢筋混凝土墙水平筋要锚固在框架柱内，锚固长度要符合表 4 要求。

③钢筋混凝土墙开洞时，当洞口边长或直径不大于 300 mm 时，钢筋不切断而绕洞口而过；当洞口边长或直径在 300~800 mm 或直径不大于 φ800 mm 时，墙筋应切断，洞口周边设加强筋，其面积不得小于被切断钢筋的面积，且每边不小于 2φ18。

④修整合模以后，对伸出的墙体钢筋进行修整，并绑扎一道临时定位筋，墙体浇灌混凝土时安排专人看管钢筋，发现钢筋位移和变形及时调整。

（5）梁、柱钢筋：

①在基础底板进行柱插筋施工时，要严格核对图纸，确保钢筋型号及位置准确无误，所有插筋下端平直弯钩均应伸至底板底筋处绑扎牢固。

②框架梁上部纵向钢筋应贯穿中间节点，梁下部纵向钢筋伸入中间节点的锚固长度及伸过轴线的长度要符合表 4 要求。主次梁相交处，次梁纵筋应置于主梁受力纵筋之上。

③为防止柱插筋及甩出上层的搭接筋在浇筑混凝土过程中发生位移,柱立筋下端附加φ12 水平筋与底板上层筋绑扎连接,上端用φ14 临时定位箍固定。

④梁、柱箍筋要按设计要求及《建筑抗震构造详图》(11G 329 – 1 – 3)中的有关规定,对加密区、搭接长度范围内进行局部加密绑扎。

⑤框架柱修整合模以后,对伸出的墙体钢筋进行修整,并绑一道临时定位箍筋,浇灌框架柱混凝土时安排专人看管钢筋,发现钢筋位移和变形及时调整。

(6)楼板钢筋:

①工艺流程:核验模板标高→ 弹钢筋位置线→绑扎底层钢筋→安放垫块 →敷设专业管线→安放马蹄铁→标示上层钢筋网间距→绑扎上层负弯钢筋→ 申报隐检→隐检验收→转入下道工序。

②楼板钢筋绑扎技术要点:

a.楼板负弯筋直径较小,加设铁马凳,间距为 600 mm,梅花形布置,确保上层钢筋不产生挠度。

b.板筋遇洞口时,当 $D < 300$ mm 时钢筋绕过洞口不截断;当 $D = 300 \sim 600$ mm 时,钢筋遇洞口处截断,每边配置 $2\phi 12$ 加强筋;当 $D = 600 \sim 1\,000$ mm 时,钢筋遇洞口处截断,每边配置 $2\phi 16$ 加强筋。

c.绑扎完楼板钢筋后,及时搭设人行马道,防止下道工序施工时直接踩踏钢筋上,使钢筋产生位移及变形。

d.浇筑混凝土过程中,安排专职钢筋工值班,发现钢筋位移和变形后及时修复,保证钢筋间距、位置、保护层符合设计要求。

(7)钢筋绑扎完经自检合格后报监理进行隐蔽工程检查,合格后方可进行下道工序施工。

8.锥螺纹连接

(1)一般要求:

①操作工人应经培训合格后持证上岗。

②钢筋应调直后再下料,并严禁用气割下料,切口应与钢筋轴线垂直。

③锥螺纹连接套应备有出厂合格证,进场后应进行复检。

(2)锥螺纹加工:

①加工的钢筋锥螺纹丝头的锥度、牙形、螺距等必须与连接套的锥度、牙形、螺距一致,且经配套的量规检测合格。

②要认真做好钢筋丝头逐个自检工作,并抽取 10%的试件进行试验。

③检验合格的丝头要戴上保护帽,并分类架空码放,确保钢筋和连接套的丝扣干净、完好无损。

④连接钢筋时,钢筋规格和连接套的规格应一致,应对正轴线将钢筋用力矩扳手拧入连接套,确保轴向受力,拧紧值应满足规范要求,严禁超拧。

(四)模板工程

1.模板体系

主体工程要达到清水混凝土的目标,主要依靠模板设计合理、安装精度高、拆模时混凝土强度达到要求、方法正确。

(1) 墙体模板:

地下室导墙支模:根据图纸要求,基础底板与 500 mm 高混凝土外墙必须一起连续浇筑,故 500 mm 高外墙模采用吊模支护,吊模用小钢模组装。

墙体模板面板采用 5 mm 钢板,横肋采用[8 槽钢,间距为 300～350 mm。竖龙骨采用[8 槽钢成对放置,两槽钢之间留有一定空隙,便于穿墙螺栓通过,间距为 1 000～1 200 mm。模板两端焊接角钢边框,使板面结构形成一个封闭骨架,加强整体性。外墙模板用 $\phi48×3.5$ 钢管将外墙内侧模板拉、顶在满堂红架子上,内墙模板支撑采用满堂红架子。

穿墙螺栓 T30×4 水平间距同竖龙骨间距,竖向间距离地面 600 mm,距顶面 400 mm,中间距为 1 000 mm 左右。地下室外墙穿墙螺栓为防水型。

外墙阳角处配制成阳角模板,采用子口搭接,板面平整一致,阳角模板用 M16 螺栓与大模板相连。阴角处用 3 mm 厚钢板制成阴角模板,用螺栓与连接杆相连,阴角模板为盖口模板,凸出大模板面 3 mm。

(2) 柱模板:

① 柱模板采用钢覆面竹胶板可变截面模板,根据柱净高按标准长度配置,采用螺栓连接成整体,无需另设柱箍。施工时,可根据柱子尺寸调节模板尺寸,先两两拼装,然后用塔吊吊装,板缝间贴单面胶条,检查完垂直度及截面尺寸后,拧紧全部螺栓。

② 基础底板及楼面浇筑混凝土时,柱子四边预埋 $\phi12$ 钢筋环,用来调节柱的垂直度及固定模板。

③ 施工缝处模板处理:柱子根部在楼面混凝土浇筑后,弹出柱子中心及外皮线,木工用水泥钉在柱子四周外模板钉L40×4 角钢条。

柱子混凝土浇筑后,木工在柱顶施工缝处弹出水平线,然后用云石机切齐,再按规范要求进行施工缝处理。

(3) 梁、顶板模板:本工程梁、顶板为井字梁格,井字梁格采用定型模板;梁底采用胶合板,梁底支撑采用碗扣架快拆体系。

井字梁模板根据井字格尺寸整体配置,支设模板时,要求拉通线调整模板位置,保证梁顺直。本快拆体系待混凝土强度达到 50%(约浇筑 3 天后)即可拆模,只要松动快拆头下支撑木方子的水平托即可,支撑梁底立柱按规范要求时间拆除。

(4) 梁柱节点模板:梁柱节点模板用定型模板。

(5) 800 mm×2 000 mm 梁模板:大梁模板侧板采用一层 $\delta = 18$ mm 的防水胶合板,底板为两层。

(6) 门、窗洞口模板:门、窗洞口使用工具式模板。

(7) 楼梯间模板:楼梯踏步板模板采用定型大槽钢作骨架,5 mm 厚钢板作踏步板,用 $\phi12$ 以上钢筋作支杆焊接牢固。

(8) 电梯井模板:

为确保电梯井模板的施工质量,保证电梯井内壁的垂直平整,故此部位模板采用整体特制筒模。电梯井外模与墙体模板、筒模与外侧模板用穿墙螺栓拉接。

2. 支模质量要求

(1) 模板及支架必须具有足够的强度、刚度和稳定性。

(2)模板的接缝不大于 2.5 mm。

模板的实测允许偏差如表 5 所示,其合格率严格控制在 90% 以上。

表 5

项目名称	允许偏差值/mm
轴线位移	5
标高	+5, −5
截面尺寸	+4, −5
垂直度	3
表面平整度	5

3. 技术措施

(1)由于该工程工期紧,施工进度快,模板数量按施工部署要求进行配备,满足流水作业。

(2)柱模下脚必须留有清理孔,以便清理垃圾。

(3)梁跨度大于 4 m 时应起拱,起拱高度应符合规范要求。

(4)模板工程验收重点控制刚度、垂直度、平整度,特别注意外围模板、柱模、电梯井模板、楼梯间等处模板轴线位置正确性。

4. 模板拆除

(1)非承重模板(墙、柱、梁侧模)拆除时,结构混凝土强度应不低于 1.2 MPa。

(2)承重模板(梁、板底模)拆除时间如表 6 所示。

表 6

结构名称	结构跨度/m	达到混凝土标准强度的百分率
板	≤2	50%
	>2 且 ≤8	75%
梁	≤8	75%
	>8	100%
悬臂构件	≤2	75%
	>2	100%

(3)拆模顺序为后支先拆、先支后拆,先拆非承重模板,后拆承重模板。

(4)拆除跨度较大的梁底模时,应先从跨中开始,分别拆向两端。

(5)拆模时不要用力过猛过急,拆下来的木料要及时运走、整理。

(五)混凝土工程

(1)各部位框架梁、柱、楼板混凝土强度等级如表 7 所示。

表7

部位 ＼ 层高	标高 7.10 m 以下	标高 7.10 m 以上	备注
基础筏基、地下室外墙、顶板	C30		抗渗等级不低于 1.2 MPa
柱	C30	C30	
框架梁、次梁、一般楼板	C30	C30	
其他构件	详见图纸说明		

（2）根据设计要求该工程 ±0.000 m（含）以下属 Ⅱ 类工程，应采取预防混凝土碱集料反应措施，应选用 B 种低碱活性集料配制混凝土，混凝土中含碱量不超过 5 kg/m³。±0.000 m 以上部分属 Ⅰ 类工程可不采取预防混凝土碱集料反应措施。

（3）基础及主体结构混凝土均采用商品混凝土，混凝土罐车运输至工地，地泵输送至浇筑部位。

（4）严禁向混凝土拌合物中任意加水以增大坍落度。正常施工时应保持连续泵送，遇供料不及时或作业面上需要暂停的情况，宜降低泵送速度，维持连续泵送，尽量避免泵送中断。泵管发生堵塞时，应及时用木槌敲击等方法查明堵塞部位，待卸压后拆管排除。

（5）框架梁、混凝土楼板、混凝土墙体均按流水段划分，分 3 次浇筑。

（6）基础底板施工：

基础底板厚度为 800 mm，地下室外墙厚度为 400 mm，均采用 C40 防水混凝土，抗渗等级不低于 1.2 MPa。基础底板混凝土的施工既要符合大体积混凝土，又要符合防水混凝土的施工要求。

①原材料：采用等级不低于 42.5 号的矿渣硅酸盐水泥。混凝土中掺加微膨胀剂、减水剂、缓凝剂，既可降低混凝土的水化热，防止混凝土出现收缩裂缝，又可提高混凝土的抗渗能力。

②按混凝土强度等级、防水等级要求及含碱量要求，提前做好混凝土外加剂的选用工作并报请设计、监理同意后，方可进行混凝土试配设计。

③为满足混凝土的防水要求，基础底板与地下室外墙下部 500 mm 高墙体一起浇筑。

④基础底板混凝土从东南角开始以每 6 m 为一浇筑单位进行连续浇筑，按顺序循序渐进，分两层（每层 400 mm）浇筑，分层振捣。

⑤混凝土浇筑时，采用边浇筑边拆管的方法铺设混凝土输送泵管。每作业面后设 3 根振捣棒，先分别在斜面上、中、下 3 处同时振捣摊平，后再全面振捣，并严格控制振捣时间，移动间距不得大于 370 mm，既要保证振捣密实，又要避免过振造成漏浆、跑浆。边浇筑边成型并抹平底板表面，标高、厚度采用水准仪定点抄平，用小白线严格控制板面标高和表面平整。

⑥施工缝的留置：基础底板上不留水平施工缝；外墙第一道水平施工缝留置在高于基础底板表面 500 mm 墙上，留成平缝并预埋 3 mm 厚钢板止水带，内墙留置在基础底板上皮。竖向施工缝设在设计预留的混凝土后浇带处。

⑦在外墙水平施工缝上浇筑混凝土前，应将施工缝处混凝土表面凿毛，清除松散混凝

土及杂物,用钢丝刷刷并用高水冲洗干净,在施工缝上涂刷水灰比不大于0.4的水泥浆两遍,浇筑50 mm与混凝土同配比的无石子水泥砂浆,以利于新旧混凝土结合。

⑧该工程基础底板部分混凝土量为3 650 m³,按规范要求,应每500 m³留置2组抗渗试块,共留置16组抗渗试块。

⑨混凝土浇筑完6~12 h,待混凝土终凝(用手按不起印,指甲划不出槽)即可覆盖并浇水养护。

a.根据浇筑混凝土时的大气温度资料及水泥所产生的水化热预测底板中心最高温度可达50 ℃,多发生在混凝土浇筑后3~4天内。

b.根据风力、气温情况调整浇水次数,以保证混凝土表面保持湿润。

c.基础底板应每100 m²设测温点一个,测点应均匀分布在浇筑层上,从平面上应包括中部和边角区,从高度上应包括底、中、上3个部位。

d.根据大体积混凝土早期升温快、后期降温较慢的特点,测温采用先频后疏的原则,测温从覆盖养护后开始,每3小时测一次,5天后每4小时测一次,7天后每6小时测一次。当各部位混凝土养护温度与环境温度的误差均不大于25 ℃,可以撤除保温材料时,方可结束测温。

e.质量记录:

● 测温人员要按时测温,如实记录,签字工整,测温结束后要及时上交主管工程师归档。

● 应如实记录裂缝观察情况,并及时归档。

(7)混凝土墙、框架柱:

①混凝土墙、框架柱混凝土均按流水段分为3次浇筑。混凝土墙的垂直施工缝设在混凝土后浇带处。

②浇筑墙、柱混凝土前,应将原混凝土表面凿毛,清除松散混凝土及杂物,用钢丝刷刷并用高压水冲洗干净。在施工缝上涂刷水灰比不大于0.4的水泥浆两遍,均匀浇筑50 mm与混凝土同配比的无石子水泥砂浆,以利于新旧混凝土结合。

③墙体混凝土浇筑时先从墙体一端开始循环浇筑,混凝土应分层振捣,分层厚度控制在450 mm,墙、柱混凝土应连续浇筑,施工缝留在梁、板底。顶部应拉线抹平、无松散混凝土,并将黏附在钢筋及模板上的水泥浆及时清理干净。

④浇筑到门窗洞口部位混凝土时,应在洞口两侧对称下料、对称振捣,以免洞口模板发生位移。

⑤墙、柱混凝土振捣时,振捣棒要插入下层混凝土50 mm,移动间距不得大于370 mm,并要做到插点均匀、表面泛浆,不再冒泡为止,不得漏振、过振。

⑥柱及墙体节点处钢筋稠密部位采用振动棒重点振捣,并配φ30振捣棒振捣,防止出现漏振。

⑦墙、柱混凝土浇筑完毕,将上口钢筋上的混凝土、落地灰清理干净。

⑧拆模后应及时进行保湿养护。

(8)梁、板混凝土:

①梁、板混凝土按流水段分为3次浇筑。梁、板混凝土施工缝设在设计要求的混凝土后浇带处,并留成直缝,施工缝处设钢丝网和木模进行封堵。

②梁、板应同时浇筑,由一端开始用"赶浆法",即先浇筑梁,当达到板底位置时再与板混凝土一起浇筑。

③浇筑梁混凝土时,应分层浇筑、分层振捣,分层厚度控制在450 mm。

④梁、柱相交节点处钢筋稠密部位采用振动棒重点振捣,并配φ30振捣棒振捣,防止出现漏振;楼板混凝土用平板振捣器平拖振捣。

⑤混凝土浇筑完终凝后及时浇水养护。

(9)后浇带:设计要求在④~⑤及⑨~⑩轴间各设1 000 mm宽混凝土后浇带一道。地下部分的后浇带在顶板浇筑混凝土14天后进行封闭;地上部分的后浇带在顶板浇筑混凝土两个月后进行封闭;后浇带采用比原结构混凝土设计强度提高一级的掺有微膨胀剂的无收缩混凝土封闭。

①后浇带在楼板浇筑后即用胶合板覆盖严密,以防施工垃圾掉入。

②后浇带在符合设计要求后应及时进行封闭。

③在后浇带处浇筑混凝土前,应将浮浆、松散混凝土剔凿,并认真清理、检查止水带安放情况,用水冲洗干净,保持湿润,刷混凝土界面剂。

④后浇带混凝土浇筑后,应覆盖浇水养护时间不少于28天。

(六)砌筑工程

1.砌体品种及部位

本工程地下均为250 mm厚自防水钢筋混凝土墙,地上部分均为250 mm厚陶粒空心砖及35 mm厚聚苯颗粒保温复合墙体。

砌筑前应与水、电专业进行会审,水电需做管件预埋及预留孔洞处在技术交底时应有平面位置图及具体做法要求。

2.施工准备

(1)砌筑前一天将砌块以及和结构相接的部位洒水湿润,保证砌体黏结牢固。

(2)穿墙管线及时预留到位。

(3)钢筋混凝土及墙内每隔500 mm预留2φ6拉结筋。

(4)墙体根部先砌好烧结普通砖,高度不小于200 mm。

(5)混凝土墙、柱上按500 mm水平标高控制线弹出砌块层数,灰缝厚度预先计算,相应部位弹出门窗洞口尺寸线,并在楼板上标出窗口边线。

3.施工工艺

(1)基层处理:将砌筑部位墙根表面清扫干净,抹砂浆找平层,拉线用水平尺检查平整度。

(2)砌筑:

①砌筑前,根据墙体尺寸、砌块的尺寸进行排砖设计,不够整块时可切割成合适的尺寸,但不得小于砌块长度的1/3。

②水平和竖向灰缝的宽度应控制在10 mm左右,灰缝应横平竖直、砂浆饱满。水平灰缝的砂浆饱满度不低于90%,竖缝的砂浆饱满度不低于80%。竖向灰缝应采用加浆的方法,严禁用水冲浆灌缝。

③砌块施工时应满铺满挤,上下错缝,搭接长度不应小于90 mm。

④墙体与结构的拉结:柱、墙混凝土浇筑时预埋 2φ6@500 拉结筋,伸入隔墙长度不小于 1 000 mm,拉结筋应直铺在水平灰缝内。

⑤配筋带设置:墙体在窗上、下部及门上部按要求设置通长混凝土配筋带,配筋带高度为 60 mm,配筋为 2φ6、φ6@300,配筋带与框架柱内预埋拉结筋进行拉结。

⑥圈梁设置:对于高度大于 3.0 m 的墙体除设置配筋带外,在墙高中部设圈梁一道,圈梁配筋为 4φ10、φ6@200。

⑦墙体砌筑到梁、板底时,应留 70 ~ 100 mm 空隙,墙体上设配筋带与梁、板底预埋的胀锚螺栓绑扎后,在抹灰前用 M5 砂浆填塞挤满。

⑧墙体与门窗口的连接:门洞边设混凝土抱框,抱框截面采用墙厚 × 100 mm,内配 2φ12/φ6@200,抱框截面沿高设 2φ6@600 拉筋与砌体拉结。

⑨构造柱设置:外围护墙每隔 3 m、内填充墙每隔 5 m 及墙体转角处均设置构造柱,构造柱配筋为 4φ12、φ6@200;构造柱钢筋应在楼板混凝土浇筑前按位置留置,其搭接长度应符合设计要求。构造柱处砌块应做成大马牙槎,并应先退后进。

(七)土方回填

(1)本工程基槽 500 mm 范围回填 2:8 灰土。

(2)回填土施工前,首先应进行土壤击实试验,根据回填土的最佳含水率及干容重确定回填用土的含水率控制范围及压实遍数。

(3)回填前应将填土部位的垃圾及杂物等清理干净。

(4)2:8 灰土应做到配比准确、拌和均匀、含水率适中。

(5)回填土施工时应分层铺摊,每层铺土厚度控制在 250 mm 内。

(6)回填土采用蛙式打夯机夯实,每层至少夯实 3 遍,并做到一夯压半夯,夯夯相连,行行相连,纵横交叉,并加强对边缘部位的夯实。

(7)每层夯实后,应进行环刀取样检测其夯实密度,符合规范要求后,方可进行下层土的回填。

(8)回填土的质量控制:

①基槽取样:每层按长度每 30 m 取样一组,应在每层压实后的下半部进行取样。

②回填土的干密度不得小于最大干土密度的 93%。

(八)防水工程

1. 施工要求

(1)防水工程必须由防水专业队施工。

(2)防水施工人员必须持证上岗。

(3)做防水层时,基层含水率不得高于 9%。

(4)防水材料应选购北京市住房和城乡建设委员会认证的材料,产品应有合格证,现场取样复试合格后才能使用。

(5)屋面、厕浴间防水工程施工完后,一定要按规定进行蓄水试验(屋面也可做 2 h 以上淋水试验或中雨后检查)合格后,方可进行下一道工序。

2. 地下室 LYX - 603 防水卷材

地下室采取全防水处理,保护墙为 40 mm 厚苯板。

（1）基础底板侧边防水层采用外防内贴法；抗压板上、地下室外墙防水层采用外防外贴法。

（2）基础底板防水施工工艺流程：浇筑混凝土垫层→砌筑保护墙→抹找平层→铺贴防水卷材→抹砂浆保护层。

（3）地下室外墙防水施工工艺流程：清理基层→铺贴防水卷材→贴苯板→回填2:8灰土。

（4）卷材使用前，将表面的防黏物清理干净后立放在通风良好处待用。

（5）抹找平层时，各交接处的阴阳角抹成不大于100 mm半径的圆弧。

（6）基础底板防水层施工时，先铺贴板侧防水层，后铺贴板底防水层，接槎设在板底，并在侧面与立面转角处加贴防水附加层，附加层宽为500 mm。

（7）抗压板上、地下室外墙防水层施工时，先铺贴抗压板上防水层后铺贴墙体防水层，接槎设在抗压板上。

（8）为防止基础四周防水卷材甩头在下道工序施工过程中受到破坏，采用大泥砌两皮砖做甩头保护。

（9）为防止绑筋时碰掉防水保护层，划破四周墙立面的防水层，在绑筋前靠墙内侧临时布设纤维板，保护防水层，随绑筋随拆除。

（10）立面卷材铺贴时，压在临时保护墙里的卷材接头剥出后，将表面浮灰清理干净，有局部损伤处应及时修补。

（11）墙体防水卷材铺贴自下而上采用满粘法施工，其长、短边搭接宽度不小于80 mm。上下两层卷材长边接缝错开1/2幅卷材宽，短边不小于500 mm。

（12）混凝土后浇带、地下室外墙水平施工缝处采用3 mm厚钢板止水带，止水带搭接接头处的立缝和水平缝均满焊，确保防水要求。

（13）外墙防水层做完一步立即回填一步。

3. 厨房、浴厕及卫生间等房间聚氨酯防水涂膜施工

（1）在施工前将基底清理干净，尤其是阴阳角、管根等部位不得有尖锐杂物存在。

（2）找平层在转角处要抹成小圆角。地面向地漏处排水坡度应不小于2%，以地漏边向外50 mm处排水坡度为3%~5%，不得局部积水。

（3）与找平层相连接的管件、卫生器具、地漏、排水口等必须安装牢固，收头圆滑，用密封膏嵌固之后才能进行防水层施工。

（4）小管必须做套管，先做管根防水，用建筑密封膏封严，再做地面防水层与管根密封膏搭接一体。四周涂起100 mm高与立墙部分水平接好。

（5）在地漏、管道根、阴阳角等易漏水的薄弱部位做补强附加处理。

（6）涂膜分3次进行涂刷，施工时要严格掌握好分层涂刷的时间，并做到前后两层涂刷的方向要垂直，每层涂刷的厚度要均匀一致。

（7）厕浴间面积小、光线不足、通风不好，应设人工照明和通风设备。各工种交叉作业要配合好，具体施工时要有成品保护措施。

（8）防水层做完后，蓄水24 h无渗漏后再做面层。

4. 地下室及地上屋面LYX-603防水卷材施工

（1）找平层与凸出屋面结构物的连接处及转角处应做成圆弧，圆弧半径不得小于100 mm，雨水口周围应做成略低的凹坑，直径应大于100 mm。

（2）基层应牢固，表面应平整光滑，不得有鼓包、凹坑、起砂等缺陷，并在防水层施工前认真清洗干净。

（3）在铺贴防水卷材前，对屋面的阴阳角、管根、水落口等防水薄弱部位均需做附加层处理。

（4）铺贴卷材时，卷材应按长方向配置，尽量减少接头，并顺流水坡度自下向上按顺序铺贴，顺水接槎。

（5）卷材铺贴采用满铺法施工，长边与端头的搭接长度为 80 mm，上下层端头接头位置要错开 250 mm。在搭接前用汽油将搭接部位的卷材擦洗干净，涂 2 号胶，边涂边粘贴并压实。

（6）每铺完一张卷材立即用长把滚刷从卷材的一端沿卷材横向用力滚压一遍，以便排除卷材与基层的空气。

（7）末端收头必须用密封材料封闭，当密封材料固化后再用掺有胶乳的水泥砂浆封闭。

（九）脚手架工程

1. 双排外脚手架

本建筑物外形为规则的矩形，平面尺寸为 115.2 m×16.8 m，地下 1 层，地上 4 层，建筑高度为 18.95 m，标准层层高为 3.5 m，双排外脚手架的设计按结构、装修同时考虑。

（1）双排外脚手架的搭设尺寸：脚手架高度为 20.5 m，柱距为 1.5 m，步距为 1.8 m，排距为 1.05 m，内排站杆距墙 400 mm。连墙件：水平方向 6 m，垂直方向随楼层层高 3.9 m。

（2）双排外脚手架的构造：

①立杆接头均采用对接扣件连接，各接头应交错布置，错开距离不小于 500 mm，并不得在同步同跨内设接头。

②连墙件采用刚性连墙件。应注意，连墙件必须从第一根纵向水平杆开始设置。

③剪刀撑从立面两端开始设置，并沿结构全高配置。中间每道剪刀撑净距应小于15 m，倾角为 60°。

④脚手架基础：采用原土夯实，下垫设 50 mm×300 mm 脚手板。

（3）搭设工艺：纵向扫地杆→立杆→横向扫地杆→第一步纵向水平杆→第一步横向水平杆→连墙件→第二步纵向水平杆。

（4）注意事项：

①不得混用不同规格的钢管。

②纵向水平杆在结构四周必须交圈布置。

③扣件的拧紧力矩不得小于 40 N·m，且不得大于 65 N·m。

2. 内满堂红碗扣式脚手架

内满堂红碗扣式脚手架主要用于混凝土底板浇筑时模板的支撑系统，其构架尺寸为 0.9 m×1.2 m。由于碗扣式脚手架本身具有的较高承载能力，又对于楼板这种荷载相对较小的构件支撑系统，不需将所有立杆连成整体。在实际施工中，根据平面特点将碗扣式脚手架分成若干单元架，各单元架尺寸为 8.1 m×8.1 m，各单元架之间设置一层横向拉结。

各单元架四周应满布斜杆，并隔框全高布置。碗扣式脚手架的基础同外脚手架。

3.大梁底部支撑结构验算

验算项目:次梁强度、主梁强度、立杆稳定性;计算数据:木材抗弯强度设计值 $f_w = 15$ MPa,木材抗剪强度设计值 $f_v = 1.5$ MPa,木材抗压强度设计值 $f_c = 12$ MPa,木材截面抵抗矩 $W = 1.25 \times 105$ mm³,木材截面惯性矩 $I = 6.25 \times 106$ mm⁴,木材弹性模量 $E = 10\ 000$ MPa,钢材抗压强度设计值 $f_c = 205$ MPa,钢管截面抵抗矩 $W = 5.08$ cm³,钢管截面惯性矩 $I = 12.19$ cm⁴,钢管截面回转半径 $i = 1.58$ cm,钢管截面面积 $A = 4.89$ cm²。

(1)次梁验算:取梁底中间的次梁进行验算,并取计算简图6为四跨连续梁。

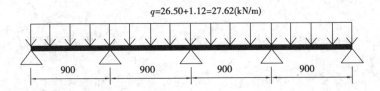

图6

静载混凝土自重:$G_{k1} = 26.5 \times 2 \times 0.4 = 21.2$ (kN/m),静载钢筋自重:$G_{k2} = 1.1 \times 2 \times 0.4 = 0.88$ (kN/m),$G_k = G_{k1} + G_{k2} = 22.08$ (kN/m)。

振捣混凝土产生荷载:$Q_k = 2 \times 0.4 = 0.8$ (kN/m),则可得到:$q = 1.2 \times G_k + 1.4 \times Q_k = 26.5 + 1.12 = 27.62$ (kN/m)。

经过计算得到:最大弯矩 $M_{max} = 1.74$ kN·m,最大剪力 $Q_{max} = 9.82$ kN,最大弯曲应力 $\sigma = 13.92$ MPa $< f_w = 15$ MPa,最大剪应力:$\tau = 0.16$ MPa $< f_v = 1.5$ MPa。

(2)主梁验算:由计算简图7可知,由次梁传递的荷载作用在主梁的支座处,对主梁不产生弯矩和剪力,故只需验算木材的承压能力。

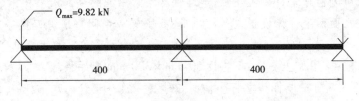

图7

由次梁传递的最大荷载为集中力 $Q_{max} = 9.82$ kN,则 $\sigma = 1.75$ MPa $< f_c = 12$ MPa。

(3)立杆验算:脚手架的稳定性可简化为立杆的稳定性验算,并忽略竖向荷载的偏心影响。

杆件计算长度系数 $u = 1.70$,杆件长细比 $\lambda = uh/i = 129.11$,压杆稳定系数 $\varphi = 0.401$,由此得到:$N/\varphi A = 50.08$ MPa $< f_c = 205$ MPa。

由上述计算可知,此部位脚手架的设计可以满足强度、稳定性的要求。

(十)外装修工程

1.干挂花岗岩

干挂花岗岩施工主要分为石材选材和表面处理、预埋铁件、焊接型钢骨架、干挂石材等。

(1)石材选材和表面处理:首先,根据设计图纸,结合结构施工实际情况、石材留缝、阴阳角处理等做出石材排版图。石材排版时,注意将边部石材提料适当增大一点,以防结构偏差较大时石材长度不够。其次,在选定石材厂家后,要摸清厂家石材加工能力和石材矿藏情况,以免影响施工工期。由于石材受大气污染、雨水浸湿等影响,为防止石材老化、返碱或石材表面出现浸渍等,在石材正面和侧边刷"保石洁"养护剂,背面用环氧树脂粘贴玻璃丝布。

(2)预埋铁件:铁件预埋分两部分。在混凝土结构处,直接将铁件预埋其中;在加气混凝土砌块处做混凝土配筋带,将铁件预埋其中。

(3)焊接型钢骨架:型钢骨架分主次钢龙骨。竖龙骨一般为槽钢或角钢以及预埋件焊接。由于墙面平整及预埋件偏差,竖龙骨找垂直后,和预埋件之间有一定空隙。根据空隙大小,可分别采用垫铁板或角钢帮焊等。施工时,从上到下吊垂线,控制龙骨垂直偏差;水平方向拉通线,控制龙骨出墙厚度。竖骨架和预埋铁件先点焊,校测垂直度,满足要求后(参考结构规范,垂直度允许偏差为 $H/1~000$),再根据焊接规程操作工艺进行满焊。水平龙骨采用角钢,其型号、长度由竖龙骨间距确定。水平龙骨由石材排版图,根据石材钻孔位置,预先在机械厂进行冲孔,孔制成椭圆形,可左右调节偏差。

由于水平龙骨安装偏差直接影响石材安装质量,此步应严格控制。其垂直偏差不超过 2~mm ,横向构件水平度小于 $L/1~000$,同一高度总偏差小于 7~mm ,相邻构件水平高差为 1~mm 。龙骨做好后,用钢丝刷除锈,刷防锈漆两道。

(4)干挂石材:干挂石材用不锈钢挂件在厂家定做,挂件端头焊舌形钢板。根据水平角钢孔位(孔位基本在石材两边 1/4 处),石材在相应部位用角磨机磨舌形槽。安装时,拉水平线控制水平和出墙偏差,在两端头挂垂线控制垂直偏差。石材扶正后,用水平尺检查平整度,满足要求后,固定上部固定件。其中石材槽内用大理石胶和舌板黏牢。打胶时,为防止嵌缝胶污染石材,先在石材缝隙两侧粘纸胶带,待打胶完毕并凝固后,再撕去纸胶带。

(5)质量要求如表8所示。

表8

项次	项目	允许偏差/mm
1	表面平整	1
2	立面垂直	2
3	阳角方正	2
4	接缝平直	2
5	接缝高低	0.3
6	接缝宽度	0.3

2. 外墙铝合金挂板

(1)放线:首先将支撑骨架的安装位置准确地按设计图纸要求弹到结构墙体上,并详细标定,为骨架安装提供依据。放线、弹线前应对结构主体进行检查,保证基层的垂直度及平整度满足骨架安装的要求。

(2)安装固定连接件:连接件与墙体的预埋件固定连接件必须牢固可靠。安装固定后,应做隐蔽工程验收记录,必要时做抗拉、抗拔测试,以保证达到设计强度。

（3）安装固定骨架：骨架安装前必须先做好防锈处理，安装位置应正确无误。安装时应随时检查标高、中心线位置，保证铅直和平整，为安装面板创造条件。

（4）安装铝合金挂板：挂板的安装固定采用螺栓连接在骨架上。

（十一）内装修工程

根据施工部署安排，室内装修工程在主体结构工程验收后，分段及时插入进行。

室内装修工程坚持样板制，装修样板经甲方及设计人员验收合格后，方可进行大面积装修工程施工。

1．内墙装修

（1）釉面砖镶贴：

①选砖：面砖的品种、规格、图案、色泽必须符合设计要求。使用前指定专人进行选砖，并将色泽不同的面砖分别堆放。有翘曲、变形、裂纹及面层有杂色、杂质等缺陷的面砖杜绝使用。面砖的规格尺寸利用Π形木框，按大、中、小分类堆放，镶贴时将同类尺寸、同色泽的面砖用在同房间或同一面墙上，确保接缝平直、宽窄、颜色一致。

②基层处理与抹灰要找好规矩，校核墙面是否方正，算出纵横皮数和镶贴块数进行排砖，以使接缝均匀，排列合理，禁止使用小于40 mm的小条砖。开始镶贴时一般由阳角开始自下而上进行，使不成整块的面砖留在阴角部位或由两砖找补，有洗脸盆、镜箱的墙面应以洗脸盆为中心往两边分贴。如基层表面遇有突出的管线、灯具、卫生设备的支架等，应采用整砖并辅以专用工具套割吻合，做到边缘整齐，不得用非整砖拼凑镶贴，以免影响整体观感质量。

③镶贴完成后应检查有无空鼓，接缝是否有不平直等现象，发现问题及时返修，然后用清水擦拭干净，用白水泥素浆擦缝，擦缝要求均匀，最后擦净墙面。

（2）耐擦洗涂料：

①施工前应对基层进行全面检查验收，管线洞口修补平整，如基层有缺陷应在刷浆前认真处理、检查合格后方可进行作业，杜绝刷浆后进行其他补修工作的现象。

②耐擦洗涂料使用前，必须用不少于80目细网过滤。

③认真做好清理基层，确保填补缝隙、满刮腻子、打砂纸磨光、分遍刷浆等每一道工序质量。

④腻子应坚实牢固，不得有起皮裂缝等缺陷，腻子较厚的要分层刮磨，要求手摸平整、光滑、无挡手感。有防水要求的墙面应采用防水腻子刮抹，刷浆每遍涂层不应过厚，涂刷均匀，颜色一致。

⑤刷浆时要注意不要交叉污染，对门窗、暖气件、各种管道灯具以及开关插座、箱盒等应采取临时覆盖措施防止污染。刷浆工程结束后应加强管理，认真做好成品保护。

2．楼地面装修

为杜绝地面空鼓、裂缝等质量通病的出现，楼（地）面工程施工前必须将基层表面的浮土、砂浆等污染物清理干净。表面如沾有油污，应用5%～10%浓度的火碱水溶液清刷干净，以确保楼（地）面工程不空鼓，黏结牢固。

（1）混凝土楼（地）面：

①工艺流程：弹+50 cm线 → 基层清理 → 洒水湿润 → 刷素水泥浆 → 贴灰饼、冲筋 → 铺混凝土 → 抹面。

②混凝土浇筑后用长杠刮平,铁滚筒滚压至出浆。撒 1∶1 水泥砂子压实赶光。要求 3 遍抹压完成,地面交活 24 h 后洒水养护 7 天,做到表面密实光洁,无裂缝、脱水、麻面和起砂等现象。

③地下室停车库地面面层施工时,为防止出现收缩裂缝,按 6 m×6 m 分格预留分隔缝,进行分片施工。

(2)地砖、防滑地砖:

①刷素水泥浆:在清理好的基层上,浇水湿润,撒素水泥面,用扫帚扫匀。扫浆面积的大小应依据打底铺灰速度决定,应随扫浆随铺灰。

②冲筋:从 + 500 mm 平线下返至底灰上皮的标高(从地面标高减去砖厚及黏结砂浆的厚度)抹灰饼,从房间一侧开始,每隔 1 m 左右设冲筋一道。有地漏的房间应四周向地漏方向放射性冲筋,并找好坡度,冲筋应使用干硬性砂浆。

③装挡:根据冲筋的标高进行砂浆装挡,用大杠检查其横竖平整度,并检查其标高和泛水是否正确,用木抹子搓平。24 h 后浇水养护。

④找规矩弹线:沿房间纵横两个方向排好尺寸,当尺寸不足整块砖的模数时可裁割用于边角处。根据已确定后的砖数和缝宽,在地面上弹纵横控制线并严格控制好方正。

⑤铺砖:从门口开始,纵向先铺几行砖,找好位置及标高,以此为筋,拉线,铺砖,应从里向外退着铺,每块砖应跟线。铺好地砖后,常温 48 h 放锯末浇水养护。铺地砖时要求相邻房间的接槎放在门口的裁口处。

⑥踢脚板施工:踢脚板时应在房间阴角两头各铺贴一块砖,出墙厚度及高度符合设计要求,并以此砖上棱为标准,挂线,并及时将挤出砖面的砂浆刮去,将砖面清擦干净。

(3)防静电活动地板:

①工艺流程:基层清扫 → 找中、套方、弹线定位 → 安装固定支柱 → 安装横梁 → 安装防静电活动地板。

②操作要点:

a.将楼地面表面清扫干净。

b.按设计要求及防静电活动地板规格尺寸在楼地面上弹出支柱定位方格网,同时在墙四周弹好支柱安装水平线。

c.在已弹好的方格网交点处安放可调支柱,按支柱顶面标高拉纵横水平通线调整支柱至标高线,并经复核无误后方可进行下步施工。

d.根据已弹好的方格网安装横梁,安装时从房间中央向四周进行铺设,横梁安装完毕,测量标高、平整度至合格为止。

e.当所有支柱和横梁构成框架一体后用水准仪抄平,支柱底座与基层之间注入环氧树脂,使之连接牢固后复测再次进行支柱调平,直至合格。

f.当活动地板下铺设的电缆、管线布设就位后,方可安装活动地板面。

g.在横梁上按活动地板尺寸弹出分格线,按线安装。

h.首先在横梁上粘贴缓冲胶条,当铺设活动地板块不符合模数时,可根据实际尺寸将板面切割后镶补,并补装可调支柱和横梁,放在边角不明显处。

i.与墙边接缝处根据缝隙大小分别采用活动地板刷高强胶镶嵌、泡沫塑料镶嵌。

j. 防静电架空地板安完后,及时进行面层清擦及保护。

3. 顶棚装修

顶棚装修采用水泥石膏板、矿棉板吊顶。

①作业条件:安装完顶棚内的各种管线及通风道,确定好灯位、通风口及各种露明孔口位置;做完墙地湿作业工程项目。

②在大面积施工前,应做一样板间,对顶棚的起拱度、灯槽洞口的构造处理以及分块、固定方法等经试装,并经鉴定认可后方可大面积施工。

③根据楼层 +50 cm 线,用尺竖向量出顶棚设计标高,并沿墙、柱四周弹顶棚标高水平线,沿顶棚的标高水平线在墙或柱上画好龙骨分档位置线。

④安装大龙骨吊杆:在弹好顶棚标高水平线及龙骨位置线后,确定吊杆下端头的标高,按大龙骨位置及吊挂间距,将吊杆无螺栓丝扣的一端用与楼板膨胀螺栓固定。

⑤安装大龙骨:配装好吊杆螺母,在大龙骨上预先安好吊挂件,安装大龙骨。将组装好吊挂件的大龙骨,按分挡线位置使挂件穿入相应的吊杆螺栓,拧好螺母。相接大龙骨、装连接件,拉线调整标高和水平,安装洞口附加大龙骨,设置及连接卡固、采用射钉固定,钉固靠边龙骨,射钉间距为 1 m。

⑥安装中龙骨:按已弹好的中龙骨分档线,卡放中龙骨吊挂件,吊挂中龙骨。按设计规定的中龙骨间距,将中龙骨通过吊挂件吊挂在大龙骨上,一般间距为 500~600 mm。当中龙骨长度需多根延续接长时,用中龙骨连接件将吊挂中龙骨同时相接,调直固定。

⑦安装小龙骨:按已弹好的小龙骨分档线,卡装小龙骨吊挂件。吊挂小龙骨:按设计规定的小龙骨间距,将小龙骨通过吊挂件吊固在中龙骨上,一般间距为 500~600 mm;当小龙骨长度需多根延续接长时用小龙骨连接件;在吊挂小龙骨的同时,将相对端头相连接,调直固定;当采用 T 形龙骨组成轻钢骨架时,小龙骨应安装罩面板,每装一块罩面板先后各装一根卡挡小龙骨。

⑧罩面板的安装应从顶棚中间向两个方向对称布置,对尺寸不是整块的模数时,应放在边角处,确保整体美观;罩面板安装要做到表面平整、洁净、颜色一致,无污染等缺陷。

⑨质量标准:轻钢骨架和罩面板的材质、品种、式样、规格应符合设计要求。轻钢骨架的大、中、小龙骨安装必须正确,连接牢固,无松动。罩面板应无脱层、翘曲、折裂、缺棱掉角。安装必须牢固。

(十二)门窗工程

1. 普通木门

(1)作业条件:门框、门扇无窜角、翘扭等缺陷,门框靠墙一侧应刷防腐材料,其余各侧刷清油一道;室内 50 cm 水平标高控制线已弹完并校核,抱框内预埋木砖位置正确。

(2)门框安装:门框安装应在地面工程施工前完成,门框位置根据 50 cm 水平线确定,确保与门扇尺寸吻合;成排木门在安装前要拉通线检查,保证门上口标高一致。

(3)门扇安装:

①确定门扇开启方向及五金位置。

②检查门口尺寸、边角方正,检查门口高度时应量门口两侧,检查门口宽度量上、中、下3点。

③根据门口尺寸和门扇尺寸进行修刨。修刨分两次进行:第一次修刨应使门扇能塞入门口,按照门扇和口边缝宽的合适尺寸进行第二次修刨,并标注出五金位置,第二次修刨后即可安装合页。

2. 铝合金门窗

(1)作业条件:铝合金门窗质量合格,无不良缺陷,中立框和中坎用塑料带捆缠严密;室内 50 cm 水平线就位,铝合金门窗两侧连接铁件位置与墙体预留孔位置相吻合。

(2)铝合金门窗安装注意要点如下。

①弹线找规矩:由最顶层找出窗口的边线,用大线坠将边线向下引测,并在每层洞口处画线标记。门窗口的水平位置根据室内 50 cm 水平控制线确定,窗下皮标高线应事先弹好,使所有标高相同的窗均在一条水平线上。

②门窗洞口处理:根据外墙大样,确定铝合金门窗在墙厚方向上的安装位置。

③防腐处理:安装窗框时不得打开塑料包装,必须待窗口腻子完成后再打开,以保证水泥浆不接触铝合金,免遭腐蚀。安装所用的连接件均采用不锈钢件。

④就位、临时固定:根据放好的安装位置线,将门窗框临时用木楔固定。

⑤缝隙的处理:铝合金门窗在两侧进行防腐处理后,框与洞口的缝隙用低碱性水泥砂浆填塞。铝合金窗口的缝隙应上、下缝同时填塞。填塞时不得用力过大,防止窗框受力后变形。

3. 施工要点

(1)木门合页安装时,框和扇应同时剔槽,严禁只在框上剔槽,扇上不剔。

(2)铝合金窗框安装后,窗下坎与边框、中立框的框角节点缝隙用密封胶封严,防止框角处渗水。

(十三)水暖、通风、空调工程

1. 工程概况

工程概况如表 9 所示。

表 9

管道名称	管材		接口形式	防腐	主要保温材料
给水(生活)管	明装暗埋	热镀锌(衬塑)复合管	丝口连接	沥青漆两道	橡塑板材
污水管	立管	螺旋塑料管	黏合连接		
	横支管	塑料管 UPVC	黏合连接		
排水管	暗埋	机制排水铸铁管	W 承插水泥接口	沥青漆两道	
消火栓	焊接钢管		<100 mm 焊接 ≥100 mm	环氧防锈漆两道	
自动喷淋管	镀锌钢管		<100 mm 丝接 ≥100 mm 沟槽接头	防锈漆一道	

续表

管道名称	管材	接口形式	防腐	主要保温材料
提升排水管	焊接钢管	焊接	环氧防锈漆两道	
空调管	铝箔复合玻纤板	法兰连接		
通风管	镀锌钢板	法兰连接	樟丹防锈漆两道	铝铂离心玻璃棉
空调水管	≤50 镀锌钢管 ＞50 无缝钢管	丝接 焊接	樟丹防锈漆两道	难燃聚乙烯泡沫
冷凝水管	镀锌钢管	丝接	银粉两道	橡塑海绵

2. 主要工程量

(1)给排水部分主要工程量如表 10 所示。

表 10

名称	单位	数量	名称	单位	数量
给水管道	m	5 898	焊接钢管	m	1 019
水泵	台	22	UPVC 管	m	536
水箱	个	1	湿式报警阀	套	4
消火栓	套	11	水流指示器	个	9
大便器	套	24	喷头	个	396
面盆	套	16	小便器	套	12
拖布池	套	7	地漏	个	8
阀门	个	229	电开水器	台	10

(2)通风空调部分主要工程量如表 11 所示。

表 11

名称	单位	数量	名称	单位	数量
无缝钢管	m	1 500	镀锌钢管	m	5 100
镀锌钢板	m²	3 760	风机盘管	台	251
玻纤风管	m	5 226	冷水机组	台	3
风机	台	27	冷却塔	台	2
空调机组	台	25	风阀	个	116
水泵	台	1	水阀	个	590
保温材料	m³	37	消音器	个	77
风口	个	935			

3. 人员组织

根据安装工程量及工期安排,本工程设专业技术人员4人,高峰人数70人。

4. 施工安排

(1)安装前对各系统的所有管道和设备综合考虑,同时要熟悉与管道有关的土建、电气设备管线情况,做好施工前预想。

(2)采用分系统与分区域施工相结合的方法,各系统按先地下后地上、先干管后支管、先大管后小管、先里后外的施工工序进行。

(3)管道与部件尽量采用提前预制或工厂化加工、现场安装的方式。

(4)根据土建施工情况,凡具备施工条件的应及早插入施工。

(5)为保证施工进度质量,施工中各系统采取分段安装 → 试验 → 复验的方式。

(6)严格执行样板制,做好样板工序、样板间、样板层。

(7)设备吊装就位前须制订统一吊装方案,大型设备由专业起重人员吊运,并请厂家现场指导。

5. 施工技术措施

(1)给水、热水工艺流程:安装准备 → 预制加工 → 干管安装 → 立管安装 → 支管安装 → 用水器具安装 → 管道试压 → 防腐保温 → 通水冲洗。

①管段截断后须用整圆器将切口整圆。

②管道煨弯时须使用弯曲管弹簧,弯曲半径不应太小。

③立管须按要求设置支承点,采用金属卡架应做隔垫。

④面层须做专项保护,以防表面被硬物碰伤。

⑤洁具支架支撑须生根于可靠的结构中,洁具与支撑支架应接触紧密,不得用垫灰、垫块方法固定标高。

⑥所有洁具固定应使用镀锌件并用橡胶垫压紧。

⑦蹲便冲洗管1 m处应设置单管卡固定。

⑧给水附件安装时,铜件须用带橡胶板的扳手或自制保护性的工具。

(2)消防工艺流程:安装准备 → 干管安装 → 报警阀安装 → 立管安装 → 喷洒分层干、支管、消火栓及支管安装 → 水流指示器、水泵、水箱、水泵接合器安装 → 喷洒头支管安装 → 试压 → 冲洗 → 配件及喷洒头安装 → 通水试调。

①喷淋管道支、吊架安装位置不应妨碍喷头的喷水效果,支架与喷头的距离不应小于300 mm。

②喷淋吊架间距应不大于3.3 m,并按要求设置防晃支架。

③为避免护口盘偏斜,支管末端弯头处应为卡件固定。

④喷淋头安装须在冲洗后进行。

⑤喷淋头安装时须拉线,统一安装。

⑥消火栓箱与栓口标高应符合规定,消火栓固定牢固后方可填塞与墙体的接缝。

(3)UPVC管排水(含雨水)工艺流程:安装准备 → 管道预制 → 干管安装 → 立管安装 → 支管安装 → 灌水试验 → 设备洁具安装 → 通水试验 → 通球试验。

①UPVC 管黏结所用黏结剂最好选用同一厂家配套产品,连接时应将承插口擦拭干净,如有油污用丙酮除掉。

②管道黏结前必须进行预装配,经预装配无误后方可进行黏结。

③管道黏结应避免在湿度较大的环境中进行。

④刚黏结好的接头应避免受力,须静置固化牢固后方可继续安装。

⑤应防止预制好的 UPVC 管暴晒,以免变形。

⑥采用金属管卡固定管道时,管卡与管道间应采用塑料袋或橡胶物隔垫。

⑦安装时须按规定设置伸缩节,夏季 5～10 mm,冬季 15～20 mm,并做好支承点。

(4)空调水工艺流程:安装准备 → 卡架安装 → 干管安装 → 立管安装 → 支管及风机盘管安装 → 试压 → 冲洗 → 防腐 → 保温 → 调试。

①管道变径不得使用补芯,应采用异径管箍或甩大小头,管径相差 15%时要抽条变径。

②水平干管要保证上平。管道弯头采用压制弯头的,外径应与管道外径相同。

③管道对口焊缝或弯曲部位不得焊接支管,接口焊缝距起弯点不得小于 100 mm。接口焊缝距支、吊架应不小于 50 mm。

④卡架与管道之间应加硬木防冷桥,管道穿墙、穿楼板处保温应完整通过,不得分离。

⑤凝水管坡度不得小于 1%。

⑥风机盘管与凝水管应为软接,软管长度不得大于 300 mm。

⑦水管使用吊架时每隔 10 m 设一防晃支架。

(5)空调通风工艺流程:安装准备 → 风管及部件制作 → 卡架安装 → 风管安装 → 空调机组及风机盘管安装 → 试验 → 保温 → 调试。

①风管安装时应及时进行支、吊架的固定和调整,其位置应合理,受力应均匀。悬吊的风管与部件须设置防止摆动的固定点。

②法兰连接前应校核法兰平整度与垂直度,并将法兰表面异物清理干净。

③法兰螺栓须为镀锌件,紧固时加镀锌垫圈。

④风管支管须单独设置支、吊架。

⑤风机盘管安装前,应进行单机三速试运行及水压试验。

⑥供回水管与风机盘管连接应为弹性连接,软管长度不大于 300 mm。

⑦柔性短管安装要紧密、牢固,长短松紧适宜,不应扭曲或成大小头。

⑧空调机组各段连接应严密,检查门开启应灵活,机组下部冷凝管应保证水封。

⑨土建风道应达到光滑、严密不漏风的要求后,风管与设备方可与之连接。风管伸入土建风道,其末端应安装钢丝网。

⑩垂直排风道与支风道交接处应用水泥砂浆堵严,土建风道封闭前做好防回流导管。

(6)统一要求:

①支吊架按 T607 规格制作,预埋件或镀锌螺栓埋入部分不得有油污等,如有油污等应除去。

②安装好的管道不得用作支撑,不得踏压。支托吊架及管道不得作为其他用途的受力点。

③管道在土建湿作业时须加以保护,防止灰浆污染。

④一个施工阶段完成,管道应做临时封堵,临时封堵不得随意打开。

⑤截门手轮、给水附件、配件等安装时应卸下,交工前统一安装。

⑥钢材、管件等金属制品堆放时应有防雨雪措施,以免锈蚀。

⑦保温材料存放应尽量选择室内,并采取防水防潮措施。

6. 施工要点

(1)复合管与楼板接合部的防渗漏处理:作为立管的复合管因外壁表面光滑,为避免穿越楼板时因与细石砂浆结合不好而渗漏。施工时,在管子与楼板结合部做好标记,刷上塑料黏结剂,待表面溶解时滚上细砂凝固后形成粗糙表面,即可进行孔洞填塞。

(2)PB、PE 管配水点固定:由于 PB、PE 管刚性差,配水点又是施力的位置,为防止管道管件损坏漏水,根据有关资料和以往施工经验,将配水点金属件生根于结构中。具体做法为:将与配水点连接的弯头或三通改为三通或四通,将三通或四通的一方接上镀锌钢管;封死后栽入结构中,用水泥砂浆填实。

(3)套管安装:本工程穿地下室外墙管道均设防水套管。为保证预埋质量和钢筋混凝土质量,在结构施工时,将套管绑扎固定在钢筋网中,并在套管上焊接附加筋,通过附加筋与结构钢筋绑扎固定。严禁将套管与结构筋点焊固定。

(4)孔洞预留:为了保证预留孔洞和混凝土质量,方便取模,孔洞预留采用三瓣合页式孔洞预留装置。

(5)轻质墙体洁具固定:根据规范要求,卫生器具须生根于可靠结构中。本工程墙体为轻质砌块,为保证安装质量,在洁具支架支撑区域所用混凝土砌块砌筑,洁具通过镀锌膨胀螺栓固定于混凝土砌块上。

(6)排水系统立管扫除口设置:根据《建筑排水塑料管道工程技术规程》(CJJ/T 29—2010),立管宜每6层设一扫除口。本工程卫生间等均有吊顶,按《建筑给水排水及采暖工程施工质量验收规范》(GB 50242—2002)规定:每层均需做闭水试验,且伸缩节承压能力有限。为使试验完整顺利进行,排水立管每层均设立管扫除口,以便于排水横支管蓄水。

(7)空调系统调试:

①调试仪表应有出厂合格证书和鉴定文件。

②严格执行计量法,不允许所调试岗位使用无鉴定合格印、证或超过鉴定周期以及经鉴定不合格的计量仪器仪表。

③正确使用测试仪器、仪表,轻拿轻放,以免损坏。

④通风空调系统安装完毕,运转调试之前,会同建设单位进行全面检查,符合设计、施工及验收规范和工程质量检验评定标准的要求后,才能进行运转和调试。

⑤系统运转所需的水、电、气及压缩空气等应具备使用条件。现场清理干净,制订调试方案,准备好所需仪表、工具、调试记录表格,熟悉设计图纸,领会设计意图,掌握系统工作原理,各种阀门、风口等均调到工作状态。设备(风机)单机试运转完成,完好无损,符合设计要求,方可进行系统调试。

⑥调试时测定点截面位置,选择应在气流比较稳定的地方,一般选在产生局部阻力之后4～5倍管径以及产生局部阻力之前1.5～2倍管径(或风管长边尺寸)的直管段上。

⑦在矩形风管内测定平均风速时,应将风管截面划分若干个相等的小截面,使其尽可能接近于正方形;在圆形风管内测定平均风速时,应根据管径大小,将截面分成若干个面积相等的同心圆环,每个圆环应测量 4 个点。

⑧如果没有调节阀的风道要调节风量,可在风道法兰处临时加插板进行调节。风量调好后,插板留在其中并密封不漏。

⑨自动控制系统的调试:要积极配合协助自控安装、调试分包方完成调试任务。

⑩主要设备机器性能测试要与供货单位配合好,以达到最佳运行效果。

(十四)电气工程

1. 电气工程施工范围

本工程施工范围主要包括:钢管暗敷设,管内穿线,电缆桥架安装,电缆敷设,配电箱(柜)安装,灯具安装,开关、插座安装,电话配管配线系统,消防报警系统,计算机网络布线调试,防雷及接地系统制作安装调试,电视系统,保安监控系统,新风机监控系统。

2. 供配电系统

供配电方式:对单台容量较大的负荷或重要负荷采用放射式配电,对一般设备采用放射式与树干式相结合的混合方式配电。

3. 照明系统

(1)本工程设有正常照明、消防应急照明和消防疏散指示标志。

(2)照度标准和照明功率密度值:详细值参考低压配电说明。

①火灾应急照明和疏散指示标志采用单回路电源配电;采用自带蓄电池灯具时,其连续供电时间不小于 90 min。

②疏散指示标志平时和火灾情况下均为常灭;火灾时,自动强制点燃全部火灾应急照明灯。

③火灾应急照明和疏散指示标志灯采用直流 24 V 电源供电,光源均为高效节能灯并应符合现行国家标准《消防安全标志 第一部分:标志》(GB 13495.1—2015)和《消防应急灯具》(GB 17945—2000)的有关规定。

④节日、室外照明:本工程屋顶预留景观照明配电箱,由二次设计进行深化。

4. 设备选型及安装

(1)电力、照明配电箱和控制箱:选用非标金属箱。公共区域内配电箱为墙内暗装,控制箱为挂墙明装,竖井、设备用房、照明配电箱为落地安装或墙上明装。

(2)除注明外,开关、插座(均选用安全型)分别距地 1.3 m、0.3 m 暗装。卫生间内开关、插座选用防潮防溅型面板;有淋浴的卫生间开关、插座必须设在 2 区以外。

5. 电缆、导线选用及敷设方式

(1)低压电缆采用 YJV-1 kV 交联电力电缆。

(2)消防设备配电电缆工作温度为 90 ℃。沿防火金属电缆线槽敷设或穿焊接钢管敷设。

(3)应急照明配电导线采用 NHBV-3×2.5 mm^2,均穿焊接钢管暗敷。

（4）消防线路暗敷时应在不燃烧体结构内，保护层厚度不小于30 mm；暗敷时，穿金属电缆或封闭线槽采用防火措施，穿越防火分区时做防火封堵。

6. 电缆桥架安装

（1）材料要求：应采用经过镀锌处理的定型产品，其规格应符合设计要求；桥架内外应光滑平整，不应有扭曲，翘边等变形现象并有产品合格证。

（2）安装要点：本工程使用的电缆桥架为TJ600×150，安装方式均沿吊顶板内吊杆安装，距室内地面为3.0 m，从①轴至⑥轴为双层桥架。在双层桥架段内的吊杆应使用L30×30×4角钢，膨胀螺栓应使用φ12。固定点均按规范要求，一般不大于1.5 m。根据北京市建设工程质量监督总站037号文件规定，使用镀锌电缆桥架可以不用跨接地线，但桥架的搭接处必须使用镀锌螺母、平垫、弹簧垫等。

引入强电井内的桥架使用TJ600×150镀锌产品，并沿管道井内沿墙引上至5层。

7. 钢管暗敷设

（1）材料要求：本工程使用的钢管为镀锌钢管，管壁厚应均匀，焊缝均匀，无劈裂、砂眼、棱刺和凹扁现象，管内应刷防锈漆；钢管应有出厂产品合格证，并加盖供应商红章。

（2）敷设要点：本工程所有管路敷设，应沿墙或沿顶板内暗敷设管子的连接均采用套管连接，有吊顶的采用套丝连接，套管长度为连接管径的1.5~3倍。连接管口的对口处应在套管的中心位置，焊口应焊接牢固、严密，管路过长已超出规范要求的应加装中间接线盒。在管进盒箱应排列整齐并与管径相吻合，管入盒要求一管一孔。在盒子开孔时不得开长孔，铁制盒箱严禁用电焊、气焊开孔。如果用定型产品，盒箱敲落孔大而管径小时，用铁皮垫圈垫严或砂浆加石膏补平齐，不得有漏洞现象，防止进水。管口入盒箱暗配管可用跨接地线焊接固定在盒棱边上，严禁管口与敲落孔焊接。管口露出盒箱应小于5 mm，露出铁锁紧螺母的丝扣为2~4扣为宜。两根以上管入盒箱，要长短一致、间距均匀、排列整齐。暗配的钢管应沿最近的路线敷设并应减少弯曲，埋入墙或混凝土内的管子离表面的净距不应小于15 mm。进入落地式配电箱的钢管，应排列整齐，管口应高出基础面不小于50 mm。穿过建筑物基础时，应加保护管。

混凝土墙配管，可将盒箱固定在该墙的钢筋上接着敷管，每隔1 m左右，用铅丝绑扎牢。管进盒箱要煨灯驻叉弯，往上引管不宜过长，以能煨弯为准。对现浇混凝土楼板配管，先找灯位，根据房间四周墙的厚度，弹出十字线，将堵好的盒子固定牢，然后敷管。管路每隔1 m左右用铅丝绑扎牢，如有超过3 kg的灯具应焊好吊杆。

（3）暗配管敷设工艺流程：暗配管敷设 → 预制加工 → 测定盒箱位置 → 稳住盒箱 → 管路敷设、连接（管路敷设方式：随墙配管、现浇混凝土墙内、楼板内）→ 地线连接（跨接地线、防腐处理）。

埋入土层内的钢管应刷沥青，包缠玻璃丝布后，再刷沥青油，或应采用水泥砂浆全面保护。敷设在地下一层、二层的钢管进入设备基础应加套管，引上设备基础的钢管，可在管口处装设防水弯头。

（4）质量标准：

①连接紧密，管口光滑，护口齐全，排列整齐，管子弯曲处无明显褶皱，油漆防腐完整，暗配管保护层大于15 mm。

②管子入盒箱内露出长度小于 5 mm,用锁紧螺母固定的管口露出螺纹为 2~4 扣。

(5)成品保护:

①敷设管路时,不要踩坏已绑扎好的钢筋。浇筑混凝土时,应留电工人员看守,以免振捣时损坏配管及盒箱发生位移,禁止私自改动电线管路及电气设备。

②若暗配管路堵塞,配管后应及时扫管。配管后应及时加管堵把管口堵严密。

8.配电柜(箱)安装

(1)材料设备要求:根据设计要求,各配电柜箱均有明装和暗装。箱体应有一定的机械强度,周边应平整无损伤,无油漆脱落现象;各种电器开关安装牢固,开关电器应开关灵活,绝缘性能良好;箱内的线排列整齐,接线正确,压接线应牢固,并有北京市供电部门生产许可合格证。

(2)暗装配电箱安装:根据设计要求,各配电箱安装的位置和预留位置孔洞尺寸应符合设计和规范要求。

根据预留孔洞尺寸先将箱体找好标高及水平尺寸,并将箱体固定好,然后用水泥砂浆填实周边并抹平齐,待水泥砂浆凝固后再安装盘面和贴脸。如箱底与外墙平齐时,应在外墙固定金属网后再做墙面抹灰,不得在箱底板上抹灰。安装盘面要求平整,周边间隙均匀对称,贴面平整,不歪斜,螺丝垂直受力均匀。

(3)工艺流程:配电箱安装要求 → 弹线定位 → 固定箱体 → 绝缘摇测。

(4)落地配电柜安装:本工程低压配电室共计安装 22 台低压柜,安装牢固,各柜连接紧密,无明显缝隙,垂直误差每米不大于 1.5 mm,水平误差每米水大于 1 mm,总误差不大于 5 mm,柜面连接应平直、整齐。

电缆引入电缆沟时,应尽量从电缆沟的纵向引入,以避免电缆弯曲半径过小。

配电室的接地应从室外引入,使用 VV22-1 kV-1 ×25,单芯铜电缆从第 6 轴引入,引上电缆架至低压配电室,并单独从强电井内引出 1 根 VV22-1 kV-1 ×25 钢芯电缆,引至低压配电室保证工作接地。

铝母排安装应根据设计的要求,使用 TMY-3 ×(80 ×6) +2 ×(50 ×5)铝母线,安装在配电柜顶端,使用电车绝缘子 WX-01 型作为母线支架。

9.管内穿线

(1)材料要求:绝缘导线的规格、型号必须符合设计要求,并有出厂合格证。应根据管径的大小选择相应规格的护口,根据铜导线截面积和导线的根数选择相应型号的绝缘螺旋接线帽,根据导线的根数和总截面选择相应规格的接线端子。

(2)工艺流程:选择导线 → 穿带线 → 扫管 → 放线及断线 → 导线与带线的绑扎 → 带护口 → 穿线 → 导线接头 → 接头包扎 → 线路检查绝缘摇测。

(3)导线与带线的绑扎:导线根数较少时,可将导线前端的绝缘层削去,然后将导线芯直接插入带线的盘圈内并折回压实,绑扎牢固,使绑扎处形成一个平滑的锥形过渡部位。

导线根数较多或导线截面较大时,可将导线前端的绝缘层削去,然后将线芯斜插排齐,在带线上用绑扎缠绕绑扎牢固,便于穿线。

(4)管内穿线:穿线前,应首先检查各个管口的护口是否齐全,如有遗漏,均应补齐。

穿线时应由 2 人配合协调,一拉一送来完成,同一交流回路的导线必须穿于同一管内。不同回路、不同电压和交流与直流的导线不得穿入同一管内,管内的导线总数不得多于 8 根(指同一回路)。穿入管内的导线不得有接头,不得有绝缘破损及死弯,导线总截面积不应超过管内面积的 40%。

(5)钢导线在接线盒的连接:单芯线并接头,导线绝缘台并齐合拢,在距绝缘台约 12 mm 处用其中一根线芯在其连接端缠绕 5~7 圈后剪断,抒余头并齐折回压在缠绕线上进行涮锡处理。

(6)绝缘螺旋接线钮做法:6 mm² 及以下的单芯铜导线在接线钮连接时,剥去导线的绝缘后,连接时把外露的线芯对齐顺时针方向拧花。在线芯的 12 mm 处剪去前端,然后选择相应的接线钮顺时针方向拧紧。要把导线的绝缘部分拧入接线钮的上端护套内。

(7)线路检查及绝缘摇测:接、焊、包全部完成后,应进行自检与互检,检查导线接、焊、包是否符合施工验收规范及质量验证标准的规定。检查无误后进行摇测。

摇表选用 500 V、量程为 0~500 MΩ 的兆欧表,进行绝缘电阻摇测。进行摇测时,将灯头盒内导线分开,开关盒内导线连通,将干线与支线分开,摇动速度在 120 r/ mim 左右,读数应 1 mim 以后的读数为宜。要求照明线路绝缘电阻不小于 0.5 MΩ,动力线路绝缘电阻不小于 1 MΩ。

本工程的所有接地(接零)线截面应符合设计和规范的要求,使用导线的颜色应符合要求。多股软铜线涮锡应均匀、洁净。接线应使用合格的产品,并有合格证。

10.插座、开关安装

材料要求:本工程所有开关、插座的规格、型号必须符合设计要求,并有产品合格证。

①开关安装:所有的开关接线、同一场所的开关切断位置应一致,操作应灵活,接点接触可靠。相线经开关控制,开关距门口为 150~200 mm。开关安装高度为 1.2 mm,开关面板应端正,严密并与墙面平,开关位置应与灯位相对应。同一室内开关方向应一致,成排安装的开关高度以应一致,据规范要求高低差不大于 2 mm。

②插座安装:所有的插座根据设计要求,均采用 10 A 以上安全型,安装高度距地 0.3 m。所有插座回路加装漏电保护器漏电动作时间为 0.1 s。所有插座接线、面对插座的右极接相线、左极接零线(N)、单相三孔及三相四孔的接地(N)及保护线均应在上方。强电插座与弱电插座相距在 500 mm 以上为宜。

在同一室内安装的插座高低差不应大于 5 mm,成排的高低差不应大于 5 mm。暗装的插座应有专用盒,盖板应端正严密并与墙面平。

11.建筑物防雷、接地及安全措施

(1)建筑物防雷:

①本建筑按第三类防雷建筑物进行设计。

②接闪器:在屋顶采用 φ10 热镀锌圆钢做避雷带,屋顶避雷带连接线网格不大于 20 m×20 m 或 24 m×16 m。

③引下线:利用建筑物钢筋混凝土柱子或剪力墙内两根 φ6 以上主筋通长焊接作为引下线,引下线间距平均不大于 25 m。所有外墙引下线在室外地面下 1 m 处引出一根 40×4 热镀锌扁钢。扁钢伸出室外,距外墙皮的距离不小于 1 m。

④接地装置:本工程采用结构独立基础及拉梁内钢筋作为接地装置。另在各引下线处1 m以下甩出钢筋至散水外,以便接地电阻不满足要求时补打人工接地装置。

⑤建筑物防雷引下线上端与避雷带焊接,下端与接地装置焊接。建筑物四角的外墙引下线在室外地面上0.5 m处设测试卡子。

⑥凡突出屋面的所有金属构件、金属通风管、金属屋面、金属屋架等均与避雷带可靠焊接。在屋面接闪器保护范围之外的非金属物体应装接闪器,并与屋面防雷装置相连。

(2)接地及安全措施:

①本建筑接地形式采用TN-C-S系统,电源进入总配电箱后进行重复接地,之后PE线与N线严格分开敷设。要求接地电阻不大于1 Ω,实测不满足要求时,增设人工接地极。

②凡正常不带电、当绝缘破坏时有可能呈现电压的一切电气设备金属外壳均可靠接地。

③本建筑物采用总等电位联结,总等电位箱(MEB)设在楼配电室内。总等电位板由紫铜板制成。总等电位联结均采用等电位卡子,禁止在金属管道上焊接。所有淋浴间及带洗浴卫生间均应进行辅助等电位联结。

④电源线路防雷与接地:在电源总配电柜内,屋顶配电箱和所有进入建筑物的外来线路等处装设第一级浪涌保护器专用箱(SPD专用箱),在各层箱处设二级电源线路浪涌保护器专用箱(SPD专用箱)。

⑤信号线路防雷与接地:进出建筑物的信号线缆应安装浪涌保护器,具体要求按现行国家标准《建筑物电子信息系统防雷技术规范》(GB 50343—2004)执行。

12.有线电视系统

(1)本工程有线电视系统由光端机站引来,由干线、放大器、分支分配器、支线及用户终端等组成。系统采用860 MHz全频双向传输,用户端电平要求(68±4)dB,图像清晰度应在四级以上。

(2)用户分配网络采用分配分支的分配形式,干线电缆选SYWV-75-9,支线电缆选用SYWV75-5。

13.综合布线系统

(1)本工程综合布线系统是将语音、数字、图像等信号的布线,经过统一的规范设计,综合在一套标准的布线系统处理中。

(2)语音干线子系统采用三类缆(大对数缆)。数据干线子系统和语音数据配线子系统均采用六类四对八芯非屏蔽对绞线缆。

(3)本工程电话、宽带由电信交接间引来。

14.火灾自动报警与消防联动控制系统

(1)消防系统由火灾自动报警系统、消防联动控制系统、消防专用电话系统、应急疏散照明系统组成。

①火灾自动报警系统:

a.在楼梯间、走廊、办公室等场所设置感烟探测器。探测器设置要满足《火灾自动报警系统设计规范》(GB 50116—2013)的要求。

b.在本建筑的各层主要出入口、疏散楼梯口及人员通道上适当位置设置手动报警按钮及消防对讲电话插口。

c.在消火栓箱内设置消火栓按钮。

d.火灾自动报警控制器可接收探测器的火灾报警信号及手动报警按钮、消火栓按钮的动作信号,还可接收消防水池和消防水箱的液位动作信号。

②消防联动控制系统:

a.消防控制室内设置联动控制台,其控制方式分为自动/手动控制、手动硬线直接控制。通过联动控制台,可实现对消火栓系统、火灾警报系统、非消防电源、火灾应急照明和疏散标志监视及控制。

b.消火栓系统的监视与控制:

·消火栓加压泵的启、停控制,运行状态和故障显示;

·消火栓稳压泵均可由压力开关自动/手动控制;

·消火栓按钮动作直接启动消火栓加压泵,消火栓启泵按钮的位置显示;

·通过硬线手动直接启动消火栓加压泵;

·消防泵房可手动启动消火栓加压泵;

·消防控制室能显示消火栓加压泵的电源状况;

·监视消防水池、消防水箱的水位。

c.非消防电源、火灾应急照明和疏散标志灯监视及控制:消防控制室在确认火灾后,应切断有关部位的非消防电源,并接通警报装置。

d.消防专用电话系统:在手动报警按钮上设置消防专用电话塞孔。

(2)消防线路选型及敷设方式:消防控制、通信和警报线路暗敷设时,应穿管并应敷设在不燃烧体结构内且保护层厚度不应小于 30 mm;明敷设时,应穿有防火保护的金属管或有防火保护的封闭金属线槽。火灾自动报警系统的传输线路应采用穿金属管、经阻燃处理的硬质塑料管或封闭式线槽保护方式布线。

第五章　施工进度计划

(一)总工期控制

本工程总工期为 270 天。

(二)主要分部工程工期安排

主要分部工程安排见进度计划图(限于篇幅,此处从略)。

(三)工期保证措施

1.技术保证措施

(1)认真进行图纸审核及图纸会审,将存在问题及时解决并编制分部、分项施工技术方案,积极开展工程超前预想、超前准备,认真做好人、材、机具准备计划,确保工程按计划进行。

(2)加强质量通病的预防,对易出现质量问题的部位,提前制订预防措施,既确保工程质量又减少不必要的返工。

(3)针对本工程特点,编制切实可行的技术措施,消除不利因素的影响。

2.加强工程进度的计划性

(1)施工期间建立进度控制的组织系统,按进度控制计划进行阶段工程进度目标分解,确定其进度目标,编制月、旬作业计划,做到日保旬、旬保月,并做好施工进度记录。

(2)加强施工中进度检查力度,将实际进度与计划进度对比,及时调整。

(3)建立现场会、协调会制度,每周召开一次现场会;每天召开生产调度协调会。加强信息反馈,及时协调各工种进度,确保工期目标实现。

3.材料、设备订货超前准备

根据施工进度的安排,考虑生产厂家设计、加工的时间,提前做好材料、设备订货及进场时间安排。

4.采用"四新"技术

(1)积极采用新技术、新工艺、新材料,并充分利用现有的先进技术和成熟的工艺保证质量,提高工效,保证进度。

(2)本工程的混凝土均采用预拌商品混凝土,由混凝土输送泵输送浇筑,加快施工进度,缩短工期,节约投资。

5.加强土建、水电专业的配合工作

(1)装修、水电设备工程采取提前插入、与主体结构交叉作业等综合措施,尽可能减少其实际占用工期天数。

(2)加强水电安装与土建配合工作,要互相协调、配合默契。安装工程要及时了解、掌握土建的施工进度,使预埋、预留以及安装项目得以及时完成,减少返工,加快施工进度。

6.合理安排机械设备的使用

施工过程中,各种机械设备充分合理利用,最大限度满足施工进度的需要。

7.加强成品保护工作

(1)做好成品保护工作,减少不必要的返工、返修浪费,加快施工进度。

(2)对全体员工加强教育,晓之以理,在施工过程中做到自觉自律。在每天的班前会上,要求班长强调职工的成品保护意识,提高员工的职业道德和职业素养。

(3)建立一套严格的管理体系和管理制度,做到成品保护有制度,成品保护工作有人负责。

第六章 季节施工措施

(一)雨期施工措施

(1)本工程部分地下结构施工时正逢雨季,工地成立雨期施工领导小组及防洪抢险队,安排专人收集天气预报资料,根据天气情况认真合理安排好防雨工作。

(2)管理目标:保质、保量、保安全顺利通过雨施。

(3)雨施准备:

①提前准备好雨布、水泵、雨靴等防雨材料及机具。

②提前做好路面,修设路边排水沟,做到有组织排水以保证水流畅通,雨后不滑不陷、现场不存水。

③水泥库要高于室外地面30 cm,在底层铺油毡一层,杜绝渗水现象。水泥码放应距墙四周30 cm,保证外墙四周排水通畅。

④所有机械棚要搭设严密,防止漏雨。机电设备采取防雨防淹措施、安装接地装置,机动电闸箱的漏电保护装置要可靠。

⑤雨季到来前要对塔吊接地装置做一次摇测检查,下雨后检查沉降倾斜,并保证其电阻不大于 4 Ω。

⑥雨施前,基坑周边地面上修挡水埝以确保水流通畅,防止地面水流入地下室。

⑦准备水泵放在集水坑内,将地下室内雨水排出。

⑧加强对基坑边坡的检查,发现问题及时处理。

⑨施工时将地下室外墙防水优先安排,为土方回填创造条件。

(4)雨期施工保证质量及安全措施

①钢筋混凝土工程施工时,注意以下几点:对受雨淋而锈蚀的钢筋应除锈;雨期施工防止焊条、焊药受潮,如不慎受潮,烘干后方可使用;刮风时($V > 5.4$ m/s),要采取挡风措施;中、大雨天气一般不浇筑混凝土,浇筑混凝土时遇有中大雨暂停施工,并将已浇混凝土覆盖好,防止雨水冲刷。

②工地成立雨施领导小组,定期或不定期对各项工作进行检查落实,发现问题及时解决。

(二)冬期施工措施

根据工程施工总进度计划安排,部分内装修正赶上冬期进行施工。在冬期施工前要按照《建筑工程冬期施工规程》(JTG/T 104—2017)要求,编制施工项目的冬期施工技术、质量保证措施,并提前做好冬期施工的物资准备等各项工作,合理地安排施工作业面,保证冬期施工进度及施工质量。

(1)冬期施工前完成外门窗安装工作,为保证室内装修施工创造条件。

(2)在 11 月 30 日前完成屋面防水工程及室内湿作业,为室内装修工程正常进行创造条件。

(3)外门窗玻璃安装完毕,施工通道挂棉帘围护保温。作业房间采取局部封闭、局部供热措施,确保装修作业环境温度达到 5 ℃。

(4)冬期施工设专人负责做好气温预报记录,遇降温及时通告各专业工种施工技术负责人,提前采取可靠的施工技术措施防寒。

(5)室外管道及消防器材提前做好保温,以防受冻。

(6)雪天及时清扫施工面的积雪,保证施工道路畅通。

第七章　工期保证措施

(一)工期目标

科学组织施工,合理安排工序穿插,确保合同工期。

(二)工期保证措施

(1) 如若中标,我单位将按照投标书承诺书的保证,以最快的速度进点,边建设临时设施,边进一步深入现场调查。依据设计图纸,编制实施性施工组织设计,积极做好开工准备,为下一步全面开展施工创造良好条件。

(2) 我方保证按投标书提报的机械设备力量和人员组成投入施工,严格按照批准的施工组织设计安排施工进度,确保工期。

（3）实现机械化、标准化作业，以加快施工进度。

（4）抓好施工黄金季节的计划安排，充分利用网络技术，根据优化的网络安排，从技术、设备、劳力上保证关键线路的需要，实施平面、立体交叉作业，同时抓好非关键线路，同步展开，整体推进工程进度。

（5）建立健全完善的技术保障体系，确保施工生产顺利进展和加速施工进度。实行总工程师质量总负责的技术责任制，配备具有丰富经验的工程技术人员，除编制好实施性施工组织设计外，对关键工序还必须编写施工方案；认真执行技术交底制度，实行分项工程施工前的现场技术交底制度。技术交底必须成为施工生产的依据，确保施工质量和安全生产，加快施工进度。

（6）提高分项工程质量一次合格率，减少不应有的返工。

（7）加强现场指挥调度，减少施工干扰。

（8）安排好职工生活，开展劳动竞赛，加快工程进度。

（9）认真遵守国家和地方行政主管部门颁布的各项法规，加强同业主、设计、监理、科研部门的联系，加强与地方政府及各有关部门、四邻百姓的联系、协调、合作，减少扰民和民扰。

（三）加强工程进度的计划性

（1）施工期间建立进度控制的组织系统，按进度控制计划进行阶段工程进度目标分解，确定其进度目标，编制月、旬作业计划，做到日保旬、旬保月，并做好施工进度记录。

（2）加强施工中进度控制，将实际进度与计划进度进行对比，及时调整。

（3）建立现场会、协调会制度，每周召开一次现场会，每天召开生产调度协调会。加强信息反馈，及时协调各工种进度，确保工期目标实现。

（四）采用"四新"技术

（1）积极采用新技术、新工艺、新材料，并充分利用我单位现有的先进技术和成熟的工艺保证质量，提高工效，保证进度。

（2）柱和顶板混凝土按清水混凝土要求施工，省去抹灰工作量，缩短工期，节约投资。

（五）加强土建、水电专业的配合工作

（1）装修、水电设备工程采取提前插入、与主体结构交叉作业等综合措施，尽可能减少其实际工期。

（2）加强水电安装与土建配合工作，要互相协调、配合默契。要及时了解、掌握土建的施工进度，使预埋、预留以及安装项目得以及时完成，减少返工，加快施工进度。

（六）加强成品保护工作

（1）做好成品保护工作，减少不必要的返工、返修浪费，加快施工进度。

（2）对全体员工加强教育，晓之以理，在施工过程中做到自觉自律。

在每天的班前会上，要求班长要强调职工的成品保护意识，提高员工的职业道德和职业素养。

（3）建立一套严格的管理体系和管理制度，做到成品保护有制度，成品保护工作有人负责。

第八章　主要机具设备配备计划

本工程主要机具设备配备计划如表 12 所示。

表 12

设备名称	规格型号	数量	备注
塔吊	QB60	2	
卷扬机提升架	MAC240-3B	3	主体阶段
混凝土搅拌机	DZJ-21	2	
混凝土泵车	GBZZ-2	3	
混凝土输送泵	GCVB-42	3	
翻斗车	481GD	6	
插入式振捣器	QJ250	2	
插入式振捣器	252GA	2	
平板式振捣器	2X-714	2	
钢筋加工机械	GBJ-403	1	
木工加工机械	MJ-104	2	
蛙式打夯机	2X-7	3	
电渣压力焊机	CHBC14	2	
电焊机	GBAA24	2	
锥螺纹套丝机	VERW	1	

第九章　现场安全及文明施工措施

(一)安全文明施工目标

本工程安全文明施工目标:创北京市文明安全工地。

(1)为提高现场管理水平,确保安全生产和文明施工,本工程确立创北京市文明安全工地管理目标。采取切实措施使施工现场管理井然有序,标准、规范。工地整洁卫生、围挡严密,各种防护措施明确到位。

(2)施工现场设置企业统一标准的围挡、大门形式,在大门内侧设置企业统一格式的平面布置图、施工标志牌、安全制度板、消防保卫制度板、环境保护制度板、文明施工制度板。施工现场道路进行硬化处理。材料应严格按照平面图确定的场地码放,设立标牌,并按照平面布置设立临建设施。施工现场材料、成品、半成品严格按平面布置图堆放,码放整齐美观,保证场区道路畅通。

(3)建立以项目经理为领导的安全生产管理体系,明确各级人员的安全生产岗位责任制,分级搞好安全宣传、安全交底、安全教育、安全检查工作,做到思想、组织、措施三落实。

(4)运用安全系统工程方法,开展安全预想活动,提高全体职工的安全意识和自我保护能力。

(5)施工人员进入施工现场必须戴好安全帽,特殊工种要做到持证上岗,进场新工人(包括民工)必须进行安全教育。

(6)施工机械不得带病运转,安全装置齐全有效。各种机械必须遵照安全操作规程进行操作,垂直运输工具必须按机械管理部门的技术方案进行施工。

(7)分项工程施工前必须结合现场做好书面的安全技术交底,并进行全员安全技术交底,层层履行签字手续。

(二)施工安全

(1)建立健全安全施工管理体系。

(2)严格按规定支设安全网:双排脚手架外立面挂竖网,底层支设水平兜网,操作层下加随层网。

(3)在高处进行作业时,必须按规定系好安全带,安全带应高挂低用。

(4)搞好"四口"防护:

①楼梯口防护:楼梯及休息平台临边用两道 $\phi 48 \times 3.5$ 脚手管分别搭设 0.6 m、1.2 m 高的牢固护身栏杆。

②预留洞口防护:

a. 对于 500 mm×500 mm 以下的洞口,加固定盖板。

b. 对于 500 mm×500 mm ~ 1 500×1 500 mm 的洞口,预埋通长钢筋网,并加固定盖板。

c. 1 500 mm×1 500 mm 以上的洞口四周必须支设两道防护栏杆,中间支挂水平安全网。采光井上面应用木板铺满,与建筑物固定。

③出入口:设固定出入口,其余均全封闭。出入口处搭设长 4 m,宽于出入通道两侧各 1 m 的防护棚,两侧用密目安全网封闭。

④电梯井防护:电梯井口设高度不低于 1.5 m 的金属防护门,每 4 层电梯井筒内设一道水平安全网。

(5)临边防护:

①基坑周边 1 m 内严禁堆土堆料、停置机具,四周设高度不低于 1.2 m 的两道护栏,并用密目安全网封挡。夜间设置红色标志灯。

②楼层周边支设两道防护栏杆作为临边防护。

③结构施工时,外防护采用搭设双排脚手架,脚手架内侧挂密目网封闭。搭设方案必须向操作人员进行交底,方可施工。架子工必须持证上岗,严禁无证操作。

(6)个人防护:进入施工现场所有人员必须戴好安全帽,凡从事 2 m 以上作业且无法采取可靠防护设施时,高处作业的人员必须系好安全带;从事电气焊、剔凿等作业的人员要使用面罩或护目镜,特种人员持证上岗,并佩戴相应的劳动保护用品。

(7)临时用电安全:

①临时用电按部颁规范的要求做施工组织设计(方案)建立必要内业档案资料,对现场的线路及设施定期检查,并将检查记录存档备查。

②临时配电线路按规范架设整齐。架空线采用绝缘导线,不采用塑胶软线,不能成束架空敷设或沿地面明显敷设。施工机具、车辆及人员应与线路保持安全距离,如达不到规范规定的最小距离时,采用可靠防护措施。变压器、配电箱均搭设防护棚及设置围挡。

③施工现场内设配电系统实行分级配电,各类配电箱、开关箱的安装和内部设置均应符合有关规定。箱内电器完好可靠,其选型、定位符合规定,开关电器标明用途。配电箱、开关箱外观完整、牢固、防雨、防尘,箱体外涂安全色标,统一编号。箱内无杂物,停止使用的配电箱切断电源,箱门上锁。

④独立的配电系统按部颁标准采用三相五线制的接地接零保护系统。非独立系统根据现场实际情况,采取相应的接零或接地保护方式。各种设备和电力施工机械的金属外壳,金属支架和底座按规定采取可靠的接零接地保护。在采用接地和接零保护方式的同时,设两级漏电保护装置,实行分级保护,形成完整的保护系统。漏电保护装置的选择应符合规定,吊车等高大设施按规定装设避雷装置。

⑤手持电动工具的使用符合国家标准的有关规定。工具的电源线、插头和插座完好,电源线不得任意接长和调换,工具外接线完好无损,维修和保管设专人负责。

⑥施工现场所用 220 V 电源照明,按规定布线和装设灯具,并在电源一侧加装漏电保护器。灯体与手柄坚固绝缘良好,电源线使用橡套电缆线,不准使用塑胶线,装修阶段使用安全电压。

⑦电焊机单独设开关,电焊机外壳做接零接地保护,一次线长度小于 5 m,二次线长小于 30 m。两侧接线应压接牢固,焊接线无破损,绝缘良好,电焊机设置地点防潮、防雨、防砸。

(8)机械安全:

①施工现场塔式起重机等大型机械设备,设专人负责管理,建立设备档案、履历书和定期安全检查资料。对现场所有的机械进行安装、使用检测、自检记录,每月进行不少于两次的定期检查。新进场的机械设备在投入使用前,必须按照机械设备技术试验规程和有关规定进行检查、鉴定和试运转,合格后方可投入使用。

②两台塔吊安装时要确定不同的安装高度,防止塔吊大臂在施工时发生碰撞事故。

③搅拌机搭防砸、防雨、防尘操作棚,使用前固定牢固,不用轮胎代替支撑,移动时先切断电源。启动装置、离合器、制动器、保险链、防护罩齐全完好,使用安全可靠,维修、保养清理时切断电源,并设专人监护。

④蛙式打夯机必须两人进行操作,操作人员戴绝缘手套和绝缘胶鞋。操作手柄采取绝缘措施,夯机停用要切断电源,严禁在夯机运转时清除积土。

⑤圆锯的锯盘及转动部分安装防护罩,并设置保险挡、分料器。平面刨(手压刨)安全防护装置灵活,齐全有效。

⑥吊索具使用合格产品,钢丝绳根据用途保证足够的安全系数。凡表面磨损、腐蚀、断丝超过标准的,断股、油芯外露的不得使用。有防止脱钩的保险装置,卡环在使用时,应使销轴和环底受力。

⑦塔吊起重机的司机经专业训练,考试合格后,持证上岗,在每班操作前后做好安全检查;操作中严禁超载和带病运行,设备运行中严禁维护保养;听到指挥信号后司机方可进行操作,操作前司机先按电铃,给出信号后操作。

⑧施工现场必须固定信号指挥人员,指挥人员在进行指挥时要注意另一台塔吊的大臂位置,防止发生交叉碰撞,吊装挂钩人员也应相对固定。吊索具的配备应齐全、规范、有效。

(三)消防安全

消防安全要贯彻"以防为主,防消结合"的消防方针。项目经理为该工地的消防负责人,工地公安派出所负责日常消防安全监督检查,并逐级建立防火责任制,落实责任,确保施工安全。

(1)施工现场设消防、警示等各种标牌,现场配备一定数量的消防器材及足够的消防水源。消防器材周围3 m内严禁堆放其他材料,确保畅通。

(2)施工用料的存放、保管应符合防火安全要求,易燃材料设专库储存。

(3)电气焊作业、电器设备的安装必须由持证的电焊工、电工等专业技术工人操作。

(4)施工作业用火必须经现场保卫人员审查批准,领取用火证后方可作业,并设看火人。用火证在指定地点、指定时间内使用,不得转给他人。

(5)用火作业前,要清除周围的可燃物或采取浇湿、遮隔等安全可靠措施加以保护。用火作业后,必须检查确认无火种后,方可离开施工现场。

(6)焊割作业不得与油漆、喷漆、木工、防水等工种在同部位、同时间、上下交叉作业。

(7)冬施用保温材料不得使用可燃材料。

(8)施工现场严禁吸烟。

(9)施工现场搭设的临时建筑应符合防火要求,并不得用易燃材料搭设。

(四)文明施工管理

1.施工现场管理

(1)施工现场的场容:施工现场围墙封闭严密、完整、牢固、美观、上口要平、外立面要直、高度不低于2.0 m。在大门的明显处设置统一式样的施工标牌,大门内设置"五板一图",内容详细,字迹工整规范、清晰。现场内做好排水措施,现场道路要平整坚实、畅通。

(2)建筑物内外的零放碎料和垃圾清运及时,施工区域和生活区域划分明确,并划分责任区,设标志牌分片包干到人,施工现场的各种标语牌,统一加工制作,字体要书写正确规范、工整美观并经常保持整洁完好。

2.施工现场的料具管理

(1)施工现场各种料具按施工平面布置图指定位置存放,并分规格码放整齐、稳固,做到一头齐、一条线,砌块码放高度不超过1.5 m。砂、石和其他散料应成堆,界限清楚,不得混杂,标识明确。

(2)施工现场材料保管,应依据材料性能采取必要的防雨、防潮、防晒、防冻、防火、防爆、防损坏等措施。贵重物品、易燃、易爆和有毒物品要及时存库,专库专管,加设明显标识,并建立严格的领退料手续。

(3)各项施工操作要做到"活完料净场地清",现场内按平面图的位置设立垃圾站,并及时集中分拣、回收、利用、清运。施工现场节约用水用电,消灭长流水、长明灯现象。

(4)施工现场严格实行限额领料,领退料手续齐全,进出场材料要有严格的检验制度和必要的登记手续,并建立健全材料节约台账。

第十章　施工平面布置

（一）施工平面布置总则

施工总平面布置合理与否,将直接关系到施工进度的快慢和安全文明施工管理水平的高低。为保证现场施工顺利进行,具体的施工平面布置原则为:

（1）在满足施工的条件下,尽量节约施工用地。

（2）满足施工需要和文明施工的前提下,尽可能减少临时建设投资。

（3）在保证场内交通运输畅通和满足施工对材料要求的前提下,最大限度地减少场内运输,特别是减少场内二次搬运。

（4）在平面交通上,要尽量避免土建、水、电安装单位相互干扰。

（5）符合北京市施工现场管理、环保、卫生、安全技术要求和防火规范要求。

（二）施工平面布置

本工程施工场内用地十分狭窄,可利用场地为西部及北部部分空地。根据本工程现场上述特点,在施工总平面的布置上,力求科学合理地利用一切可利用空间,以满足各阶段的施工要求,并使场容按我单位“标准化工地”标准实施。为此,施工总平面布置将从基础设施、机械布置、现场用电、用水、道路、材料堆放及施工平面管理几个方面来规划。

1.基础设施

基础设施主要有办公区、宿舍区、围墙和加工设施等。

（1）办公区、宿舍区:利用原有旧楼进行改造或将我单位现有的活动房屋运至现场作为办公区、宿舍区用房,以保证现场施工不受影响。

（2）围墙:执行北京市文明施工有关规定及我单位施工现场标准化要求,施工现场设置企业统一标准的围墙、大门形式。在大门内侧设置企业统一格式的平面布置图、施工标志牌、安全制度板、消防保卫制度板、环境保护制度板、文明施工制度板。

（3）加工设施:施工现场搭设各种加工棚,以满足各项材料、机具、构件加工的需要。在结构施工阶段,钢筋、模板均在场外加工,晚间运至工地使用,少量砂浆从搅拌站运至工地。在装修阶段,现场设木工加工间及搅拌机棚。模板加工车间放置于现场北部靠近主楼的位置,混凝土搅拌站设在南部靠近西楼北墙处。

（4）材料堆场:材料堆场主要考虑钢筋、周转材料等。

地下结构施工时,钢筋堆场布设在建筑物西侧;地上结构施工时,钢筋半成品临时堆场布设在地下室屋面上。模板、脚手管布设在北侧、塔吊运行半径内。

所有材料堆场均应做到排水畅通、便于堆置,并严格按照平面图确定的场地码放整齐,保证场区道路畅通,并设立标牌进行标识。

2.机械布置

本工程设置两台塔吊,型号为 MC60 型,塔臂长度均为 40 m,布设于基坑北侧,两塔相距

70 m，可满足施工需要。在结构施工后期，在地下室屋面上两端各布置提升架一台，以满足砌筑、装修施工垂直运输需要。结构施工后期在现场布置两台搅拌机，以满足零星混凝土、砌筑装修用砂浆的搅拌需要。

3. 施工道路

将建筑北侧现有道路作为现场施工道路，施工现场道路进行硬化处理。

4. 施工用水及排水

(1) 施工、消防用水：

①按建设单位指定接口处安装施工消防管。

②沿施工现场形成 DN100 环线。

③现场设 3 座室外消火栓，并设昼夜标志。

④现场配水点分别由环线引出，管径 DN32。

(2) 施工现场排水：

①施工现场地面做硬化处理并找坡，现场雨、废水有组织排放。

②在搅拌机棚旁设沉淀池，用于处理搅拌机废水和商品混凝土输送车刷洗废水，废水经沉淀后排入市政管网。

5. 施工用电管理

根据建设单位提供电源位置，布置施工现场的电缆及配电箱。

(1) 电缆敷设（电源引入）：根据施工现场机械、设备布置位置及施工段安排等实际情况架设电源、电缆布置配电箱的位置。

电源引入从甲方提供的电源引出位置，使用 VV-3 × 120 mm^2 + 1 × 70 mm^2 直埋电缆敷设至施工现场红线位置，并设总配电箱。配电箱内的电器开关和漏电开关容量由现场确定。

电源引入至施工现场内总配电箱，在总配电箱处做重复保护接地，接地电阻应小于 1 Ω。从总配电箱引出至各分配电箱之间电缆均采用三相五线制，电缆的截面由现场按实际布置。在总配电箱处的工作零线和保护接地应汇接在一起 PEN，施工现场采用 TN-S 方式供电系统。

(2) 配电箱及电器开关要求：配电箱应根据北京市文明工地标准规范要求布置和购置。配电箱应防雨防尘，配电箱的高度应在 1.3 ~1.5 m。配电箱正面应有危险标志。配电箱内应有本箱的系统图，电器开关和漏电保护应贴有供给机械设备标志。配电箱应按三级配电二级保护布置，漏电保护脱扣动作电流应小于 30 mA，额定漏电动作时间应小于 0.1 s。在潮湿和有腐蚀介场所，额定漏电动作电流应不大于 15 mA，动作时间小于 0.1 s。

每台设备应有各自专用的开关箱。必须实行"一机一闸"制，严禁用同一个开关直接控制两台以上的设备。

(3) 接地与防雷：本工程施工现场电源设备保护接地应在电源引入总配电箱处做重复接地，防雷应在施工现场内最高设备点做防雷接地。现场有塔吊 2 台，在塔吊顶端做避雷针，其保护范围按 600 m 计算，并能保护其他设施，接地电阻应小于 4 Ω。

(4) 施工现场照明：根据施工现场布置探照灯的位置，局部的照明应使用碘钨灯。潮湿场所、楼梯等场所的使用照明电源，电压不得大于 24 V。照明灯具支架应使用钢管或φ16 钢筋,其高度不低于 2 m。

（5）根据北京市建设工程质量监督总站 037 号文件规定,施工现场电气施工人员应有电工合格证,不能少于总人数的 50%。

（三）施工现场总平面管理

1.平面管理总原则

施工现场总平面的规划与使用,应严格执行统一管理的原则。根据进度计划安排的施工内容实施动态管理,并设置专人进行规划、协调,成立文明施工小组进行督促、检查。各分包单位进场后的场地使用,均应遵守现场文明施工的各项规定。

施工总平面布置以充分保障阶段性施工重点,保证施工进度计划的顺利实施为目的。在工程施工前,制订详细的机具使用、进退场计划,主要材料及周转材料的生产、加工、堆放、运输计划,各工种施工队伍进退场调整计划,并制订具体实施方案、具体措施,以指令性、指导性相结合的方法,严格实施施工平面的科学、文明管理。

2.施工平面管理体系

项目副经理负责总平面的使用管理,根据工程进度计划及施工需要对总平面的使用进行协调与调整。总平面使用的日常管理工作由工程部负责。

3.平面管理计划的制订

施工平面科学管理的关键是科学的规划和周密详细的具体计划,在工程进度网络计划的基础上形成材料、机械、劳动力的进退场,以确保工程进度;充分均衡地利用平面为目标,制订出符合实际情况的平面管理实施计划,同时将该计划输入电脑,进行动态调控管理。

4.平面管理计划的实施

根据工程进度计划的实施调整情况,分阶段发布平面管理实施计划,包含时间计划表以及责任人、执行标准、奖罚标准,以充分保障阶段性施工,保证进度计划的顺利实施。计划执行中,不定期召开调度会,经充分协调,研究后发布计划调整书。工程部负责组织阶段性和不定期的检查监督,确保平面管理计划的实施。

地下施工阶段重点保证项目:场内道路有序安排使用,排水系统通畅,场区内外环卫,安全用电。

地上施工阶段重点保证项目:垂直运输安全管理,料具置场点有序调整、管理,材料、机械进退场,料具的科学调度使用,施工作业面工人区域化管理。

施工现场的总平面布置应不折不扣地按总平面布置进行规划和使用,按北京市标化工地管理式的具体要求,对现场、临设、材料堆放、安全设施防护、场容管理等诸项内容;由专职管理员对施工全场实施动态管理,加快场地周转利用率,使工地形成场容清洁、道路畅通、井然有序的作业环境。

任务5 建筑、安装工程投标报价编制

任务简介

投标报价是投标人响应招标文件要求所报出的,在已标价工程量清单中标明的总价。它是依据招标工程量清单所提供的工程数量,计算综合单价与合价后所形成的。为使投标报价更加合理并具有竞争性,通常投标报价的编制应遵循一定的程序。

任务要求

能力目标	知识要点	相关知识	权重
掌握基本识图能力	正确识读工程图纸,理解建筑、结构做法和详图	制图规范、建筑图例、结构构件、节点做法	10%
掌握分部分项工程清单项目的内容	根据清单项目确定工程内容	清单项目工程具体内容	15%
掌握计价工程量的计算方法和确定企业消耗量	根据建筑、安装工程消耗量定额的计算规则,正确计算各子目的计价工程量,正确使用企业消耗量定额	计价工程量计算规则的运用及企业消耗量定额的选用	20%
掌握分部分项工程量清单计价表的编制	综合单价的确定、组价及分部分项工程费的确定	组价程序	30%
掌握措施项目、其他项目清单以及规费、税金项目清单计价表的编制	单价措施项目费和总价措施项目费的确定,暂列金额、暂估价的确定,计日工、总承包服务费的确定,规费和税金的确定	通用措施项目、专业措施项目、暂列金额、暂估价、计日工、总承包服务费	25%

5.1 建筑、安装工程工程量清单编制实训指导书

5.1.1 编制依据及原则

1)编制依据

投标报价应根据下列依据编制和复核:

①《建设工程工程量清单计价规范》(GB 50500—2013)。

②国家或省级、行业建设主管部门颁发的计价办法。

③企业定额及国家或省级、行业建设主管部门颁发的计价定额和计价办法。

④招标文件、招标工程量清单及其补充通知、答疑纪要。

⑤建设工程设计文件及相关资料。

⑥施工现场情况、工程特点及投标时拟订的施工组织设计或施工方案。

⑦与建设项目相关的标准、规范等技术资料。

⑧市场价格信息或工程造价管理机构发布的工程造价信息。

⑨其他相关资料。

2)编制原则

报价是投标的关键性工作,报价是否合理不仅直接关系到投标的成败,还关系到中标后企业的盈亏。投标报价编制原则如下:

①投标报价由投标人自主确定,但必须执行《建设工程工程量清单计价规范》(GB 50500—2013)的强制性规定。投标价应由投标人或受其委托,由相应资质的工程造价咨询人员编制。

②投标人的投标报价不得低于成本。

③投标报价要以招标文件中设定的发承包双方责任划分。作为考虑投标报价费用项目和费用计算的基础,发承包双方的责任划分不同会导致合同风险不同的分摊,从而导致投标人选择不同的报价。根据工程发承包模式考虑投标报价的费用内容和计算深度。

④以施工方案、技术措施等作为投标报价计算的基本条件;以反映企业技术和管理水平的企业定额作为计算人工、材料和机械台班消耗量的基本依据;充分利用现场考察、调研成果、市场价格信息和行情资料,编制基础标价。

⑤报价计算方法要科学严谨,简明适用。

5.1.2　编制步骤和方法

根据招标人提供的工程量清单编制分部分项工程和措施项目计价表、其他项目计价表及规费、税金项目计价表,计算完毕汇总得到单位工程投标报价汇总表,再层层汇总,分别得出单项工程投标报价汇总表和工程项目投标总价汇总表。在编制过程中,投标人应按招标人提供的工程量清单填报价格。填写的项目编码、项目名称、项目特征、计量单位、工程量必须与招标人提供的一致。

5.2　广联达办公大厦建筑工程投标报价编制(实例)

5.2.1　编制广联达办公大厦分部分项工程量清单的综合单价分析表

为表明综合单价的合理性,投标人应对其进行单价分析,以作为评标时的判断依据。综合单价分析表的编制应反映上述综合单价的编制过程,并按照规定的格式进行,完成广联达办公大厦综合单价分析表。

1)综合单价确定的步骤和方法

(1)确定计算基础

计算基础主要包括消耗量指标和生产要素单价,应根据企业实际消耗量水平,并结合拟订的施工方案确定完成清单项目需要消耗的各种人工、材料、机械台班的数量。计算时应采用企业定额,在没有企业定额或企业定额缺项时,可参照与本企业实际水平相近的国家、地区、行业定额,并通过调整来确定清单项目的人、材、机单位用量。各种人工、材料、机械台班的单价,则应根据询价的结果和市场行情综合确定。

(2)分析每一清单项目的工程内容

在招标文件提供的工程量清单中,招标人已对项目特征进行了准确、详细的描述。投标人根据该描述,再结合施工现场情况和拟订的施工方案确定完成各清单项目实际应发生的工程内容。必要时可参照《建设工程工程量清单计价规范》(GB 50500—2013)中提供的工程内容,有些特殊的工程也可能出现规范列表之外的工程内容。

(3)计算工程内容的工程数量与清单单位的含量

每一项工程内容都应根据所选定额的工程量计算规则计算其工程数量。当定额的工程量计算规则与清单的工程量计算规则一致时,可直接以工程量清单中的工程量作为工程内容的工程数量。当采用清单单位含量计算人工费、材料费、施工机具使用费时,还需要计算每一计量单位的清单项目所分摊的工程内容的工程数量,即清单单位含量。

$$清单单位含量 = \frac{工程内容定额工程量}{清单工程量}$$

(4)分部分项工程人工、材料、机械费用的计算

以完成每一计量单位的清单项目所需的人工、材料、机械用量为基础计算。

$$该种资源的定额单位用量 = 每一计量单位清单项目某种资源的使用量 \times 相应定额条目的清单单位含量$$

当招标人提供的其他项目清单中列示了材料暂估价时,应根据招标人提供的价格计算材料费,并在分部分项工程量清单与计价表中表现出来。

(5)计算综合单价

企业管理费和利润的计算按人工费、材料费、施工机具使用费之和按照一定的费率取费计算。

$$企业管理费 = (人工费 + 材料费 + 施工机具使用费) \times 企业管理费费率$$
$$利润 = (人工费 + 材料费 + 施工机具使用费 + 企业管理费) \times 利润率$$

将上述5项费用汇总,并考虑合理的风险费用后,即可得到清单综合单价。

广联达办公大厦土建工程工程量清单综合单价分析详见表5.1。

广联达办公大厦给排水工程工程量清单综合单价分析详见表5.2。

广联达办公大厦采暖工程工程量清单综合单价分析详见表5.3。

广联达办公大厦电气工程工程量清单综合单价分析详见表5.4。

广联达办公大厦消防工程工程量清单综合单价分析详见表5.5。

广联达办公大厦通风工程工程量清单综合单价分析详见表5.6。

广联达办公大厦土建工程措施项目综合单价分析详见表5.7。

表 5.1 工程量清单综合单价分析表

工程名称:广联达办公大厦土建工程   专业:土建工程

序号	项目编码	项目名称	单位	组价依据	综合单价/元						合计
					其中						
					人工费	材料费	机械费	风险	管理费	利润	
1	010101001001	平整场地 1. 土壤类别	m²	1-19	3.83				0.14	0.11	4.08
2	010101002001	挖一般土方 1. 土壤类别:一般土 2. 挖土深度:5 m 以内 3. 弃土运距:1 km 以内	m³	1-90	1.51	0.06	14.15		0.27	0.24	16.23
3	010101002002	挖一般土方 1. 土壤类别:一般土 2. 挖土深度:3 m 以内 3. 弃土运距:1 km 以内	m³	1-3	21.3				0.76	0.61	22.67
4	010101002003	基底钎探	m³	1-20 换	4.91	2.7			0.18	0.14	7.93
5	010101004001	挖基坑土方 1. 土壤类别:一般土 2. 挖土深度:1.5 m 以内 3. 弃土运距:1 km 以内	m³	1-9	19.49				0.7	0.56	20.75
6	010103001001	回填方 1. 密实度要求:夯填 2. 填方材料品种:素土 3. 填方来源,运距	m³	1-26 换	16.9	21.88	1.58		0.61	0.49	41.46

工程名称：广联达办公大厦土建工程　　　　　　　专业：土建工程

序号	项目编码	项目名称	单位	组价依据	综合单价/元							合计
					人工费	材料费	机械费	其中 风险	管理费	利润	
7	01010300 1002	回填方 1. 密实度要求：夯填 2. 填方材料品种：素土 3. 部位：房心回填 4. 填方来源、运距：1 km 以内	m³	1-26 换	16.9	21.88	1.58		0.61	0.49	41.46
8	01010300 1003	回填方 1. 密实度要求：夯填 2. 填方材料品种：素土	m³	1-27 换	29.5	64.45	1.58		1.06	0.85	97.44
9	01040100 3001	实心砖墙 1. 砖品种、规格、强度等级：标准黏土砖 2. 墙体类型：女儿墙 3. 墙体厚度：240 mm 4. 砂浆强度等级、配合比：M5混合砂浆	m³	3-4	67.54	289.92	2.86		18.41	11.78	390.51
10	01040100 3002	实心砖墙 1. 砖品种、规格、强度等级：标准黏土砖 2. 墙体类型：女儿墙、弧形墙 3. 墙体厚度：240 mm 4. 砂浆强度等级、配合比：M5混合砂浆	m³	3-7	73.84	294.39	3.09		18.98	12.14	402.44

工程名称：广联达办公大厦土建工程　　　　　　　　　　　　　专业：土建工程

序号	项目编码	项目名称	单位	组价依据	综合单价/元							合计
					人工费	材料费	机械费	其中 风险	管理费	利润		
11	010402001001	砌块墙 1. 砌块品种、规格、强度等级：加 气混凝土砌块 2. 墙体类型：200 mm 3. 砂浆强度等级：M10 混合砂浆	m³	3-46	42.42	305.38	1.01		17.83	11.4		378.04
12	010402001002	砌块墙 1. 砌块品种、规格、强度等级：加 气混凝土砌块 2. 墙体类型：250 mm 3. 砂浆强度等级：M10 混合砂浆	m³	3-46	42.42	305.39	1.01		17.83	11.4		378.05
13	010402001003	砌块墙 1. 砌块品种、规格、强度等级：加 气混凝土砌块 2. 墙体类型：250 mm 弧形墙 3. 砂浆强度等级：M10 混合砂浆	m³	3-46	42.42	305.38	1.01		17.83	11.4		378.04
14	010402001004	砌块墙 1. 砌块品种、规格、强度等级：加 气混凝土砌块 2. 墙体类型：120 mm 弧形墙 3. 砂浆强度等级：M10 混合砂浆	m³	3-46	42.42	305.39	1.01		17.82	11.4		378.04

工程名称:广联达办公大厦土建工程　　　　　　　　　　　专业:土建工程　　　　　　　　　　　第 4 页　共 18 页

序号	项目编码	项目名称	单位	组价依据	综合单价/元							合计
					人工费	材料费	机械费	其中				
								风险	管理费	利润		
15	010402001005	砌块墙 1.砌块品种、规格、强度等级:加气混凝土砌块 2.墙体类型:100 mm 弧形墙 3.砂浆强度等级:M10 混合砂浆	m³	3-46	42.42	305.39	1.01			17.83	11.4	378.05
16	010501004001	满堂基础 1.混凝土强度等级:C20 2.混凝土拌和料要求:商品混凝土 3.基础类型:无梁式满堂基础 4.部位:坡道 5.抗渗等级:P8	m³	B4-1	22.26	191.96	1.36			11.02	7.05	233.65
17	010501004002	满堂基础 1.混凝土强度等级:C30 2.混凝土拌和料要求:商品混凝土 3.基础类型:有梁式满堂基础 4.抗渗等级:P8	m³	B4-1 换	22.26	366.3	1.36			19.92	12.75	422.59
18	010501001001	垫层 1.混凝土种类:商品混凝土 2.混凝土强度等级:C15	m³	B4-1 换	22.26	322.08	1.36			17.67	11.3	374.67

工程名称:广联达办公大厦土建工程 专业:土建工程

序号	项目编码	项目名称	单位	组价依据	综合单价/元							合计
					人工费	材料费	机械费	其中			
								风险	管理费	利润	
19	010502002001	构造柱 1. 混凝土种类:商品混凝土 2. 混凝土强度等级:C25	m³	B4-1 换	22.26	348.21	1.36		19	12.15	402.98
20	010502001001	矩形柱 1. 混凝土种类:商品混凝土 2. 混凝土强度等级:C30 3. 柱截面尺寸:截面周长在 1.8 m以上	m³	B4-1 换	22.26	366.3	1.36		19.92	12.75	422.59
21	010502001002	矩形柱 1. 混凝土种类:商品混凝土 2. 混凝土强度等级:C25 3. 柱截面尺寸:截面周长在 1.8 m以上	m³	B4-1 换	22.26	348.21	1.36		19	12.15	402.98
22	010502001003	矩形柱 1. 混凝土种类:商品混凝土 2. 混凝土强度等级:C30 3. 柱截面尺寸:截面周长在 1.8 m以上 4. 抗渗等级:P8	m³	B4-1 换	22.26	366.3	1.36		19.92	12.75	422.59

工程名称:广联达办公大厦土建工程　　　　　　　　专业:土建工程　　　　　　　第 6 页　共 18 页

序号	项目编码	项目名称	单位	组价依据	综合单价/元							
					人工费	材料费	机械费	其中 风险	管理费	利润	合计	
23	010502001004	矩形柱 1. 混凝土种类:商品混凝土 2. 混凝土强度等级:C30 3. 柱截面尺寸:截面周长在 1.2 m以内 4. 部位:楼梯间	m³	B4-1 换	22.26	366.3	1.36		19.92	12.75	422.59	
24	010502003001	圆形柱 1. 柱直径:0.5 m 以内 2. 混凝土强度等级:C30 3. 拌和料要求:商品混凝土 4. 抗渗等级:P8 5. 部位:地下一层	m³	B4-1 换	22.26	366.3	1.36		19.92	12.75	422.59	
25	010502003002	圆形柱 1. 柱直径:0.5 m 以内 2. 混凝土强度等级:C30 3. 拌和料要求:商品混凝土	m³	B4-1 换	22.26	366.3	1.36		19.92	12.75	422.59	
26	010502003003	圆形柱 1. 柱直径:0.5 m 以上 2. 混凝土强度等级:C30 3. 拌和料要求:商品混凝土	m³	B4-1 换	22.26	366.3	1.36		19.92	12.75	422.59	

专业:土建工程

工程名称:广联达办公大厦土建工程

序号	项目编码	项目名称	单位	组价依据	综合单价/元							
						其中						合计
					人工费	材料费	机械费	风险	管理费	利润		
27	010503004001	圈梁 1.混凝土强度等级:C25 2.拌和料要求:商品混凝土	m³	B4-1 换	22.26	348.21	1.36		19	12.15		402.98
28	010503004002	圈梁 1.混凝土强度等级:C25 2.拌和料要求:商品混凝土 3.类型:弧形梁	m³	B4－1 换	22.26	348.21	1.36		19	12.15		402.98
29	010503005001	过梁 1.混凝土强度等级:C25 2.拌和料要求:商品混凝土	m³	B4-1 换	22.26	348.22	1.37		19	12.15		403
30	010504001001	直形墙 1.混凝土强度等级:C30 2.混凝土拌和料要求:商品混凝土 3.部位:地下室 4.抗渗等级:P8 5.墙厚:300 mm 以内	m³	B4-1 换	22.26	366.3	1.36		19.92	12.75		422.59
31	010504001002	直形墙 1.混凝土强度等级:C25 2.混凝土拌和料要求:商品混凝土 3.墙厚:300 mm 以内	m³	B4-1 换	22.26	348.21	1.36		19	12.15		402.98

工程名称:广联达办公大厦土建工程

专业:土建工程

序号	项目编码	项目名称	单位	组价依据	综合单价/元							合计
					人工费	材料费	机械费	其中 风险	管理费	利润		
32	010504001003	直形墙 1. 混凝土强度等级:C30 2. 混凝土拌和料要求:商品混凝土 3. 部位:坡道处 4. 抗渗等级:P8 5. 墙厚:200 mm 以内	m³	B4-1 换	22.26	366.3	1.36		19.92	12.75		422.59
33	010504001004	直形墙 1. 混凝土墙度等级:C30 2. 混凝土拌和料要求:商品混凝土 3. 部位:坡道处 4. 抗渗等级:P8 5. 墙厚:300 mm 以内	m³	B4-1 换	22.26	366.3	1.36		19.92	12.75		422.59
34	010504001005	直形墙 1. 混凝土强度等级:C30 2. 混凝土拌和料要求:商品混凝土 3. 部位:电梯井壁 4. 墙厚:200 mm 以内	m³	B4-1 换	22.26	366.3	1.36		19.92	12.75		422.59

工程名称:广联达办公大厦土建工程　　　　　专业:土建工程

序号	项目编码	项目名称	单位	组价依据	综合单价/元							合计
					人工费	材料费	机械费	其中				
								风险	管理费	利润		
35	010504001006	直形墙 1. 混凝土强度等级:C30 2. 混凝土拌和料要求:商品混凝土 3. 部位:电梯井壁 4. 墙厚:300 mm 以内	m³	B4-1 换	22.26	366.3	1.36		19.92	12.75		422.59
36	010504001007	直形墙 1. 混凝土强度等级:C25 2. 混凝土拌和料要求:商品混凝土 3. 部位:电梯井壁 4. 墙厚:300 mm 以内	m³	B4-1 换	22.26	348.21	1.36		19	12.15		402.98
37	010504001008	直形墙 1. 混凝土强度等级:C30 2. 混凝土拌和料要求:商品混凝土 3. 部位:电梯井壁 4. 墙厚:300 mm 以内	m³	B4-1 换	22.26	366.3	1.36		19.92	12.75		422.59
38	010504001009	直形墙 1. 混凝土强度等级:C25 2. 混凝土拌和料要求:商品混凝土 3. 部位:电梯井壁 4. 墙厚:200 mm 以内	m³	B4-1 换	22.26	348.21	1.36		19	12.15		402.98

工程名称:广联达办公大厦土建工程　　　　　　　　　　专业:土建工程

序号	项目编码	项目名称	单位	组价依据	综合单价/元							合计
					人工费	材料费	机械费	其中				
								风险	管理费	利润		
39	010505001001	有梁板 1. 混凝土种类:商品混凝土 2. 混凝土强度等级:C30 3. 板厚:100 mm 以内	m³	B4-1 换	22.26	366.3	1.36		19.92	12.75		422.59
40	010505001002	有梁板 1. 混凝土种类:商品混凝土 2. 混凝土强度等级:C30 3. 板厚:100 mm 以上	m³	B4-1 换	22.26	366.3	1.36		19.92	12.75		422.59
41	010505001003	有梁板 1. 混凝土种类:商品混凝土 2. 混凝土强度等级:C30 3. 板厚:100 mm 以上 4. 类型:弧形有梁板	m³	B4-1 换	22.26	366.3	1.36		19.92	12.75		422.59
42	010505001004	有梁板 1. 混凝土种类:商品混凝土 2. 混凝土强度等级:C25 3. 板厚:100 mm 以上	m³	B4-1 换	22.26	348.21	1.36		19	12.15		402.98
43	010505001005	有梁板 1. 混凝土种类:商品混凝土 2. 混凝土强度等级:C25 3. 板厚:100 mm 以上 4. 类型:弧形有梁板	m³	B4-1 换	22.26	348.21	1.36		19	12.15		402.98

工程名称：广联达办公大厦土建工程　　　　专业：土建工程

| 序号 | 项目编码 | 项目名称 | 单位 | 组价依据 | 综合单价/元 | | | | | | 合计 |
					人工费	材料费	机械费	其中 风险	管理费	利润	
44	010505001006	有梁板 1.混凝土种类:商品混凝土 2.混凝土强度等级:C25 3.板厚:100 mm以上 4.部位:坡屋面	m³	B4-1换	22.26	348.21	1.36		19	12.15	402.98
45	010505003001	平板 1.混凝土种类:商品混凝土 2.混凝土强度等级:C25 3.部位:电梯井 4.板厚:100 mm以上	m³	B4-1换	22.26	348.21	1.36		19	12.15	402.98
46	010505007001	天沟（檐沟）、挑檐板 1.混凝土种类:商品混凝土 2.混凝土强度等级:C25 3.板厚:100 mm以上	m³	B4-1换	22.26	348.21	1.36		19	12.15	402.98
47	010505008001	雨篷、悬挑板、阳台板 1.混凝土种类:商品混凝土 2.混凝土强度等级:C25	m³	B4-1换	22.26	348.21	1.36		19	12.15	402.98
48	010506001001	直形楼梯 1.混凝土种类:商品混凝土 2.混凝土强度等级:C25	m²	B4-1换	5.98	93.6	0.37		5.11	3.27	108.33

工程名称:广联达办公大厦土建工程　　　　专业:土建工程

序号	项目编码	项目名称	单位	组价依据	综合单价/元						
					人工费	材料费	其中		管理费	利润	合计
							机械费	风险			
49	010507005001	扶手、压顶 1.混凝土种类:商品混凝土 2.混凝土强度等级:C25 3.部位:女儿墙压顶	m³	B4-1 换	22.26	348.21	1.36		19	12.15	402.98
50	010507005002	扶手、压顶 1.混凝土种类:商品混凝土 2.混凝土强度等级:C25 3.部位:弧形女儿墙压顶	m³	B4-1 换	22.26	348.21	1.36		19	12.15	402.98
51	010507001001	散水、坡道 1.60厚C15混凝土,面上加5厚1:1水泥砂浆,随打随抹光 2.150厚3:7灰土 3.素土夯实,向外放坡4% 4.延外墙皮,每隔8 m 设伸缩缝	m²	1-21; 1-28 换 8-27	16.74	31.14	1.44		1.78	1.17	52.27
52	010507001002	坡道 1.200厚C25混凝土 2.3厚两层SBS改性沥青 3.100厚C15垫层	m²	B4-1 换; B4-1 换; 9-27	8.59	130.31	0.41		7.12	4.55	150.98

工程名称：广联达办公大厦土建工程　　　　专业：土建工程

序号	项目编码	项目名称	单位	组价依据	综合单价/元						合计
						其中					
					人工费	材料费	机械费	风险	管理费	利润	
53	010508001001	后浇带 1.混凝土强度等级:C35 2.混凝土拌和料要求:商品混凝土 3.部位:有梁式满堂基础 4.抗渗等级:P8	m³	B4-1 换	22.26	382.38	1.36		20.75	13.27	440.02
54	010515001001	现浇构件钢筋(砌体加固筋) 一级直径10以内	t	3-34	948.36	3 299.15	67.01		220.47	141.04	4 676.03
55	010515001002	现浇构件钢筋 一级直径10以内	t	4-6	728.28	3 310.82	53.78		209.15	133.79	4 435.82
56	010515001003	现浇构件钢筋 二级钢筋综合	t	4-7	423.36	3 396.38	109.87		200.8	128.46	4 258.87
57	010515001004	现浇构件钢筋 三级钢筋综合	t	4-7	423.36	3 396.38	109.86		200.8	128.45	4 258.85
58	010515001005	现浇构件钢筋接头 锥螺纹接头直径25以内	t	B4-27							
59	010515001006	现浇构件钢筋接头 锥螺纹接头直径25以上	t	B4-28							
60	010516002001	预埋铁件	t	4-9	1 029.01	5 848.61	580.88		381.14	243.81	8 083.45

工程名称:广联达办公大厦土建工程　　专业:土建工程　　

序号	项目编码	项目名称	单位	组价依据	综合单价/元						
					人工费	材料费	其中		管理费	利润	合计
							机械费	风险			
61	010902001001	屋面卷材防水（块料上人屋面）特征详见屋面 1 做法	m²	8-21 换;9-27;9-56;9-52;9-62;10-70	26.28	167.26	1.17		8.29	6.66	209.66
62	010902002001	屋面涂膜防水 特征详见做法屋面 2、屋面 3	m²	8-21 换;9-52;9-106	6.81	31.34	0.32		1.97	1.26	41.7
63	010902004001	屋面排水管 UPVC D100	m	9-68;9-73	3.87	25.22			1.49	0.95	31.53
64	011001003001	保温隔热墙面 1. 保温隔热部位:外墙 2. 保温隔热方式:外保温	m²	9-118	8.17	127.71	0.19		6.95	4.45	147.47
65	011101001001	水泥砂浆楼地面 2	m²	10-1;B4-1 换	6.04	16.87	0.3		1.02	0.79	25.02
66	011101003001	细石混凝土楼地面 1	m²	10-6	8.23	14.53	0.64		0.9	0.82	25.12
67	011102003001	块料楼地面 3	m²	10-69;4-1 换	16.78	111.84	1.88		5.2	4.53	140.23

工程名称:广联达办公大厦土建工程　　　　　　专业:土建工程

序号	项目编码	项目名称	单位	组价依据	综合单价/元						
					其中						合计
					人工费	材料费	机械费	风险	管理费	利润	
68	011102001001	石材楼地面 楼3	m²	10-19	12.95	231.17	0.85		9.38	8.57	262.92
69	011102001002	石材楼地面(台阶平台) 楼3	m²	10-19	12.95	231.17	0.85		9.38	8.57	262.92
70	011107001001	石材台阶面 楼3	m²	10-29	25.63	359.79	2.94		14.87	13.59	416.82
71	011102003002	块料楼地面 楼1	m²	10-69	12.96	100.98	0.85		4.4	4.02	123.21
72	011102003003	块料楼地面 楼2	m²	10-69; 4-1换	15.25	107.93	1.47		4.9	4.34	133.89
73	011105001001	水泥砂浆踢脚线 踢1	m²	10-5	26.3	7.86	0.38		1.32	1.21	37.07
74	011105002001	石材踢脚线 踢3	m²	10-27	40.6	213.62	0.3		9.75	8.91	273.18
75	011105003001	块料踢脚线 踢2	m²	10-73	21.4	56.03	0.61		2.99	2.73	83.76
76	011106002001	块料楼梯面层 楼2	m²	10-71	29.75	84.25	1.04		4.41	4.03	123.48

工程名称：广联达办公大厦土建工程　　　　专业：土建工程

序号	项目编码	项目名称	单位	组价依据	综合单价/元							
					人工费	材料费	机械费	其中 风险	管理费	利润	合计	
77	040309001001	金属栏杆 部位：楼梯、大堂、窗户	m	10-186	24.35	299.92	4.97		12.61	11.52	353.37	
78	011201001001	墙面一般抹灰 1. 做法：内墙1 2. 基层：混凝土墙	m²	10-248；10-1402	7.71	28.65	0.25		1.4	1.28	39.29	
79	011201001002	墙面一般抹灰 1. 做法：内墙1 2. 基层：加气混凝土墙	m²	10-249	7.69	9.19	0.27		0.66	0.6	18.41	
80	011201001003	墙面一般抹灰 1. 做法：外墙 2. 基层：加气混凝土墙	m²	10-246	8.47	9.99	0.29		0.72	0.66	20.13	
81	011201001004	墙面一般抹灰 1. 做法：外墙 2. 基层：混凝土墙	m²	10-245	9.04	8.63	0.3		0.69	0.63	19.29	
82	011202001001	柱、梁面一般抹灰 1. 做法：内墙1 2. 自行车库及首层门厅内	m²	10-253	14.75	7.15	0.28		0.85	0.78	23.81	
83	011203001001	零星项目一般抹灰 1. 做法：内墙1 2. 压顶	m²	10-256	32.81	6.86	0.28		1.53	1.4	42.88	

274

工程名称:广联达办公大厦土建工程　　　　专业:土建工程

序号	项目编码	项目名称	单位	组价依据	综合单价/元							合计
					人工费	材料费	机械费	其中风险	管理费	利润		
84	011204003001	块料墙面 1. 做法:内墙 2 2. 基层:混凝土墙	m²	10-394	24.09	68.2	0.62		3.56	3.25		99.72
85	011204003002	块料墙面 1. 做法:内墙 2 2. 基层:加气混凝土	m²	10-395	24.84	72.14	0.67		3.74	3.42		104.81
86	011301001001	天棚抹灰 做法:顶棚 2	m²	10-663	6.95	4.84	0.16		0.46	0.42		12.83
87	011302001001	吊顶天棚 吊顶 1	m²	10-714; 10-759	7	83.33	0.36		3.47	3.17		97.33
88	011302001002	吊顶天棚 吊顶 2	m²	B7-1	12	74.38	0.15		3.31	3.03		92.87
89	010801001001	木质夹板门 1. 部位:M1、M2 2. 类型:实木成品装饰门,含五金	m²	B7-1	9.4	657.58			34.08	21.8		722.86
90	010801004001	木质防火门 成品木质丙级防火门,含五金	m²	10-964	9.4	657.58			34.08	21.8		722.86
91	010802001001	金属(塑钢)门 塑钢平开门,含五金,玻璃	m²		12.5	214.15	0.26		8.69	7.94		243.54

·□建筑工程造价综合实训·

工程名称：广联达办公大厦土建工程　　　　　　专业：土建工程

序号	项目编码	项目名称	单位	组价依据	综合单价/元						合计
					人工费	材料费	其中		管理费	利润	
							机械费	风险			
92	010802003001	钢质防火门甲级	m²	10-972	47	435			18.46	16.87	517.33
93	010802003002	钢质防火门乙级	m²	10-972	47	435			18.46	16.87	517.33
94	010805005001	全玻自由门 玻璃推拉门,含玻璃,含配件	m²	7-43	24.54	6.89			1.61	1.03	34.07
95	010807001001	金属(塑钢、断桥)窗	m²	10-965;10-967	14.48	246.74	0.26		10.01	9.15	280.64
96	011406001001	抹灰面油漆 1.基层类型:清理抹灰基层 2.腻子种类:满刮腻子两道 3.油漆品种、刷漆遍数:乳胶漆两遍	m²	10-1331	5.6	4.42			0.38	0.35	10.75
97	011406001002	抹灰面油漆 1.基层类型:清理抹灰基层 2.腻子种类:满刮腻子两道 3.刮腻子遍数:防水腻子	m²	B10-13	5.6	8.54			0.54	0.49	15.17

表 5.2　工程量清单综合单价分析表

工程名称:广联达办公大厦给排水工程

专业:给排水、采暖、燃气工程

序号	项目编码	项目名称	单位	组价依据	综合单价/元							合计
					人工费	材料费	机械费	其中				
								风险	管理费	利润		
		给水部分										
1	03080100800 1	热镀锌衬塑复合管 1. 安装部位:室内 2. 输送介质:冷水 3. 规格:DN70 4. 连接形式:丝口连接 5. 管道冲洗设计要求:管道消毒冲洗 6. 套管形式、材质、规格:钢制刚性防水套管制作安装 DN125	m	8-163; 8-311; 6-2988; 6-3003; BM91	21.44	126.64	5.82		4.41	4.74	163.05
2	03080100800 2	热镀锌衬塑复合管 1. 安装部位:室内 2. 输送介质:冷水 3. 规格:DN25 4. 连接形式:丝口连接 5. 管道冲洗设计要求:管道消毒冲洗	m	8-158; 8-310; BM91	10.42	46.85	0.27		2.14	2.3	61.98
3	03080300100 1	螺纹阀门 1. 类型:截止阀 2. 型号、规格:DN50 3. 连接形式:螺纹连接	个	8-326; BM91	11.03	56.25			2.27	2.44	71.99

工程名称：广联达办公大厦给排水工程　　　　专业：给排水、采暖、燃气工程

序号	项目编码	项目名称	单位	组价依据	综合单价/元						合计
					人工费	材料费	机械费	其中			
								风险	管理费	利润	
4	030804003001	洗脸盆 1.材质:陶瓷 2.组装形式:成套 3.开关:红外感应水龙头	组	8-543; BM91	23.29	297.14			4.78	5.15	330.36
5	030804012001	蹲便器 1.材质:陶瓷 2.组装形式:成套 3.开关类型:脚踏式	套	8-571; BM91	25.4	201.41			5.22	5.62	237.65
		排水部分									
6	030801005001	螺旋塑料管 UPVC 1.安装部位:室内 2.输送介质:排水 3.规格:De110 4.连接形式:黏结 5.套管形式,材质,规格:钢制 刚性防水套管制作安装 DN125	m	8-291; 6-2988; 6-3003; BM91	14.05	53.42	2.81		2.89	3.11	76.28
7	030801005002	塑料管 UPVC 1.安装部位:室内 2.输送介质:排水 3.规格:De50 4.连接形式:黏结	m	8-285; BM91	6.75	15.68	0.06		1.39	1.49	25.37

工程名称：广联达办公大厦给排水工程 专业：给排水、采暖、燃气工程

序号	项目编码	项目名称	单位	组价依据	综合单价/元						合计
					其中				管理费	利润	
					人工费	材料费	机械费	风险			
8	030804017001	地漏 1.材质：塑料 2.规格：DN50	个	8-607；BM91	7.06	12.53			1.45	1.56	22.6
		潜污部分									
9	030109001001	潜污泵 1.型号：50QW10-7-0.75 2.检查接线	台	1-827；1-944	711.06	17 175.77	39.63		146.05	157.22	18 229.73
10	030801003001	承插铸铁管 1.安装部位：室内 2.输送介质：压力废水 3.规格：DN100 4.连接形式：W 承插水泥接口 5.套管形式、材质、规格：树制刚性防水套管制作安装 DN125 6.除锈、刷油设计要求：手工除轻锈，刷沥青漆两遍	m	8-276；14-1；14-66；14-67；6-2988；6-3003；BM91	34.09	185.5	11.08		7	7.54	245.21
11	030604001001	橡胶软接头 1.连接形式：焊接 2.规格：DN100	个	8-369；BM91	42.34	335.57			8.69	9.36	395.96

279

表 5.3　工程量清单综合单价分析表

工程名称:广联达办公大厦采暖工程　　专业:给排水.采暖.燃气工程·

序号	项目编码	项目名称	单位	组价依据	综合单价/元						合计
					人工费	材料费	机械费	其中			
								风险	管理费	利润	
1	030801001001	镀锌钢管 1.安装部位:管道井 2.输送介质:热水 3.规格:DN70 4.连接形式:螺纹连接 5.管道冲洗设计要求:管道消毒冲洗 6.除锈,刷油,绝热设计要求:手工除轻锈,刷防锈漆两遍,橡塑保温板材 25 mm 厚	m	8-131 R×1.3; 8-311; 14-1; 14-53 R×1.3; 14-54 R×1.3; B14-22 R×1.3	19.93	70.41	0.46		4.09	4.41	99.3
2	030801001002	镀锌钢管 1.安装部位:室内 2.输送介质:热水 3.规格:DN70 4.连接形式:螺纹连接 5.管道冲洗设计要求:管道消毒冲洗 6.除锈,刷油,绝热设计要求:手工除轻锈,刷防锈漆两遍,橡塑保温板材 25 mm 厚	m	8-131; 8-311; 14-1; 14-53 14-54 B14-22	15.49	70.4	0.46		3.18	3.43	92.96

工程名称:广联达办公大厦采暖工程

专业:给排水、采暖、燃气工程

序号	项目编码	项目名称	单位	组价依据	综合单价/元						合计
					人工费	材料费	机械费	风险	管理费	利润	
								其中			
3	03080100 1003	镀锌钢管 1. 安装部位:室内 2. 输送介质:热水 3. 规格:DN25 4. 连接形式:螺纹连接 5. 管道冲洗设计要求:管道消毒冲洗 6. 除锈、刷油、绝热设计要求:手工除轻锈,刷防锈漆两遍,橡塑保温板材13 mm厚	m	8-3; 14-1; 14-53; 14-54; B14-21; 8-310	3.92	19.14	0.08		0.81	0.87	24.82
4	03080300 2001	螺纹法兰阀门 1. 类型:平衡阀 2. 规格:DN70	个	8-349	31.5	797.91	26.56		6.47	6.96	869.4
5	03080500 6001	钢制柱式散热器 1. 片数:14 片 2. 安装方式:挂墙	组	8-710	15.54	584.89			3.19	3.44	607.06
6	03080700 1001	采暖工程系统调整	系统	BM97	43.58	43.58	87.17		8.95	9.64	192.92

表 5.4 工程量清单综合单价分析表

工程名称:广联达办公大厦电气工程　　专业:电气设备安装工程

序号	项目编码	项目名称	单位	组价依据	综合单价/元						合计
					人工费	材料费	其中		管理费	利润	
							机械费	风险			
1	030204018001	配电箱柜 1.名称、型号:AA2 2.规格:800×2200×800 3.安装方式:落地	台	2-240	198.66	2 652.23	72.29		40.8	43.92	3 007.9
2	030204018002	配电箱 1.名称、型号:AI3(65 kW) 2.规格:800×1 000×200 3.安装方式:嵌入式 4.端子板外部接线	台	2-266; 2-327; 2-328; 2-337	227.39	1 963.58	13.7		46.72	50.28	2 301.67
3	030204031001	小电器 1.名称:三联单控开关 2.型号:250 V,10 A 3.安装方式:安装	个	2-1653	3.91	16.58			0.8	0.86	22.15
4	030204031002	小电器 1.名称:单相三级插座 2.型号:250 V,20 A 3.安装方式:安装	个	2-1682	3.82	16.32			0.79	0.85	21.78
5	030208001001	电力电缆 1.型号:YJV-4×35+1×16 2.敷设部位:电井 3.电缆头制作安装	m	2-624; 2-642	21.37	188.26	0.66		4.39	4.72	219.4

工程名称:广联达办公大厦电气工程　　　　　　　　专业:电气设备安装工程

序号	项目编码	项目名称	单位	组价依据	综合单价/元						合计
					其中						
					人工费	材料费	机械费	风险	管理费	利润	
6	030208001002	电力电缆 1.型号:YJV-4×35+1×16 2.敷设方式:桥架或穿管 3.电缆头制作安装	m	2-620; 2-642	6.29	147.78	0.09		1.29	1.39	156.84
7	030208004001	电缆桥架 1.型号,规格:300×100 2.材质:钢制 3.类型:槽式 4.支撑架安装	m	2-545; 2-594	17.06	140.11	1.23		3.5	3.77	165.67
8	030209001001	接地装置 1.接地母线材质,规格:-40×镀锌扁钢;基础钢筋 2.总等电位端子箱 MEB 3.等电位端子箱 LEB	项	2-698; 2-753; 2-756; 2-756; 2-749; 2-754	634.72	645.32	476.64		130.36	140.27	2 027.31
9	030209002001	避雷装置 1.受雷体名称,材质,规格,技术要求(安装部分):Φ10镀锌钢筋 2.引下线材质,规格,技术要求(引下形式):柱内主筋	项	2-751; 2-754; 2-748	3 562.02	1 643.92	2 853.86		731.47	787.53	9 578.8
10	030211002001	送配电装置系统	系统	2-853	420	4.64	125.75		86.27	92.86	729.52

工程名称:广联达办公大厦电气工程　　　　　　　　专业:电气设备安装工程　　　　　　

序号	项目编码	项目名称	单位	组价依据	综合单价/元							合计
					人工费	材料费	机械费	其中 风险	管理费	利润		
11	030211008001	接地装置调试	系统	2-890	420	4.64	214.2		86.27	92.86		817.97
12	030212001001	电气配管 1.名称:SC40 2.配置形式:暗配	m	2-1034	6.58	19.18	0.96		1.35	1.45		29.52
13	030212001002	电气配管 1.名称,规格:PVC20 2.配置形式:暗配 3.接线盒安装	m	2-1119; 2-1324	4.68	5.27			0.96	1.03		11.94
14	030212003001	电气配线 1.配线形式:照明配线 2.导线型号,材质,规格:BV-4 3.敷设方式:穿管	m	2-1161	0.31	2.59			0.06	0.07		3.03
15	030213001001	普通灯具 1.名称,型号:防水防尘灯 2.规格:1×13 W 3.安装方式:吸顶安装	套	2-1594	12.43	58.49			2.55	2.75		76.22

表5.5 工程量清单综合单价分析表

工程名称：广联达办公大厦消防工程

专业：消防设备安装工程

序号	项目编码	项目名称	单位	组价依据	综合单价/元						合计
					其中						
					人工费	材料费	机械费	风险	管理费	利润	
1	030701003001	消火栓系统 消火栓镀锌钢管 1.安装部位:室内 2.规格:DN100 3.连接形式:螺纹连接 4.管道冲洗设计要求:管道消毒冲洗 5.套管形式、材质、规格:钢制刚性防水套管制作安装 DN125	m	8-132; 8-311; 6-2988; 6-3003	15.31	78.67	2.33		3.14	3.38	102.83
2	030701006001	螺纹法兰阀门 1.阀门类型:闸阀 2.规格:DN100	个	6-1308	35.53	418.71	8.43		7.3	7.86	477.83
3	030610001001	低压碳钢螺纹法兰 1.材质:钢制 2.规格:DN100	副	6-1528	30.07	54.25	0.74		6.18	6.65	97.89
4	030701018001	消火栓 1.安装部位:室内 2.型号:单栓	套	7-39	39.48	868.44	0.7		8.11	8.73	925.46
5	030706002001	水灭火系统控制装置调试(消火栓系统) 点数:11点	系统	7-202	4 021.92	208.51	464.02		826.1	889.25	6 409.8

工程名称:广联达办公大厦消防工程 　　专业:消防设备安装工程 　　

序号	项目编码	项目名称	单位	组价依据	综合单价/元						合计
								其中			
					人工费	材料费	机械费	风险	管理费	利润	
6	CB002	系统调试费-系统调整费（水灭火管道系统）	项	BM96	978.06	978.06	1 956.11		200.89	216.25	4 329.37
		自喷系统									
7	030701001001	水喷淋镀锌钢管 1.安装部位:室内 2.规格:DN100 3.连接形式:螺纹连接 4.压力试验及管道冲洗设计要求:系统压力试验及管道消毒冲洗 5.套管形式,材质,规格:钢制刚性防水套管制作安装 DN125	m	7-7; 7-69; 6-2468; 6-2988; 6-3003	17.37	82.9	1.67		3.57	3.84	109.35
8	030704001001	管道支架制作安装 1.管架形式:一般管架 2.材质:型钢 3.除锈,刷油设计要求:手工除轻锈,刷两遍红丹防锈漆,两遍醇酸磁漆	kg	7-65; 14-7; 14-113; 14-114; 14-132; 14-133	4.78	8.89	5.37		0.98	1.06	21.08
9	030701006002	螺纹法兰阀门 1.阀门类型:信号蝶阀 2.规格:DN100	个	6-1308	35.53	508.71	8.43		7.3	7.86	567.83

工程名称：广联达办公大厦消防工程　　　　专业：消防设备安装工程　　　　第 3 页　共 4 页

序号	项目编码	项目名称	单位	组价依据	综合单价/元							合计
					人工费	材料费	机械费	风险	管理费	利润	
								其中			
10	03070101400 1	水流指示器 1. 连接形式：法兰连接 2. 规格：DN100	个	7-28	62.58	753.21	28.27		12.85	13.84	870.75
11	03061000100 2	低压碳钢螺纹法兰 1. 材质：钢制 2. 规格：DN100	副	6-1528	30.07	54.25	0.74		6.18	6.65	97.89
12	03070101600 1	末端试水装置 规格：DN20	组	7-36	63.42	138.87	2.35		13.03	14.02	231.69
13	03070101100 1	水喷头 有吊顶 无吊顶顶：无	个	7-10	6.64	17.56	0.43		1.36	1.47	27.46
14	03070101200 1	湿式报警阀组 规格：DN100	组	7-14	289.38	2 042.9	46.15		59.44	63.98	2 501.85
15	03070600200 2	水灭火系统控制装置调试（自 喷系统） 点数：5 点	系统	7-202	4 021.92	208.51	464.02		826.1	889.25	6 409.8
		自动报警系统									
16	03070500100 1	点型探测器 1. 名称：感烟探测器 2. 线制形式：总线制	只	7-136	24.78	124.18	0.78		5.09	5.48	160.31
17	03070500300 1	按钮 名称：手动报警按钮（带电话 插孔）	只	7-142	36.12	115.66	1.23		7.42	7.99	168.42

工程名称：广联达办公大厦消防工程　　　　专业：消防设备安装工程

序号	项目编码	项目名称	单位	组价依据	综合单价/元							合计
					人工费	材料费	机械费	其中				
								风险	管理费	利润		
18	030705003002	按钮 1. 名称：消火栓报警按钮 2. 安装	只	7-142	36.12	5.66	1.23		7.42	7.99		58.42
19	030705004001	模块（接口） 输出形式：单输出模块	只	7-143	76.44	76.08	1.75		15.7	16.9		186.87
20	030705004002	模块（接口） 输出形式：控制模块	只	7-144	101.22	100.24	2.98		20.79	22.38		247.61
21	030705009001	声光报警器	台	7-180	51.24	184.35	0.92		10.52	11.33		258.36
22	030706001001	自动报警系统装置调试 1. 点数：200 点以内 2. 线制形式：总线制	系统	7-198	8 335.32	488.66	2 137.4		1 712.07	1 842.94		14 516.39

表 5.6 工程量清单综合单价分析表

工程名称:广联达办公大厦通风工程
专业:通风、空调工程

第 1 页 共 1 页

序号	项目编码	项目名称	单位	组价依据	综合单价/元							合计
					人工费	材料费	机械费	风险	管理费	利润	
							其中				
1	03090102001	排风兼排烟轴流风机 1. 型号:PY-B1F-1 2. 规格:风量 26 000 m³/h,功率 15 kW 3. 设备支架制作安装	台	9-340; 9-374; 14-7; 14-115; 14-116; 14-122; 14-123	331.42	5 060.24	32.17		68.08	73.27	5 565.18
2	03090200100	碳钢通风管道制作安装 1. 材质:镀锌钢板 2. 形状:方形 3. 周长:500×250 4. 板材厚度:δ=0.6 5. 接口形式:法兰咬口连接	m²	9-6	27.89	51.67	7.67		5.73	6.17	99.13
3	03090301100	铝合金风口安装 1. 类型:单层百叶风口 2. 规格:400×300	个	9-212	18.9	67.99	22.81		3.88	4.18	117.76
4	03090300100	碳钢调节阀安装 1. 类型:70 ℃防火阀 2. 规格:500×250	个	9-146	30.24	265.8	17.82		6.21	6.69	326.76
5	03090400100	通风工程检测、调试	系统	BM98	27.86	27.86	55.71		5.72	6.16	123.31

表 5.7　措施项目费(综合单价)分析表

工程名称:广联达办公大厦土建工程　专业:土建工程

序号	措施项目名称	单位	数量	组价依据	金额/元					小计
					人工费	材料费	机械费	管理费	利润	
一	通用项目				4 284	376 714.89	14 657.37	1 179.28	754.39	397 589.93
1	安全文明施工(含环境保护、文明施工、安全施工、临时设施)	项	1			310 232.28				310 232.28
1.1	安全文明施工费	项	1			212 264.19				212 264.19
1.2	环境保护(含工程排污费)	项	1			32 656.03				32 656.03
1.3	临时设施	项	1			65 312.06				65 312.06
2	冬雨季、夜间施工措施费	项	1			31 775.47				31 775.47
2.1	人工土石方	项	1			321.09				321.09
2.2	机械土石方	项	1			76.16				76.16
2.3	桩基工程	项	1							
2.4	一般土建	项	1			25 799.36				25 799.36
2.5	装饰装修	项	1			5 578.86				5 578.86
3	二次搬运	项	1			13 358.97				13 358.97
3.1	人工土石方	项	1			283.76				283.76
3.2	机械土石方	项	1			45.69				45.69
3.3	桩基工程	项	1							
3.4	一般土建	项	1			11 541.82				11 541.82
3.5	装饰装修	项	1			1 487.7				1 487.7
4	测量放线、定位复测、检测试验	项	1			17 211.84				17 211.84

工程名称:广联达办公大厦土建工程 专业:土建工程

序号	措施项目名称	单位	数量	组价依据	金额/元					
					人工费	材料费	机械费	管理费	利润	小计
4.1	人工土石方	项	1			134.41				134.41
4.2	机械土石方	项	1			30.46				30.46
4.3	桩基工程	项	1							
4.4	一般土建	项	1			14 257.54				14 257.54
4.5	装饰装修	项	1			2 789.43				2 789.43
5	大型机械设备进出场及安拆	项	1	16-353;16-345;16-346	4 284	4 136.33	14 657.37	1 179.28	754.39	25 011.37
二	建筑工程				276 050.91	229 945.48	196 956.8	35 920.19	22 979.81	761 853.19
11	混凝土、钢筋混凝土模板及支架	项	1	4-23;4-24;4-29; 4-35;4-31;4-31; 4-31;4-32;4-34; 4-34;4-34;4-39; 4-39;4-39;4-44; 4-44;4-43;4-44; 4-43;4-44;4-44; 4-43;4-48;4-49; 4-49;4-49;4-49; 4-49;4-52;4-54; 4-58;4-56;4-63; 4-23;4-23	269 354.09	216 960.12	35 971.02	26 688.01	17 074.15	566 047.39
12	脚手架	项	1	13-3	6 696.82	12 985.36	1 118.11	1 062.94	679.9	22 543.13

工程名称:广联达办公大厦土建工程　　　　　　　专业:土建工程　　　　　　　第 3 页　共 3 页

序号	措施项目名称	单位	数量	组价依据	金额/元					
					人工费	材料费	机械费	管理费	利润	小计
13	建筑工程垂直运输机械、超高降效	项	1	14-21			159 867.67	8 169.24	5 225.76	173 262.67
三	装饰工程				12 030.48	9 723.34	948.19	1 159.78	742.2	24 603.99
14	脚手架	项	1	13-48;13-52	12 030.48	9 723.34	948.19	1 159.78	742.2	24 603.99

5.2.2　根据计算出的综合单价,编制广联达办公大厦分部分项工程量清单与计价表

承包人投标价中的分部分项工程费和以单价计算的措施项目费应按招标文件中分部分项工程和单价措施项目清单与计价表的特征描述确定综合单价计算。因此,确定综合单价是分部分项工程和单价措施项目清单与计价表编制过程中最主要的内容。导出并调整后广联达办公大厦分部分项工程量清单与计价表。

广联达办公大厦土建工程分部分项工程量清单计价详见表5.8。

广联达办公大厦给排水工程分部分项工程量清单计价详见表5.9。

广联达办公大厦采暖工程分部分项工程量清单计价详见表5.10。

广联达办公大厦电气工程分部分项工程量清单计价详见表5.11。

广联达办公大厦消防工程分部分项工程量清单计价详见表5.12。

广联达办公大厦通风工程分部分项工程量清单计价详见表5.13。

表5.8 分部分项工程量清单计价表

工程名称:广联达办公大厦土建工程　　　　　　专业:土建工程　　　　　　

序号	项目编码	项目名称	计量单位	工程数量	综合单价	合价
					金额/元	
1	010101001001	平整场地 1.土壤类别	m²	1 005.95	4.08	4 104.28
2	010101002001	挖一般土方 1.土壤类别:一般土 2.挖土深度:5 m 以内 3.弃土运距:1 km 以内	m³	4 694.05	16.23	76 184.43
3	010101002002	挖一般土方 1.土壤类别:一般土 2.挖土深度:3 m 以内 3.弃土运距:1 km 以内	m³	82.96	22.67	1 880.7
4	010101002003	基底钎探	m³	1 607.4	7.93	12 746.68
5	010101004001	挖基坑土方 1.土壤类别:一般土 2.挖土深度:1.5 m 以内 3.弃土运距:1 km 以内	m³	26.51	20.75	550.08
6	010103001001	回填方 1.密实度要求:夯填 2.填方材料品种:素土	m³	217.12	41.46	9 001.8
7	010103001002	回填方 1.密实度要求:夯填 2.填方材料品种:素土 3.部位:房心回填 4.填方来源、运距:1 km 以内	m³	542.82	41.46	22 505.32
8	010103001003	回填方 1.密实度要求:夯填 2.填方材料品种:素土	m³	337.34	97.44	32 870.41
9	010401003001	实心砖墙 1.砖品种、规格、强度等级:标准黏土砖 2.墙体类型:女儿墙 3.墙体厚度:240 mm 4.砂浆强度等级、配合比:M5 混合砂浆	m³	17.99	390.51	7 025.27
		本页合计				166 868.97

工程名称:广联达办公大厦土建工程　　　　专业:土建工程　　　　

序号	项目编码	项目名称	计量单位	工程数量	金额/元	
					综合单价	合价
10	010401003002	实心砖墙 1. 砖品种、规格、强度等级:标准黏土砖 2. 墙体类型:女儿墙、弧形墙 3. 墙体厚度:240 mm 4. 砂浆强度等级、配合比:M5 混合砂浆	m³	4.03	402.44	1 621.83
11	010402001001	砌块墙 1. 砌块品种、规格、强度等级:加气混凝土砌块 2. 墙体类型:200 mm 3. 砂浆强度等级:M10 混合砂浆	m³	301.43	378.04	113 952.6
12	010402001002	砌块墙 1. 砌块品种、规格、强度等级:加气混凝土砌块 2. 墙体类型:250 mm 3. 砂浆强度等级:M10 混合砂浆	m³	1	378.05	378.05
13	010402001003	砌块墙 1. 砌块品种、规格、强度等级:加气混凝土砌块 2. 墙体类型:250 mm 弧形墙 3. 砂浆强度等级:M10 混合砂浆	m³	28.08	378.04	10 615.36
14	010402001004	砌块墙 1. 砌块品种、规格、强度等级:加气混凝土砌块 2. 墙体类型:120 mm 弧形墙 3. 砂浆强度等级:M10 混合砂浆	m³	0.67	378.04	253.29
15	010402001005	砌块墙 1. 砌块品种、规格、强度等级:加气混凝土砌块 2. 墙体类型:100 mm 弧形墙 3. 砂浆强度等级:M10 混合砂浆	m³	10.2	378.05	3 856.11
16	010501004001	满堂基础 1. 混凝土强度等级:C20 2. 混凝土拌和料要求:商品混凝土 3. 基础类型:无梁式满堂基础 4. 部位:坡道 5. 抗渗等级:P8	m³	10.93	233.65	2 553.79
		本页合计				133 231.03

序号	项目编码	项目名称	计量单位	工程数量	综合单价	合价
17	010501004002	满堂基础 1.混凝土强度等级:C30 2.混凝土拌和料要求:商品混凝土 3.基础类型:有梁式满堂基础 4.抗渗等级:P8	m³	657.91	422.59	278 026.19
18	010501001001	垫层 1.混凝土种类:商品混凝土 2.混凝土强度等级:C15	m³	104.7	374.67	39 227.95
19	010502002001	构造柱 1.混凝土种类:商品混凝土 2.混凝土强度等级:C25	m³	58.95	402.98	23 755.67
20	010502001001	矩形柱 1.混凝土种类:商品混凝土 2.混凝土强度等级:C30 3.柱截面尺寸:截面周长在1.8 m以上	m³	127.55	422.59	53 901.35
21	010502001002	矩形柱 1.混凝土种类:商品混凝土 2.混凝土强度等级:C25 3.柱截面尺寸:截面周长在1.8 m以上	m³	120.32	402.98	48 486.55
22	010502001003	矩形柱 1.混凝土种类:商品混凝土 2.混凝土强度等级:C30 3.柱截面尺寸:截面周长在1.8 m以上 4.抗渗等级:P8	m³	29.74	422.59	12 567.83
23	010502001004	矩形柱 1.混凝土种类:商品混凝土 2.混凝土强度等级:C30 3.柱截面尺寸:截面周长在1.2 m以内 4.部位:楼梯间	m³	2.21	422.59	933.92
		本页合计				456 899.46

工程名称:广联达办公大厦土建工程　　　　专业:土建工程　　　　第4页　共11页

序号	项目编码	项目名称	计量单位	工程数量	金额/元	
					综合单价	合价
24	010502003001	圆形柱 1. 柱直径:0.5 m 以内 2. 混凝土强度等级:C30 3. 拌和料要求:商品混凝土 4. 抗渗等级:P8 5. 部位:地下一层	m³	8.17	422.59	3 452.56
25	010502003002	圆形柱 1. 柱直径:0.5 m 以内 2. 混凝土强度等级:C30 3. 拌和料要求:商品混凝土	m³	7.66	422.59	3 237.04
26	010502003003	圆形柱 1. 柱直径:0.5 m 以上 2. 混凝土强度等级:C30 3. 拌和料要求:商品混凝土	m³	1	422.59	422.59
27	010503004001	圈梁 1. 混凝土强度等级:C25 2. 拌和料要求:商品混凝土	m³	21.9	402.98	8 825.26
28	010503004002	圈梁 1. 混凝土强度等级:C25 2. 拌和料要求:商品混凝土 3. 类型:弧形梁	m³	1.8	402.98	725.36
29	010503005001	过梁 1. 混凝土强度等级:C25 2. 拌和料要求:商品混凝土	m³	0.27	403	108.81
30	010504001001	直形墙 1. 混凝土强度等级:C30 2. 混凝土拌和料要求:商品混凝土 3. 部位:地下室 4. 抗渗等级:P8 5. 墙厚:300 mm 以内	m³	364.75	422.59	154 139.7
31	010504001002	直形墙 1. 混凝土强度等级:C25 2. 混凝土拌和料要求:商品混凝土 3. 墙厚:300 mm 以内	m³	86.06	402.98	34 680.46
		本页合计				205 591.78

工程名称:广联达办公大厦土建工程　　　　专业:土建工程　　　　第5页　共11页

序号	项目编码	项目名称	计量单位	工程数量	综合单价	合价
					金额/元	
32	010504001003	直形墙 1.混凝土强度等级:C30 2.混凝土拌和料要求:商品混凝土 3.部位:坡道处 4.抗渗等级:P8 5.墙厚:200 mm以内	m³	6.06	422.59	2 560.9
33	010504001004	直形墙 1.混凝土强度等级:C30 2.混凝土拌和料要求:商品混凝土 3.部位:坡道处 4.抗渗等级:P8 5.墙厚:300 mm以内	m³	3.46	422.59	1 462.16
34	010504001005	直形墙 1.混凝土强度等级:C30 2.混凝土拌和料要求:商品混凝土 3.部位:电梯井壁 4.墙厚:200 mm以内	m³	28.62	422.59	12 094.53
35	010504001006	直形墙 1.混凝土强度等级:C30 2.混凝土拌和料要求:商品混凝土 3.部位:电梯井壁 4.墙厚:300 mm以内	m³	9.52	422.59	4 023.06
36	010504001007	直形墙 1.混凝土强度等级:C25 2.混凝土拌和料要求:商品混凝土 3.部位:电梯井壁 4.墙厚:300 mm以内	m³	8.63	402.98	3 477.72
37	010504001008	直形墙 1.混凝土强度等级:C30 2.混凝土拌和料要求:商品混凝土 3.墙厚:300 mm以内	m³	101.76	422.59	43 002.76
38	010504001009	直形墙 1.混凝土强度等级:C25 2.混凝土拌和料要求:商品混凝土 3.部位:电梯井壁 4.墙厚:200 mm以内	m³	23.12	402.98	9 316.9
		本页合计				75 938.03

序号	项目编码	项目名称	计量单位	工程数量	金额/元	
					综合单价	合价
39	010505001001	有梁板 1.混凝土种类:商品混凝土 2.混凝土强度等级:C30 3.板厚:100 mm以内	m³	26.54	422.59	11 215.54
40	010505001002	有梁板 1.混凝土种类:商品混凝土 2.混凝土强度等级:C30 3.板厚:100 mm以上	m³	435.06	422.59	183 852.01
41	010505001003	有梁板 1.混凝土种类:商品混凝土 2.混凝土强度等级:C30 3.板厚:100 mm以上 4.类型:弧形有梁板	m³	6.03	422.59	2 548.22
42	010505001004	有梁板 1.混凝土种类:商品混凝土 2.混凝土强度等级:C25 3.板厚:100 mm以上	m³	275.73	402.98	111 113.68
43	010505001005	有梁板 1.混凝土种类:商品混凝土 2.混凝土强度等级:C25 3.板厚:100 mm以上 4.类型:弧形有梁板	m³	12.06	402.98	4 859.94
44	010505001006	有梁板 1.混凝土种类:商品混凝土 2.混凝土强度等级:C25 3.板厚:100 mm以上 4.部位:坡屋面	m³	7.73	402.98	3 115.04
45	010505003001	平板 1.混凝土种类:商品混凝土 2.混凝土强度等级:C25 3.部位:电梯井 4.板厚:100 mm以上	m³	1.5	402.98	604.47
46	010505007001	天沟(檐沟)、挑檐板 1.混凝土种类:商品混凝土 2.混凝土强度等级:C25 3.板厚:100 mm以上	m³	2.96	402.98	1 192.82
		本页合计				318 501.72

工程名称:广联达办公大厦土建工程　　　　专业:土建工程　　　　第7页　共11页

序号	项目编码	项目名称	计量单位	工程数量	金额/元	
					综合单价	合价
47	010505008001	雨篷、悬挑板、阳台板 1.混凝土种类:商品混凝土 2.混凝土强度等级:C25	m³	1.87	402.98	753.57
48	010506001001	直形楼梯 1.混凝土种类:商品混凝土 2.混凝土强度等级:C25	m²	114.74	108.33	12 429.78
49	010507005001	扶手、压顶 1.混凝土种类:商品混凝土 2.混凝土强度等级:C25 3.部位:女儿墙压顶	m³	6.6	402.98	2 659.67
50	010507005002	扶手、压顶 1.混凝土种类:商品混凝土 2.混凝土强度等级:C25 3.部位:弧形女儿墙压顶	m³	2.15	402.98	866.41
51	010507001001	散水、坡道 1.60厚C15混凝土,面上加5厚1:1水泥砂浆,随打随抹光 2.150厚3:7灰土 3.素土夯实,向外放坡4% 4.延外墙皮,每隔8 m设伸缩缝	m²	99.36	52.27	5 193.55
52	010507001002	坡道 1.200厚C25混凝土 2.3厚两层SBS改性沥青 3.100厚C15垫层	m²	56.2	150.98	8 485.08
53	010508001001	后浇带 1.混凝土强度等级:C35 2.混凝土拌和料要求:商品混凝土 3.部位:有梁式满堂基础 4.抗渗等级:P8	m³	2.24	440.02	985.64
54	010515001001	现浇构件钢筋(砌体加固筋) 一级直径10以内	t	3.808	4 676.03	17 806.32
55	010515001002	现浇构件钢筋 一级直径10以内	t	85.483	4 435.82	379 187.2
		本页合计				428 367.22

工程名称:广联达办公大厦土建工程　　　　　专业:土建工程　　　　　第 8 页　共 11 页

序号	项目编码	项目名称	计量单位	工程数量	金额/元	
					综合单价	合价
56	010515001003	现浇构件钢筋 二级钢筋综合	t	296.648	4 258.87	1 263 385.27
57	010515001004	现浇构件钢筋 三级钢筋综合	t	0.666	4 258.85	2 836.39
58	010515001005	现浇构件钢筋接头 锥螺纹接头直径 25 以内	t	1		
59	010515001006	现浇构件钢筋接头 锥螺纹接头直径 25 以上	t	1		
60	010516002001	预埋铁件	t	0.475	8 083.45	3 839.64
61	010902001001	屋面卷材防水(块料上人屋面) 特征详见屋面 1 做法	m²	783.88	209.66	164 348.28
62	010902002001	屋面涂膜防水 特征详见做法屋面 2、屋面 3	m²	263.88	41.7	11 003.8
63	010902004001	屋面排水管 UPVC D100	m	127.6	31.53	4 023.23
64	011001003001	保温隔热墙面 1. 保温隔热部位:外墙 2. 保温隔热方式:外保温	m²	2 061.88	147.47	304 065.44
65	011101001001	水泥砂浆楼地面 地 2	m²	366.22	25.02	9 162.82
66	011101003001	细石混凝土楼地面 地 1	m²	489.46	25.12	12 295.24
67	011102003001	块料楼地面 地 3	m²	46.81	140.23	6 564.17
68	011102001001	石材楼地面 楼 3	m²	2 350.92	262.92	618 103.89
69	011102001002	石材楼地面(台阶平台) 楼 3	m²	146.33	262.92	38 473.08
70	011107001001	石材台阶面 楼 3	m²	28.6	416.82	11 921.05
		本页合计				2 450 022.30

工程名称:广联达办公大厦土建工程　　　　专业:土建工程　　　　

序号	项目编码	项目名称	计量单位	工程数量	金额/元 综合单价	金额/元 合价
71	011102003002	块料楼地面 楼1	m²	362.24	123.21	44 631.59
72	011102003003	块料楼地面 楼2	m²	196.7	133.89	26 336.16
73	011105001001	水泥砂浆踢脚线 踢1	m²	52.45	37.07	1 944.32
74	011105002001	石材踢脚线 踢3	m²	133.61	273.18	36 499.58
75	011105003001	块料踢脚线 踢2	m²	50.77	83.76	4 252.5
76	011106002001	块料楼梯面层 楼2	m²	112.54	123.48	13 896.44
77	040309001001	金属栏杆 部位:楼梯、大堂、窗户	m	114.07	353.37	40 308.92
78	011201001001	墙面一般抹灰 1.做法:内墙1 2.基层:混凝土墙	m²	1 393.99	39.29	54 769.87
79	011201001002	墙面一般抹灰 1.做法:内墙1 2.基层:加气混凝土墙	m²	3 870.59	18.41	71 257.56
80	011201001003	墙面一般抹灰 1.做法:外墙 2.基层:加气混凝土墙	m²	1 312	20.13	26 410.56
81	011201001004	墙面一般抹灰 1.做法:外墙 2.基层:混凝土墙	m²	683.05	19.29	13 176.03
82	011202001001	柱、梁面一般抹灰 1.做法:内墙1 2.自行车车库及首层门厅内	m²	115.82	23.81	2 757.67
83	011203001001	零星项目一般抹灰 1.做法:内墙1 2.压顶	m²	117.89	42.88	5 055.12
		本页合计				341 296.32

工程名称:广联达办公大厦土建工程　　　　　专业:土建工程　　　　　第 10 页　共 11 页

序号	项目编码	项目名称	计量单位	工程数量	金额/元	
					综合单价	合价
84	011204003001	块料墙面 1. 做法:内墙 2 2. 基层:混凝土墙	m²	222.16	99.72	22 153.8
85	011204003002	块料墙面 1. 做法:内墙 2 2. 基层:加气混凝土	m²	1 212.73	104.81	127 106.23
86	011301001001	天棚抹灰 做法:顶棚 2	m²	210.36	12.83	2 698.92
87	011302001001	吊顶天棚 吊顶 1	m²	1 649.61	97.33	160 556.54
88	011302001002	吊顶天棚 吊顶 2	m²	1 417.61	92.87	131 653.44
89	010801001001	木质夹板门 1. 部位:M1、M2 2. 类型:实木成品装饰门、含五金	m²	135.45	722.86	97 911.39
90	010801004001	木质防火门 成品木质丙级防火门、含五金	m²	29.5	722.86	21 324.37
91	010802001001	金属(塑钢)门 塑钢平开门,含五金、玻璃	m²	6.3	243.54	1 534.3
92	010802003001	钢质防火门 甲级	m²	5.88	517.33	3 041.9
93	010802003002	钢质防火门 乙级	m²	27.72	517.33	14 340.39
94	010805005001	全玻自由门 玻璃推拉门、含玻璃、含配件	m²	6.3	34.07	214.64
95	010807001001	金属(塑钢、断桥)窗	m²	543.78	280.64	152 606.42
96	011406001001	抹灰面油漆 1. 基层类型:清理抹灰基层 2. 腻子种类:满刮腻子两道 3. 油漆品种、刷漆遍数:乳胶漆两遍	m²	7 098.33	10.75	76 307.05
		本页合计				811 449.39

序号	项目编码	项目名称	计量单位	工程数量	金额/元	
					综合单价	合价
97	011406001002	抹灰面油漆 1.基层类型:清理抹灰基层 2.腻子种类:防水腻子 3.刮腻子遍数:满刮腻子两道	m²	1 826.18	15.17	27 703.15
		分部小计				5 415 869.37
		本页合计				27 703.15
		合计				5 415 869.37

表 5.9　分部分项工程量清单计价表

工程名称:广联达办公大厦给排水工程　　　　　专业:给排水、采暖、燃气工程　　　　第 1 页　共 2 页

序号	项目编码	项目名称	计量单位	工程数量	金额/元 综合单价	金额/元 合价
		给水部分				
1	030801008001	热镀锌衬塑复合管 1. 安装部位:室内 2. 输送介质:冷水 3. 规格:DN70 4. 连接形式:丝口连接 5. 管道冲洗设计要求:管道消毒冲洗 6. 套管形式、材质、规格:钢制刚性防水套管制作安装 DN125	m	10.73	163.05	1 749.53
2	030801008002	热镀锌衬塑复合管 1. 安装部位:室内 2. 输送介质:冷水 3. 规格:DN25 4. 连接形式:丝口连接 5. 管道冲洗设计要求:管道消毒冲洗	m	21.08	61.98	1 306.54
3	030803001001	螺纹阀门 1. 类型:截止阀 2. 型号、规格:DN50 3. 连接形式:螺纹连接	个	8	71.99	575.92
4	030804003001	洗脸盆 1. 材质:陶瓷 2. 组装形式:成套 3. 开关:红外感应水龙头	组	16	330.36	5 285.76
5	030804012001	蹲便器 1. 材质:陶瓷 2. 组装形式:成套 3. 开关类型:脚踏式	套	24	237.65	5 703.6
		分部小计				14 621.35
		排水部分				
6	030801005001	螺旋塑料管 UPVC 1. 安装部位:室内 2. 输送介质:排水 3. 规格:De110 4. 连接形式:黏结 5. 套管形式、材质、规格:钢制刚性防水套管制作安装 DN125	m	42.2	76.28	3 219.02
		本页合计				17 840.37

序号	项目编码	项目名称	计量单位	工程数量	金额/元	
					综合单价	合价
7	030801005002	塑料管 UPVC 1. 安装部位:室内 2. 输送介质:排水 3. 规格:De50 4. 连接形式:黏结	m	64.04	25.37	1 624.69
8	030804017001	地漏 1. 材质:塑料 2. 规格:DN5	个	8	22.6	180.8
		分部小计				5 024.51
		潜污部分				
9	030109001001	潜污泵 1. 型号:50QW10-7-0.75 2. 检查接线	台	1	18 229.73	18 229.73
10	030801003001	承插铸铁管 1. 安装部位:室内 2. 输送介质:压力废水 3. 规格:DN100 4. 连接形式:W 承插水泥接口 5. 套管形式、材质、规格:钢制刚性防水套管制作安装 DN125 6. 除锈、刷油设计要求:手工除轻锈,刷沥青漆两遍	m	4.61	245.21	1 130.42
11	030604001001	橡胶软接头 1. 连接形式:焊接 2. 规格:DN100	个	1	395.96	395.96
		分部小计				19 756.11
		本页合计				21 561.60
		合计				39 401.97

表 5.10 分部分项工程量清单计价表

工程名称:广联达办公大厦采暖工程　　　　　专业:给排水、采暖、燃气工程　　　第 1 页 共 1 页

序号	项目编码	项目名称	计量单位	工程数量	综合单价	合价
1	030801001001	镀锌钢管 1.安装部位:管道井 2.输送介质:热水 3.规格:DN70 4.连接形式:螺纹连接 5.管道冲洗设计要求:管道消毒冲洗 6.除锈、刷油、绝热设计要求:手工除轻锈,刷防锈漆两遍,橡塑保温板材 25 mm 厚	m	34.4	99.3	3 415.92
2	030801001002	镀锌钢管 1.安装部位:室内 2.输送介质:热水 3.规格:DN70 4.连接形式:螺纹连接 5.管道冲洗设计要求:管道消毒冲洗 6.除锈、刷油、绝热设计要求:手工除轻锈,刷防锈漆两遍,橡塑保温板材 25 mm 厚	m	5.64	92.96	524.29
3	030801001003	镀锌钢管 1.安装部位:室内 2.输送介质:热水 3.规格:DN25 4.连接形式:螺纹连接 5.管道冲洗设计要求:管道消毒冲洗 6.除锈、刷油、绝热设计要求:手工除轻锈,刷防锈漆两遍,橡塑保温板材 13 mm 厚	m	105.31	24.82	2 613.79
4	030803002001	螺纹法兰阀门 1.类型:平衡阀 2.规格:DN70	个	4	869.4	3 477.6
5	030805006001	钢制柱式散热器 1.片数:14 片 2.安装方式:挂墙	组	18	607.06	10 927.08
6	030807001001	采暖工程系统调整	系统	1	192.92	192.92
		分部小计				21 151.6
		本页合计				21 151.6
		合计				21 151.6

表5.11 分部分项工程量清单计价表

工程名称:广联达办公大厦电气工程　　　　专业:电气设备安装工程　　　　第1页　共2页

序号	项目编码	项目名称	计量单位	工程数量	金额/元	
					综合单价	合价
1	030204018001	配电箱柜 1. 名称、型号:AA2 2. 规格:800×2 200×800 3. 安装方式:落地	台	1	3 007.9	3 007.9
2	030204018002	配电箱 1. 名称、型号:AL3(65 kW) 2. 规格:800×1 000×200 3. 安装方式:嵌入式 4. 端子板外部接线	台	1	2 301.67	2 301.67
3	030204031001	小电器 1. 名称:三联单控开关 2. 型号:250 V,10 A 3. 安装方式:安装	个	43	22.15	952.45
4	030204031002	小电器 1. 名称:单相三级插座 2. 型号:250 V,20 A 3. 安装方式:安装	个	11	21.78	239.58
5	030208001001	电力电缆 1. 型号:YJV-4×35+1×16 2. 敷设部位:电井 3. 电缆头制作安装	m	29.9	219.4	6 560.06
6	030208001002	电力电缆 1. 型号:YJV-4×35+1×16 2. 敷设方式:桥架或穿管 3. 电缆头制作安装	m	59.36	156.84	9 310.02
7	030208004001	电缆桥架 1. 型号、规格:300×100 2. 材质:钢制 3. 类型:槽式 4. 支撑架安装	m	12.65	165.67	2 095.73
8	030209001001	接地装置 1. 接地母线材质、规格:-40×4 镀锌扁钢;基础钢筋 2. 总等电位端子箱 MEB 3. 等电位端子箱 LEB	项	1	2 027.31	2 027.31
		本页合计				26 494.72

工程名称:广联达办公大厦电气工程　　　专业:电气设备安装工程　　　第 2 页　共 2 页

序号	项目编码	项目名称	计量单位	工程数量	金额/元	
					综合单价	合价
9	030209002001	避雷装置 1.受雷体名称、材质、规格、技术要求(安装部分):φ10 镀锌钢筋 2.引下线材质、规格、技术要求(引下形式):柱内主筋	项	1	9 578.8	9 578.8
10	030211002001	送配电装置系统	系统	1	729.52	729.52
11	030211008001	接地装置调试	系统	1	817.97	817.97
12	030212001001	电气配管 1.名称:SC40 2.配置形式:暗配	m	20.48	29.52	604.57
13	030212001002	电气配管 1.名称、规格:PVC20 2.配置形式:暗配 3.接线盒安装	m	1 358.47	11.94	16 220.13
14	030212003001	电气配线 1.配线形式:照明配线 2.导线型号、材质、规格:BV-4 3.敷设方式:穿管	m	4 892.86	3.03	14 825.37
15	030213001001	普通灯具 1.名称、型号:防水防尘灯 2.规格:1×13 W 3.安装方式:吸顶安装	套	24	76.22	1 829.28
		分部小计				71 100.36
		本页合计				44 605.64
		合计				71 100.36

表5.12　分部分项工程量清单计价表

工程名称:广联达办公大厦消防工程　　　　　专业:消防设备安装工程　　　　　第1页　共3页

序号	项目编码	项目名称	计量单位	工程数量	金额/元	
					综合单价	合价
		消火栓系统				
1	030701003001	消火栓镀锌钢管 1.安装部位:室内 2.规格:DN100 3.连接形式:螺纹连接 4.管道冲洗设计要求:管道消毒冲洗 5.套管形式、材质、规格:钢制刚性防水套管制作安装DN125	m	134.04	102.83	13 783.33
2	030701006001	螺纹法兰阀门 1.阀门类型:闸阀 2.规格:DN100	个	3	477.83	1 433.49
3	030610001001	低压碳钢螺纹法兰 1.材质:钢制 2.规格:DN100	副	3	97.89	293.67
4	030701018001	消火栓 1.安装部位:室内 2.型号:单栓	套	11	925.46	10 180.06
5	030706002001	水灭火系统控制装置调试(消火栓系统) 点数:11点	系统	1	6 409.8	6 409.8
6	CB002	系统调试费_系统调整费(水灭火管道系统)	项	1	4 329.37	4 329.37
		分部小计				36 429.72
		自喷系统				
7	030701001001	水喷淋镀锌钢管 1.安装部位:室内 2.规格:DN100 3.连接形式:螺纹连接 4.压力试验及管道冲洗设计要求:系统压力试验及管道消毒冲洗 5.套管形式、材质、规格:钢制刚性防水套管制作安装DN125	m	185.2	109.35	20 251.62
		本页合计				56 681.34

工程名称:广联达办公大厦消防工程 　　专业:消防设备安装工程 　　第2页 共3页

序号	项目编码	项目名称	计量单位	工程数量	金额/元	
					综合单价	合价
8	030704001001	管道支架制作安装 1.管架形式:一般管架 2.材质:型钢 3.除锈、刷油设计要求:手工除轻锈,刷两遍红丹防锈漆、两遍醇酸磁漆	kg	291	21.08	6 134.28
9	030701006002	螺纹法兰阀门 1.阀门类型:信号蝶阀 2.规格:DN100	个	5	567.83	2 839.15
10	030701014001	水流指示器 1.连接形式:法兰连接 2.规格:DN100	个	5	870.75	4 353.75
11	030610001002	低压碳钢螺纹法兰 1.材质:钢制 2.规格:DN100	副	10	97.89	978.9
12	030701016001	末端试水装置 规格:DN20	组	1	231.69	231.69
13	030701011001	水喷头 有吊顶、无吊顶:无	个	396	27.46	10 874.16
14	030701012001	湿式报警阀组 规格:DN100	组	1	2 501.85	2 501.85
15	030706002002	水灭火系统控制装置调试(自喷系统) 点数:5点	系统	1	6 409.8	6 409.8
		分部小计				54 575.2
		自动报警系统				
16	030705001001	点型探测器 1.名称:感烟探测器 2.线制形式:总线制	只	144	160.31	23 084.64
17	030705003001	按钮 名称:手动报警按钮(带电话插孔)	只	10	168.42	1 684.2
18	030705003002	按钮 1.名称:消火栓报警按钮 2.安装	只	10	58.42	584.2
		本页合计				79 928.24

序号	项目编码	项目名称	计量单位	工程数量	金额/元	
					综合单价	合价
19	030705004001	模块(接口) 输出形式:单输出模块	只	10	186.87	1 868.7
20	030705004002	模块(接口) 输出形式:控制模块	只	4	247.61	990.44
21	030705009001	声光报警器	台	10	258.36	2 583.6
22	030706001001	自动报警系统装置调试 1.点数:200点以内 2.线制形式:总线制	系统	1	14 516.39	14 516.39
		分部小计				45 312.17
		本页合计				19 959.13
		合计				136 317.09

表 5.13　分部分项工程量清单计价表

工程名称:广联达办公大厦通风工程　　　　专业:通风、空调工程　　　　第 1 页　共 1 页

序号	项目编码	项目名称	计量单位	工程数量	综合单价	合价
1	030901002001	排风兼排烟轴流风机 1. 型号:PY-B1F-1 2. 规格:风量 26 000 m³/h,功率 15 kW 3. 设备支架制作安装	台	1	5 565.18	5 565.18
2	030902001001	碳钢通风管道制作安装 1. 材质:镀锌钢板 2. 形状:方形 3. 周长:500×250 4. 板材厚度:δ=0.6 5. 接口形式:法兰咬口连接	m²	15.51	99.13	1 537.51
3	030903011001	铝合金风口安装 1. 类型:单层百叶风口 2. 规格:400×300	个	2	117.76	235.52
4	030903001001	碳钢调节阀安装 1. 类型:70 ℃防火阀 2. 规格:500×250	个	2	326.76	653.52
5	030904001001	通风工程检测、调试	系统	1	123.31	123.31
		分部小计				8 115.04
		本页合计				8 115.04
		合计				8 115.04

5.2.3 编制广联达办公大厦措施项目清单计价表

对于不能精确计量的措施项目,应编制总价措施项目清单计价表。投标人对措施项目中的总价项目投标报价应遵循以下原则:

①措施项目的内容应依据招标人提供的措施项目清单和投标人投标时拟订的施工组织设计或施工方案。

②措施项目费由投标人自主确定,但其中安全文明施工费必须按照国家或省级、行业建设主管部门的规定计价,不得作为竞争性费用。招标人不得要求投标人对该项费用进行优惠,投标人也不得将该项费用用于参与市场竞争的项目。

投标报价时,导出并调整广联达办公大厦总价措施项目清单与计价表。

广联达办公大厦土建工程总措施项目清单计价详见表5.14。

广联达办公大厦给排水工程总价措施项目清单计价详见表5.15。

广联达办公大厦采暖工程总价措施项目清单计价详见表5.16。

广联达办公大厦电气工程总价措施项目清单计价详见表5.17。

广联达办公大厦消防工程总价措施项目清单计价详见表5.18。

广联达办公大厦通风工程总价措施项目清单计价详见表5.19。

表5.14　措施项目清单计价表

工程名称:广联达办公大厦土建工程　　　　　　专业:土建工程　　　　　　第1页　共1页

序号	项目名称	计量单位	工程数量	金额/元	
				综合单价	合价
一	通用项目				87 357.65
2	冬雨季、夜间施工措施费	项	1	31 775.47	31 775.47
2.1	人工土石方	项	1	321.09	321.09
2.2	机械土石方	项	1	76.16	76.16
2.3	桩基工程	项	1		
2.4	一般土建	项	1	25 799.36	25 799.36
2.5	装饰装修	项	1	5 578.86	5 578.86
3	二次搬运	项	1	13 358.97	13 358.97
3.1	人工土石方	项	1	283.76	283.76
3.2	机械土石方	项	1	45.69	45.69
3.3	桩基工程	项	1		
3.4	一般土建	项	1	11 541.82	11 541.82
3.5	装饰装修	项	1	1 487.7	1 487.7
4	测量放线、定位复测、检测试验	项	1	17 211.84	17 211.84
4.1	人工土石方	项	1	134.41	134.41
4.2	机械土石方	项	1	30.46	30.46
4.3	桩基工程	项	1		
4.4	一般土建	项	1	14 257.54	14 257.54
4.5	装饰装修	项	1	2 789.43	2 789.43
5	大型机械设备进出场及安拆	项	1	25 011.37	25 011.37
二	建筑工程				761 853.19
11	混凝土、钢筋混凝土模板及支架	项	1	566 047.39	566 047.39
12	脚手架	项	1	22 543.13	22 543.13
13	建筑工程垂直运输机械、超高降效	项	1	173 262.67	173 262.67
三	装饰工程				24 603.99
14	脚手架	项	1	24 603.99	24 603.99
	合计				873 814.83

表5.15 措施项目清单计价表

工程名称:广联达办公大厦给排水工程　　　　专业:给排水、采暖、燃气工程　　　第1页　共1页

序号	项目名称	计量单位	工程数量	金额/元	
				综合单价	合价
一	通用项目				223.73
2	冬雨季、夜间施工措施费	项	1	115.2	115.2
3	二次搬运	项	1	57.6	57.6
4	测量放线、定位复测、检测试验	项	1	50.93	50.93
二	安装工程				196.64
25	脚手架	项	1	196.64	196.64
	合计				420.37

表5.16 措施项目清单计价表

工程名称:广联达办公大厦采暖工程　　　　专业:给排水、采暖、燃气工程　　　**第1页 共1页**

序号	项目名称	计量单位	工程数量	金额/元	
				综合单价	合价
一	通用项目				104.13
2	冬雨季、夜间施工措施费	项	1	53.62	53.62
3	二次搬运	项	1	26.81	26.81
4	测量放线、定位复测、检测试验	项	1	23.7	23.7
二	安装工程				100.28
25	脚手架	项	1	100.28	100.28
	合计				204.41

表 5.17　措施项目清单计价表

工程名称:广联达办公大厦电气工程　　　专业:电气设备安装工程　　　第1页　共1页

序号	项目名称	计量单位	工程数量	综合单价	合价
一	通用项目				967.94
2	冬雨季、夜间施工措施费	项	1	498.41	498.41
3	二次搬运	项	1	249.2	249.2
4	测量放线、定位复测、检测试验	项	1	220.33	220.33
二	安装工程				1 177.09
25	脚手架	项	1	1 177.09	1 177.09
	合计				2 145.03

表5.18 措施项目清单计价表

工程名称:广联达办公大厦消防工程　　　　　专业:消防设备安装工程　　　　　第1页 共1页

序号	项目名称	计量单位	工程数量	综合单价	合价
一	通用项目				2 190.65
2	冬雨季、夜间施工措施费	项	1	1 127.99	1 127.99
3	二次搬运	项	1	564	564
4	测量放线、定位复测、检测试验	项	1	498.66	498.66
二	安装工程				2 593.57
25	脚手架	项	1	2 593.57	2 593.57
		合计			4 784.22

表5.19 措施项目清单计价表

工程名称:广联达办公大厦通风工程　　　　专业:通风、空调工程　　　　第1页 共1页

序号	项目名称	计量单位	工程数量	综合单价	合价
一	通用项目				56.71
2	冬雨季、夜间施工措施费	项	1	29.2	29.2
3	二次搬运	项	1	14.6	14.6
4	测量放线、定位复测、检测试验	项	1	12.91	12.91
二	安装工程				66.72
25	脚手架	项	1	66.72	66.72
	合计				123.43

5.2.4　编制广联达办公大厦其他项目清单计价表

其他项目费主要包括暂列金额、暂估价、计日工以及总承包服务费。广联达办公大厦其他项目清单计价见表 5.20。

（1）暂列金额

投标报价时,暂列金额应按照招标人提供的其他项目清单中列出的金额填写,不得变动。广联达办公大厦暂列金额明细见表 5.21。

（2）暂估价

投标报价时,暂估价不得变动和更改。暂估价中的材料、工程设备暂估价必须按照招标人提供的暂估单价计入清单项目的综合单价。

专业工程暂估价必须按照招标人提供的其他项目清单中列出的金额填写。广联达办公大厦专业工程暂估价见表 5.22。

材料、工程设备暂估单价和专业工程暂估价均由招标人提供,为暂估价格。在工程实施过程中,对于不同类型的材料与专业工程应采用不同的计价方法。

（3）计日工

计日工应按照招标人提供的其他项目清单列出的项目和估算的数量,自主确定各项综合单价并计算费用。广联达办公大厦计日工见表 5.23。

（4）总承包服务费

总承包服务费应根据招标人在招标文件中列出的分包专业工程内容和供应材料、设备情况,按照招标人提出的协调、配合与服务要求和施工现场管理需要自主确定。

广联达办公大厦总承包服务费计价见表 5.24。

表5.20　其他项目清单计价表

工程名称:广联达办公大厦土建工程　　　　　专业:土建工程　　　　　第1页　共1页

序号	项目名称	单位	工程数量	金额/元	
				综合单价	合价
1	暂列金额	项	1	800 000	800 000
2	暂估价	项	1	650 000	650 000
3	计日工	项	1	8 950	8 950
4	总承包服务费	项	1	50 000	50 000
	合计				1 508 950

表 5.21 暂列金额明细表

工程名称:广联达办公大厦土建工程　　　　专业:土建工程　　　　第1页　共1页

序号	项目名称	计量单位	暂定金额/元
1	建筑工程暂列金额	项	300 000
2	给排水工程暂列金额	项	100 000
3	暖通工程暂列金额	项	100 000
4	电气工程暂列金额	项	100 000
5	消防工程暂列金额	项	100 000
6	通风工程暂列金额	项	100 000
			800 000

表5.22　专业工程暂估价明细表

工程名称:广联达办公大厦土建工程　　　　　　专业:土建工程　　　　　　　　第1页　共1页

序号	项目名称	计量单位	暂估单价/元
1	幕墙工程	项	650 000
			650 000

表5.23 计日工计价表

工程名称:广联达办公大厦土建工程 专业:土建工程 第1页 共1页

序号	项目名称	单位	暂定数量	金额/元	
				综合单价	合价
1	人工				
	木工	工日	10	200	2 000
	瓦工	工日	10	150	1 500
	钢筋工	工日	10	220	2 200
	人工费小计				5 700
2	材料				
	砂子(中砂)	m³	5	130	650
	水泥	m³	5	400	2 000
	材料费小计				2 650
3	机械				
	载重汽车	台班	1	600	600
	机械费小计				600
	总计				8 950

表5.24 总承包服务费计价表

工程名称:广联达办公大厦土建工程　　　　　专业:土建工程　　　　　第1页 共1页

序号	项目名称	计量单位	工程数量	金额/元	
				综合单价	合价
1	发包人发包专业工程管理服务费		1	30 000	30 000
2	发包人供应材料、设备保管费		1	20 000	20 000
合计					50 000

5.2.5 编制广联达办公大厦规费、税金项目清单计价表

规费和税金应按国家或省级、行业建设主管部门的规定计算,不得作为竞争性费用。这是由于规费和税金的计取标准是依据有关法律、法规和政策规定制定的,具有强制性。因此,投标人在投标报价时必须按照国家或省级、行业建设主管部门的有关规定计算规费和税金。

广联达办公大厦土建工程规费、税金(增值税)清单计价详见表 5.25。

广联达办公大厦给排水工程规费、税金(增值税)清单计价详见表 5.26。

广联达办公大厦采暖工程规费、税金(增值税)清单计价详见表 5.27。

广联达办公大厦电气工程规费、税金(增值税)清单计价详见表 5.28。

广联达办公大厦消防工程规费、税金(增值税)清单计价详见表 5.29。

广联达办公大厦通风工程规费、税金(增值税)清单计价详见表 5.30。

表 5.25　规费、税金项目清单计价表

工程名称:广联达办公大厦土建工程　　　　专业:土建工程　　　　第 1 页　共 1 页

序号	项目名称	计量单位	工程数量	金额/元	
				综合单价	合价
一	规费	项	1	395 747.01	395 747.01
1	社会保障费	项	1	364 392.32	364 392.32
1.1	养老保险	项	1	300 835.51	300 835.51
1.2	失业保险	项	1	12 711.36	12 711.36
1.3	医疗保险	项	1	38 134.08	38 134.08
1.4	工伤保险	项	1	5 931.97	5 931.97
1.5	残疾人就业保险	项	1	3 389.7	3 389.7
1.6	女工生育保险	项	1	3 389.7	3 389.7
2	住房公积金	项	1	25 422.72	25 422.72
3	危险作业意外伤害保险	项	1	5 931.97	5 931.97
	规费合计				395 747.01
二	安全文明施工措施费	项	1	310 232.28	310 232.28
	安全文明施工措施费合计				310 232.28
三	增值税销项税额	项	1	903 466.87	903 466.87
四	附加税	项	1	42 575.94	42 575.94

表 5.26 规费、税金项目清单计价表

工程名称:广联达办公大厦给排水工程　　　　专业:给排水、采暖、燃气工程　　　　第 1 页　共 1 页

序号	项目名称	计量单位	工程数量	金额/元	
				综合单价	合价
一	规费	项	1	2 137.08	2 137.08
1	社会保障费	项	1	1 967.76	1 967.76
1.1	养老保险	项	1	1 624.56	1 624.56
1.2	失业保险	项	1	68.64	68.64
1.3	医疗保险	项	1	205.93	205.93
1.4	工伤保险	项	1	32.03	32.03
1.5	残疾人就业保险	项	1	18.3	18.3
1.6	女工生育保险	项	1	18.3	18.3
2	住房公积金	项	1	137.29	137.29
3	危险作业意外伤害保险	项	1	32.03	32.03
规费合计					2 137.08
二	安全文明施工措施费	项	1	1 760.09	1 760.09
安全文明施工措施费合计					1 760.09
三	增值税销项税额	项	1	4 832.67	4 832.67
四	附加税	项	1	229.92	229.92

表5.27 规费、税金项目清单计价表

工程名称:广联达办公大厦采暖工程　　　　专业:给排水、采暖、燃气工程　　　第1页　共1页

序号	项目名称	计量单位	工程数量	综合单价	合价
一	规费	项	1	1 129.22	1 129.22
1	社会保障费	项	1	1 039.75	1 039.75
1.1	养老保险	项	1	858.4	858.4
1.2	失业保险	项	1	36.27	36.27
1.3	医疗保险	项	1	108.81	108.81
1.4	工伤保险	项	1	16.93	16.93
1.5	残疾人就业保险	项	1	9.67	9.67
1.6	女工生育保险	项	1	9.67	9.67
2	住房公积金	项	1	72.54	72.54
3	危险作业意外伤害保险	项	1	16.93	16.93
规费合计					1 129.22
二	安全文明施工措施费	项	1	930.01	930.01
安全文明施工措施费合计					930.01
三	增值税销项税额	项	1	2 553.52	2 553.52
四	附加税	项	1	121.49	121.49

表 5.28　规费、税金项目清单计价表

工程名称:广联达办公大厦电气工程　　　　专业:电气设备安装工程　　　　第 1 页　共 1 页

序号	项目名称	计量单位	工程数量	金额/元	
				综合单价	合价
一	规费	项	1	4 488.14	4 488.14
1	社会保障费	项	1	4 132.55	4 132.55
1.1	养老保险	项	1	3 411.76	3 411.76
1.2	失业保险	项	1	144.16	144.16
1.3	医疗保险	项	1	432.48	432.48
1.4	工伤保险	项	1	67.27	67.27
1.5	残疾人就业保险	项	1	38.44	38.44
1.6	女工生育保险	项	1	38.44	38.44
2	住房公积金	项	1	288.32	288.32
3	危险作业意外伤害保险	项	1	67.27	67.27
规费合计					4 488.14
二	安全文明施工措施费	项	1	3 696.39	3 696.39
安全文明施工措施费合计					3 696.39
三	增值税销项税额	项	1	10 149.14	10 149.14
四	附加税	项	1	482.85	482.85

表5.29 规费、税金项目清单计价表

工程名称:广联达办公大厦消防工程　　　　专业:消防设备安装工程　　　　第1页 共1页

序号	项目名称	计量单位	工程数量	金额/元	
				综合单价	合价
一	规费	项	1	8 811.56	8 811.56
1	社会保障费	项	1	8 113.43	8 113.43
1.1	养老保险	项	1	6 698.3	6 698.3
1.2	失业保险	项	1	283.03	283.03
1.3	医疗保险	项	1	849.08	849.08
1.4	工伤保险	项	1	132.08	132.08
1.5	残疾人就业保险	项	1	75.47	75.47
1.6	女工生育保险	项	1	75.47	75.47
2	住房公积金	项	1	566.05	566.05
3	危险作业意外伤害保险	项	1	132.08	132.08
	规费合计				8 811.56
二	安全文明施工措施费	项	1	7 257.09	7 257.09
	安全文明施工措施费合计				7 257.09
三	增值税销项税额	项	1	19 925.77	19 925.77
四	附加税	项	1	947.98	947.98

表5.30 规费、税金项目清单计价表

工程名称:广联达办公大厦通风工程　　　　专业:通风、空调工程　　　　第1页 共1页

序号	项目名称	计量单位	工程数量	金额/元	
				综合单价	合价
一	规费	项	1	458.29	458.29
1	社会保障费	项	1	421.98	421.98
1.1	养老保险	项	1	348.37	348.37
1.2	失业保险	项	1	14.72	14.72
1.3	医疗保险	项	1	44.16	44.16
1.4	工伤保险	项	1	6.87	6.87
1.5	残疾人就业保险	项	1	3.93	3.93
1.6	女工生育保险	项	1	3.93	3.93
2	住房公积金	项	1	29.44	29.44
3	危险作业意外伤害保险	项	1	6.87	6.87
	规费合计				458.29
二	安全文明施工措施费	项	1	377.43	377.43
	安全文明施工措施费合计				377.43
三	增值税销项税额	项	1	1 036.32	1 036.32
四	附加税	项	1	49.3	49.3

5.2.6 编制广联达办公大厦单位工程造价汇总表

投标人的投标总价应当与组成工程量清单的分部分项工程费、措施项目费、其他项目费和规费、税金的合计金额一致,即投标人在进行工程量清单招标的投标报价时,不能进行投标总价优惠(或降价、让利)。投标人对投标报价的任何优惠(或降价、让利)均应反映在相应清单项目的综合单价中。

广联达办公大厦土建工程单位工程造价汇总详见表5.31。

广联达办公大厦给排水工程单位工程造价汇总详见表5.32。

广联达办公大厦采暖工程单位工程造价汇总详见表5.33。

广联达办公大厦电气工程单位工程造价汇总详见表5.34。

广联达办公大厦消防工程单位工程造价汇总详见表5.35。

广联达办公大厦通风工程单位工程造价汇总详见表5.36。

5.2.7 整理装订

编制广联达办公大厦单项工程投标报价总说明,填写封面,整理装订广联达办公大厦单项工程投标报价封面、总说明、工程项目总造价。

5.2.8 其他常用表格

应用广联达计价软件导出广联达办公大厦项目其他常用表格,如主要材料价格表、单位工程材料价差表、单位工程人材机价格汇总表(表5.37至表5.39)。

表5.31 单位工程造价汇总表

工程名称:广联达办公大厦土建工程　　　　　专业:土建工程　　　　　第1页　共1页

序号	项目名称	造价/元
1	分部分项工程费	6 087 753.1
1.1	∑(综合单价×工程量)	5 415 869.37
1.2	可能发生的差价	671 883.73
2	措施项目费	1 577 536.5
2.1	∑(综合单价×工程量)	1 184 047.11
2.2	可能发生的差价	393 489.39
2.3	其中:安全文明施工措施费	310 232.28
3	其他项目费	808 950
3.1	∑(综合单价×工程量)	808 950
3.2	可能发生的差价	
4	规费	395 747.01
5	税前工程造价	8 213 335.19
5.1	人工土石方工程综合系数	135 869.09
5.2	机械土石方工程综合系数	93 616.27
5.3	桩基工程综合系数	
5.4	土建工程综合系数	7 983 849.83
6	增值税销项税额	903 466.87
7	附加税	42 575.94
8	工程造价	9 159 378.00
	合计	9 159 378.00

表5.32 单位工程造价汇总表

工程名称:广联达办公大厦给排水工程　　　　专业:给排水、采暖、燃气工程　　　第1页 共1页

序号	项目名称	造价/元
1	分部分项工程费	43 531.16
1.1	$\sum$(综合单价×工程量)	39 401.97
1.2	可能发生的差价	4 129.19
2	措施项目费	2 231.23
2.1	$\sum$(综合单价×工程量)	2 180.46
2.2	可能发生的差价	50.77
2.3	其中:安全文明施工措施费	1 760.09
3	其他项目费	
3.1	$\sum$(综合单价×工程量)	
3.2	可能发生的差价	
4	规费	2 137.08
5	税前工程造价	43 933.39
5.1	长距离输送管道土石方综合系数	
5.2	安装工程综合系数	43 933.39
6	增值税销项税额	4 832.67
7	附加税	229.92
8	工程造价	48 995.98
	合计	48 995.98

表 5.33 单位工程造价汇总表

工程名称:广联达办公大厦采暖工程　　　　专业:给排水、采暖、燃气工程　　　第 1 页 共 1 页

序号	项目名称	造价/元
1	分部分项工程费	23 019.95
1.1	$\sum$(综合单价 × 工程量)	21 151.6
1.2	可能发生的差价	1 868.35
2	措施项目费	1 160.31
2.1	$\sum$(综合单价 × 工程量)	1 134.42
2.2	可能发生的差价	25.89
2.3	其中:安全文明施工措施费	930.01
3	其他项目费	
3.1	$\sum$(综合单价 × 工程量)	
3.2	可能发生的差价	
4	规费	1 129.22
5	税前工程造价	23 213.86
5.1	长距离输送管道土石方综合系数	
5.2	安装工程综合系数	23 213.86
6	增值税销项税额	2 553.52
7	附加税	121.49
8	工程造价	25 888.87
	合计	25 888.87

表5.34 单位工程造价汇总表

工程名称:广联达办公大厦电气工程　　　　专业:电气设备安装工程　　　　第1页　共1页

序号	项目名称	造价/元
1	分部分项工程费	89 960.67
1.1	$\sum$（综合单价×工程量）	71 100.36
1.2	可能发生的差价	18 860.31
2	措施项目费	6 145.33
2.1	$\sum$（综合单价×工程量）	5 841.42
2.2	可能发生的差价	303.91
2.3	其中:安全文明施工措施费	3 696.39
3	其他项目费	
3.1	$\sum$（综合单价×工程量）	
3.2	可能发生的差价	
4	规费	4 488.14
5	税前工程造价	92 264.95
5.1	长距离输送管道土石方综合系数	
5.2	安装工程综合系数	92 264.95
6	增值税销项税额	10 149.14
7	附加税	482.85
8	工程造价	102 896.94
	合计	102 896.94

表 5.35 单位工程造价汇总表

工程名称:广联达办公大厦消防工程　　　　专业:消防设备安装工程　　　　第1页　共1页

序号	项目名称	造价/元
1	分部分项工程费	175 973.52
1.1	∑（综合单价 × 工程量）	136 317.09
1.2	可能发生的差价	39 656.43
2	措施项目费	12 710.93
2.1	∑（综合单价 × 工程量）	12 041.31
2.2	可能发生的差价	669.62
2.3	其中:安全文明施工措施费	7 257.09
3	其他项目费	
3.1	∑（综合单价 × 工程量）	
3.2	可能发生的差价	
4	规费	8 811.56
5	税前工程造价	181 143.34
5.1	长距离输送管道土石方综合系数	
5.2	安装工程综合系数	181 143.34
6	增值税销项税额	19 925.77
7	附加税	947.98
8	工程造价	202 017.09
	合计	202 017.09

表5.36 单位工程造价汇总表

工程名称:广联达办公大厦通风工程　　　　专业:通风、空调工程　　　　第1页　共1页

序号	项目名称	造价/元
1	分部分项工程费	9 295.15
1.1	∑(综合单价×工程量)	8 115.04
1.2	可能发生的差价	1 180.11
2	措施项目费	518.09
2.1	∑(综合单价×工程量)	500.86
2.2	可能发生的差价	17.23
2.3	其中:安全文明施工措施费	377.43
3	其他项目费	
3.1	∑(综合单价×工程量)	
3.2	可能发生的差价	
4	规费	458.29
5	税前工程造价	9 421.05
5.1	长距离输送管道土石方综合系数	
5.2	安装工程综合系数	9 421.05
6	增值税销项税额	1 036.32
7	附加税	49.3
8	工程造价	10 506.67
	合计	10 506.67

广联达办公大厦 工程

投 标 总 价

投标总价(小写)： 9 549 683.55

  （大写）： 玖佰伍拾肆万玖仟陆佰捌拾叁元伍角伍分

投　标　人：＿＿＿＿＿＿＿＿＿＿＿＿＿＿＿ (单位盖章)

法定代表人

或其授权人：＿＿＿＿＿＿＿＿＿＿＿＿＿＿＿ (签字或盖章)

编　制　人：＿＿＿＿＿＿＿＿＿＿＿＿＿＿＿ (造价人员签字盖专用章)

编制时间：　　　年　　月　　日

总说明

一、工程概况：本工程为 ×××××。建设地点位于 ××××。本工程包括 ××××。

二、编制依据

1. 招标文件及其所提供的工程量清单和有关报价的要求，招标文件的补充通知和答疑纪要。

2. 依据正常的施工组织设计及施工方法。

3. 施工图设计中采用的相关规范、标准、技术资料。

4. 材料价格参照《陕西工程造价管理信息（材料信息价）》××年第××期。

三、计算范围

1. ×××××××××××××××××。

2. ××××××××××××××××。

3. ×××××××××××××××。

四、工程量清单报价表的有关说明

1. ×××××××××××××××。

2. ×××××××××××××。

3. ×××××××××××××××。

项目名称:广联达办公大厦

工程项目总造价

序号	工程名称	金额	分部分项 合计	措施项目 合计	其他项目 合计	其中:　/元				劳保费用	安全文明 施工费
						规费	增值税 销项税额	附加税			
1	广联达办公大厦	9 549 683.55	6 429 533.55	1 600 302.39	808 950	412 771.3	941 964.29	44 407.48	313 776.9	324 253.29
1.1	广联达办公大厦土建工程	9 159 378	6 087 753.1	1 577 536.5	808 950	395 747.01	903 466.87	42 575.94	300 835.51	310 232.28
1.2	广联达办公大厦给排水工程	48 995.98	43 531.16	2 231.23		2 137.08	4 832.67	229.92	1 624.56	1 760.09
1.3	广联达办公大厦消防工程	202 017.09	175 973.52	12 710.93		8 811.56	19 925.77	947.98	6 698.3	7 257.09
1.4	广联达办公大厦采暖工程	25 888.87	23 019.95	1 160.31		1 129.22	2 553.52	121.49	858.4	930.01
1.5	广联达办公大厦通风工程	10 506.67	9 295.15	518.09		458.29	1 036.32	49.3	348.37	377.43
1.6	广联达办公大厦电气工程	102 896.94	89 960.67	6 145.33		4 488.14	10 149.14	482.85	3 411.76	3 696.39
	合计	9 549 683.55	6 429 533.55	1 600 302.39	808 950	412 771.3	941 964.29	44 407.48	313 776.9	324 253.29

表 5.37　主要材料价格表

工程名称:广联达办公大厦　　　　　　　　专业:土建工程　　　　　　第 1 页　共 1 页

序号	编码	材料名称	型号规格	单位	市场价	备注
1	C00187	瓷片周长 1 000 mm 以内		m²	60	
2	C00201	大理石板		m²	220	
3	C00490	规格料(支撑用)		m³	1 533	
4	C00561	挤塑聚苯乙烯泡沫板		m²	113.25	
5	C00564	加气混凝土砌块		m³	285	
6	C00571	净砂		m³	125	
7	C00783	铝合金龙骨不上人型(平面) 600 × 600		m²	40.8	
8	C00801	铝合金条板龙骨 h35		m	23.43	
9	C01172	水泥 32.5		kg	0.33	
10	C01210	塑钢窗		m²	210	
11	C01252	陶瓷地面砖周长 2 000 mm 以内		m²	90	
12	C01253	陶瓷地面砖周长 2 000 mm 以外		m²	100	
13	C01403	圆钢筋(综合)		t	3 200	
14	C01428	支撑钢管及扣件		kg	5.04	
15	C01483	组合钢模板		kg	4.95	
16	C01885	成品木门		m²	650	
17	C01996	柴油		kg	8.14	
18	C02132	商品混凝土 C15 32.5R		m³	313	
19	C02134	商品混凝土 C25 32.5R		m³	339	
20	C02135	商品混凝土 C30 32.5R		m³	357	

表 5.38　单位工程材料价差表

工程名称:广联达办公大厦　　　　　　专业:土建工程　　　　　　第 1 页　共 3 页

序号	材料名称	单位	材料量	预算价	市场价	价差	价差合计
1	生石灰	t	586.298 8	181.78	280	98.22	57 586.27
2	生石灰	t	0.453 9	181.78	280	98.22	44.58
3	生石灰	t	19.244	181.78	280	98.22	1 890.15
4	白水泥	kg	5 418.933 3	0.53	0.7	0.17	921.22
5	标准砖	千块	185.736 6	230	400	170	31 575.22
6	标准砖	千块	1.931	230	400	170	328.27
7	丙烯酸无光外墙乳胶漆	kg	401.525 1	17.78	12	-5.78	-2 320.82
8	不锈钢法兰盘 φ59	个	268.183 2	25	2.5	-22.5	-6 034.12
9	不锈钢扶手(直形)φ60	m	109.083 6	22.8	20	-2.8	-305.43
10	不锈钢扶手(直形)φ75	m	85.796 4	31.2	25	-6.2	-531.94
11	不锈钢管 φ32×1.5	m	160.542 6	17	12	-5	-802.71
12	不锈钢管 φ50	m	94.019 7	14.38	15	0.62	58.29
13	300×600 墙砖	m²	1 356.698 7	85	60	-25	-33 917.47
14	瓷片 300×600 墙砖	m²	8 804.910 6	85	60	-25	-220 122.77
15	大理石板	m²	430.325 4	240	120	-120	-51 639.05
16	方垫木	m³	10.219 1	1 300	1 800	500	5 109.55
17	方垫木	m³	0.045 1	1 300	1 800	500	22.55
18	非焦油聚氨酯防水涂料	kg	25 510.029 2	3.5	4.67	1.17	29 846.73
19	各种幕墙	m²	228.75	530	1 200	670	153 262.5
20	各种型钢	kg	4 503.433 4	4	3.4	-0.6	-2 702.06
21	规格料(支撑用)	m³	77.830 5	1 533	1 800	267	20 780.74
22	塑料贴面胶合板	m²	164.628	120	80	-40	-6 585.12
23	花岗岩板	m²	251.297 4	240	120	-120	-30 155.69
24	20 厚花岗岩板	m²	10.914	240	120	-120	-1 309.68
25	20 厚花岗岩板	m²	12.426 5	240	120	-120	-1 491.18
26	90 厚 EPS 保温板	m³	135.463 2	180	480	300	40 638.96
27	净砂	m³	1 033.780 9	40.37	120	79.63	82 319.97
28	净砂	m³	0.112 7	40.37	120	79.63	8.97
29	净砂	m³	0.503 8	40.37	120	79.63	40.12
30	聚氯乙烯卷材	m²	1 729.825 7	27.5	30	2.5	4 324.56

序号	材料名称	单位	材料量	预算价	市场价	价差	价差合计
31	断桥铝合金中空玻璃推拉窗(西飞)	m²	1 019.204 7	239	750	511	520 813.6
32	螺纹钢筋(综合)三级	t	215.290 9	3 700	3 000	−700	−150 703.63
33	木质防火门(成品)甲级	m²	31.68	350	520	170	5 385.6
34	木质防火门(成品)乙级	m²	36.96	350	500	150	5 544
35	汽油	kg	1 403.743 2	6.57	8.48	1.91	2 681.15
36	乳胶漆	kg	8 162.517 4	11.66	18	6.34	51 750.36
37	水	m³	5 364.653 9	3.85	5	1.15	6 169.35
38	水	m³	1 514.853 1	3.85	5	1.15	1 742.08
39	水	m³	0.032 5	3.85	5	1.15	0.04
40	水泥 32.5(声威)	kg	546 714.350 6	0.32	0.35	0.03	16 401.43
41	水泥 32.5(声威)	kg	43.753 2	0.32	0.35	0.03	1.31
42	水泥 32.5(声威)	kg	1 909.892 5	0.32	0.35	0.03	57.3
43	水泥 32.5(声威)	kg	449.632 6	0.32	0.35	0.03	13.49
44	水泥 42.5(声威)	kg	240.704 8	0.36	0.37	0.01	2.41
45	松厚板	m³	1.529 2	1 533	1 800	267	408.3
46	塑料排水管 DN100	m	164.409 8	21.14	25	3.86	634.62
47	塑料水落斗	个	8.08	1.8	5	3.2	25.86
48	碎石 5～15 mm	m³	0.492 8	55.25	95	39.75	19.59
49	陶瓷地面砖周长 1 200 mm 以内(坡道)600×600	m²	12.546	65	80	15	188.19
50	120×800 瓷砖	m²	560.581 8	65	55	−10	−5 605.82
51	300×300 地砖	m²	1 389.162 1	65	50	−15	−20 837.43
52	600×600 地砖	m²	302.813 7	65	80	15	4 542.21
53	600×600 地砖	m²	92.373 8	90	80	−10	−923.74
54	300×600 墙砖	m²	428.340 2	25	60	35	14 991.91
55	64×204 面砖	m²	1 452.482 2	25	80	55	79 886.52
56	300×600 墙砖	m²	37.443 4	25	60	35	1 310.52
57	圆钢筋(综合)	t	39.154	3 550	3 000	−550	−21 534.7
58	圆钢筋(综合)三级	t	165.825 5	3 550	3 100	−450	−74 621.48
59	圆钢筋(综合)	kg	378.554 4	3.55	3	−0.55	−208.2

工程名称:广联达办公大厦　　　　　专业:土建工程　　　　　　　第3页　共3页

序号	材料名称	单位	材料量	预算价	市场价	价差	价差合计
60	枕木(轨道)	m³	0.088 7	2 235	1 800	−435	−38.58
61	中砂	m³	427.984 4	37.15	120	82.85	35 458.51
62	中砂	m³	0.908 8	37.15	120	82.85	75.29
63	铸铁雨水井箅（平箅）	套	30.3	121	20	−101	−3 060.3
64	非承重黏土多孔砖 240×180×115	千块	418.682 5	670.68	1 500	829.32	347 221.77
65	成品实木套装装饰门	m²	917.04	180	450	270	247 600.8
66	柴油	kg	10 521.083 7	5.57	8	2.43	25 566.23
67	柴油	kg	200.929 6	5.57	8	2.43	488.26
68	商品混凝土 C15 32.5R	m³	163.616 4	313	500	187	30 596.27
69	商品混凝土 C25 32.5R	m³	238.102 5	339	520	181	43 096.55
70	商品混凝土 C30 32.5R	m³	1 881.441 1	357	530	173	325 489.31
71	商品混凝土 C30 32.5R	m³	1 127.451 2	357	530	173	195 049.06
72	商品混凝土 C35 32.5R	m³	57.063 9	373	550	177	10 100.31
73	C20 泵送商品混凝土	m³	96.172 6	183.53	510	326.47	31 397.47
74	粗砂	m³	5.816	38	120	82	476.91
75	石子	m³	9.2	63	95	32	294.4
	合　计						1 798 787.71

表 5.39　单位工程人材机价格汇总表

工程名称:广联达办公大厦　　　　　　专业:土建工程　　　　　　

序号	名称及规格	单位	数量	预算价	市场价	预算价合计	市场价合计
一	人工类别						
1	综合工日	工日	25 553.377 3	42	72.5	1 073 241.85	1 852 619.85
2	综合工日	工日	2 248.444 5	42	72.5	94 434.67	163 012.23
3	综合工日(装饰)	工日	17 985.995 9	50	86.1	899 299.8	1 548 594.25
4	综合工日(装饰)	工日	201.172 9	50	86.1	10 058.65	17 320.99
	小计					2 077 034.97	3 581 547.32
二	材料类别						
1	45 厚 EPS 保温板	m²	3 259.05	50	50	162 952.5	162 952.5
2	生石灰	t	586.298 8	181.78	280	106 577.4	164 163.66
3	生石灰	t	0.453 9	181.78	280	82.51	127.09
4	生石灰	t	19.244	181.78	280	3 498.17	5 388.32
5	白水泥	kg	5 418.933 3	0.53	0.7	2 872.03	3 793.25
6	标准砖	千块	185.736 6	230	400	42 719.42	74 294.64
7	标准砖	千块	1.931	230	400	444.13	772.4
8	丙酮	kg	7.709 4	9.91	9.91	76.4	76.4
9	丙烯酸无光外墙乳胶漆	kg	401.525 1	17.78	12	7 139.12	4 818.3
10	玻璃胶	kg	8.617	17	17	146.49	146.49
11	玻璃纤维布	m²	14 812.156 6	1.6	1.6	23 699.45	23 699.45
12	不锈钢带帽螺栓 M6×25	套	319.612 3	0.6	0.6	191.77	191.77
13	不锈钢法兰盘 φ59	个	268.183 2	25	2.5	6 704.58	670.46
14	不锈钢扶手(直形)φ60	m	109.083 6	22.8	20	2 487.11	2 181.67
15	不锈钢扶手(直形)φ75	m	85.796 4	31.2	25	2 676.85	2 144.91
16	不锈钢管 φ32×1.5	m	160.542 6	17	12	2 729.22	1 926.51
17	不锈钢管 φ50	m	94.019 7	14.38	15	1 352	1 410.3
18	不锈钢管 U 形卡 3 mm	只	319.612 3	1.5	1.5	479.42	479.42
19	不锈钢焊丝	kg	11.112 9	44.38	44.38	493.19	493.19
20	草板纸 80#	张	6 532.338 6	1.3	1.3	8 492.04	8 492.04
21	草袋子	片	106.277 7	1.71	1.71	181.73	181.73
22	草袋子	m²	2 518.463 1	1.71	1.71	4 306.57	4 306.57
23	瓷片 64×204 面砖	m²	4 868.381 3	80	80	389 470.5	389 470.5
24	300×600 墙砖	m²	1 356.698 7	85	60	115 319.39	81 401.92

工程名称:广联达办公大厦　　　　　　专业:土建工程　　　　　　

序号	名称及规格	单位	数量	预算价	市场价	预算价合计	市场价合计
25	瓷片300×600墙砖	m²	8 804.910 6	85	60	748 417.4	528 294.64
26	大白粉	kg	9 962.573 3	0.26	0.26	2 590.27	2 590.27
27	大理石板	m²	430.325 4	240	120	103 278.1	51 639.05
28	大理石毛边板	m³	2.927 4	4 500	4 500	13 173.3	13 173.3
29	底座	个	11.621 6	5	5	58.11	58.11
30	地脚	个	4 711.429 9	1.5	1.5	7 067.14	7 067.14
31	电焊条(普通)	kg	2 063.668 9	5.35	5.35	11 040.63	11 040.63
32	垫木60×60×60	块	62.130 8	0.33	0.33	20.5	20.5
33	垫铁	kg	214.068 1	5	5	1 070.34	1 070.34
34	调和漆	kg	6.32	7.15	7.15	45.19	45.19
35	豆包布(白布)0.9 m宽	m	39.623 9	2	2	79.25	79.25
36	镀锌铁皮0.5 mm	m²	6.277 7	26	26	163.22	163.22
37	镀锌铁丝22#	kg	2 384.303 6	4.72	4.72	11 253.91	11 253.91
38	镀锌铁丝8#	kg	4 491.248	4.12	4.12	18 503.94	18 503.94
39	对接扣件	个	147.435 8	5.39	5.39	794.68	794.68
40	二甲苯	kg	2 244.639 7	5.26	5.26	11 806.8	11 806.8
41	方垫木	m³	10.219 1	1 300	1 800	13 284.83	18 394.38
42	方垫木	m³	0.045 1	1 300	1 800	58.63	81.18
43	防腐漆	kg	324.063 4	15.68	15.68	5 081.31	5 081.31
44	防锈漆	kg	43.822 8	5.56	5.56	243.65	243.65
45	非焦油聚氨酯防水涂料	kg	25 510.029 2	3.5	4.67	89 285.1	119 131.84
46	封闭乳胶底涂料	kg	140.886	16.87	16.87	2 376.75	2 376.75
47	缸砖	m²	1 280.033 9	45	45	57 601.53	57 601.53
48	钢板网(综合)	m²	194.544	9	9	1 750.9	1 750.9
49	钢管φ48×3.5	kg	4 151.145 8	3.9	3.9	16 189.47	16 189.47
50	钢管φ40	m	65.354 4	19.03	19.03	1 243.69	1 243.69
51	钢模维修费(占钢模、扣件、卡具)	元	14 761.477	1	1	14 761.48	14 761.48
52	钢丝绳8	kg	20.561 3	8.3	8.3	170.66	170.66
53	钢支架	kg	2.333 1	4.9	4.9	11.43	11.43
54	隔离剂	kg	2 464.218 8	3	3	7 392.66	7 392.66

序号	名称及规格	单位	数量	预算价	市场价	预算价合计	市场价合计
55	各种幕墙	m²	228.75	530	1 200	121 237.5	274 500
56	各种型钢	kg	4 503.433 4	4	3.4	18 013.73	15 311.67
57	规格料(支撑用)	m³	77.830 5	1 533	1 800	119 314.16	140 094.9
58	焊剂	kg	595.397 8	4.8	4.8	2 857.91	2 857.91
59	塑料贴面胶合板	m²	164.628	120	80	19 755.36	13 170.24
60	合页 100 mm	个	1 069.268 7	1.5	1.5	1 603.9	1 603.9
61	花岗岩板	m²	251.297 4	240	120	60 311.38	30 155.69
62	20 厚花岗岩板	m²	10.914	240	120	2 619.36	1 309.68
63	20 厚花岗岩板	m²	12.426 5	240	120	2 982.36	1 491.18
64	滑石粉	kg	2 615.175 5	0.4	0.4	1 046.07	1 046.07
65	环氧树脂 E44	kg	7.709 4	23	23	177.32	177.32
66	环氧树脂	kg	6.971 1	31.67	31.67	220.77	220.77
67	回转扣件	个	136.330 1	6.22	6.22	847.97	847.97
68	90 厚 EPS 保温板	m³	135.463 2	180	480	24 383.38	65 022.34
69	甲苯	kg	6.086 4	3	3	18.26	18.26
70	建筑胶	kg	2 107.030 9	7	7	14 749.22	14 749.22
71	净砂	m³	1 033.780 9	40.37	120	41 733.73	124 053.71
72	净砂	m³	0.112 7	40.37	120	4.55	13.52
73	净砂	m³	0.503 8	40.37	120	20.34	60.46
74	焦炭	kg	23.827 5	0.72	0.72	17.16	17.16
75	界面处理剂一道(2 mm)	m³	3.996 8	1 060	1 060	4 236.61	4 236.61
76	锯木屑	m³	51.316 9	6	6	307.9	307.9
77	聚氨酯甲、乙料	kg	742.968 2	8.2	8.2	6 092.34	6 092.34
78	聚醋酸乙烯乳液	kg	1 132.110 6	13.21	13.21	14 955.18	14 955.18
79	聚氯乙烯卷材	m²	1 729.825 7	27.5	30	47 570.21	51 894.77
80	聚氯乙烯黏结剂	kg	1 902.776 9	22.25	22.25	42 336.79	42 336.79
81	卡具插销	kg	8 504.109 6	4.5	4.5	38 268.49	38 268.49
82	拉手 125 mm	个	1 069.268 7	0.5	0.5	534.63	534.63
83	缆风桩木	m³	0.178 8	1 054	1 054	188.46	188.46
84	铝合金地弹门(含玻璃)	m²	6.886 8	350	350	2 410.38	2 410.38

工程名称:广联达办公大厦　　　　　　专业:土建工程　　　　　　第4页　共8页

序号	名称及规格	单位	数量	预算价	市场价	预算价合计	市场价合计
85	断桥铝合金中空玻璃推拉窗(西飞)	m²	1 019.204 7	239	750	243 589.92	764 403.53
86	螺栓	kg	238.370 6	6.65	6.65	1 585.16	1 585.16
87	螺栓	个	28	1.42	1.42	39.76	39.76
88	螺纹钢筋(综合)三级	t	215.290 9	3 700	3 000	796 576.33	645 872.7
89	麻绳	kg	0.462 8	8.5	8.5	3.93	3.93
90	煤焦沥青漆	kg	12.915	11.33	11.33	146.33	146.33
91	密封油膏	kg	362.225 3	4.5	4.5	1 630.01	1 630.01
92	棉纱头	kg	280.197 3	8	8	2 241.58	2 241.58
93	木材	kg	3.971 3	0.5	0.5	1.99	1.99
94	木螺丝	千个	127.468 5	30	30	3 824.06	3 824.06
95	木质防火门(成品)甲级	m²	31.68	350	520	11 088	16 473.6
96	木质防火门(成品)乙级	m²	36.96	350	500	12 936	18 480
97	尼龙帽	个	3 537.454 9	0.2	0.2	707.49	707.49
98	膨胀螺栓 M8×80	套	1 511.884 8	0.92	0.92	1 390.93	1 390.93
99	膨胀螺栓Ⅰ型 M12×130	套	4 711.429 9	1.19	1.19	5 606.6	5 606.6
100	膨胀螺栓	套	352.303 9	1.1	1.1	387.53	387.53
101	皮条	m	1 011.719 8	10	10	10 117.2	10 117.2
102	其他材料费(占材料费)	元	191.910 8	1	1	191.91	191.91
103	其他材料费	元	4 591.374	1	1	4 591.37	4 591.37
104	汽油	kg	1 403.743 2	6.57	8.48	9 222.59	11 903.74
105	嵌缝料	kg	103.754 6	4	4	415.02	415.02
106	乳胶漆	kg	8 162.517 4	11.66	18	95 174.95	146 925.31
107	铁件	kg	305.238 9	5.6	5.6	1 709.34	1 709.34
108	软填料	kg	385.197 9	3	3	1 155.59	1 155.59
109	砂纸	张	1 517.480 8	0.5	0.5	758.74	758.74
110	石膏粉	kg	386.804 5	0.6	0.6	232.08	232.08
111	石灰膏	kg	66 963.574 7	0.5	0.5	33 481.79	33 481.79
112	石料切割锯片	片	143.605 1	60	60	8 616.31	8 616.31
113	石棉垫	kg	61.806	20	20	1 236.12	1 236.12
114	水	m³	5 364.653 9	3.85	5	20 653.92	26 823.27

序号	名称及规格	单位	数量	预算价	市场价	预算价合计	市场价合计
115	水	m³	1 514.853 1	3.85	5	5 832.18	7 574.27
116	水	m³	0.032 5	3.85	5	0.13	0.16
117	水泥 32.5(声威)	kg	546 714.350 6	0.32	0.35	174 948.59	191 350.02
118	水泥 32.5(声威)	kg	43.753 2	0.32	0.35	14	15.31
119	水泥 32.5(声威)	kg	1 909.892 5	0.32	0.35	611.17	668.46
120	水泥 32.5(声威)	kg	449.632 6	0.32	0.35	143.88	157.37
121	水泥 42.5(声威)	kg	240.704 8	0.36	0.37	86.65	89.06
122	水泥钢钉	kg	5.022 2	6.3	6.3	31.64	31.64
123	水泥炉渣料	m³	247.425 4	109.62	109.62	27 122.77	27 122.77
124	松厚板	m³	1.529 2	1 533	1 800	2 344.26	2 752.56
125	塑料管固定卡	个	165.324 8	0.1	0.1	16.53	16.53
126	塑料排水管 DN100	m	164.409 8	21.14	25	3 475.62	4 110.25
127	塑料水落斗	个	8.08	1.8	5	14.54	40.4
128	塑料止水带	m	266.28	19	19	5 059.32	5 059.32
129	碎石 5～15 mm	m³	0.492 8	55.25	95	27.23	46.82
130	羧甲基纤维素	kg	226.422 1	7	7	1 584.95	1 584.95
131	陶瓷地面砖周长 1 200 mm 以内(坡道)600×600	m²	12.546	65	80	815.49	1 003.68
132	120×800 瓷砖	m²	560.581 8	65	55	36 437.82	30 832
133	300×300 地砖	m²	1 389.162 1	65	50	90 295.54	69 458.11
134	600×600 地砖	m²	302.813 7	65	80	19 682.89	24 225.1
135	800×800 地砖	m²	6 208.406 2	90	90	558 756.56	558 756.56
136	600×600 地砖	m²	92.373 8	90	80	8 313.64	7 389.9
137	300×600 墙砖	m²	428.340 2	25	60	10 708.51	25 700.41
138	64×204 面砖	m²	1 452.482 2	25	80	36 312.06	116 198.58
139	300×600 墙砖	m²	37.443 4	25	60	936.09	2 246.6
140	铁钉	kg	1 413.712 1	4.98	4.98	7 040.29	7 040.29
141	铁件	t	0.828 2	5 600	5 600	4 637.92	4 637.92
142	钨棒	kg	3.865 5	600	600	2 319.3	2 319.3
143	橡胶板	m²	0.443 5	16	16	7.1	7.1
144	氩气	m³	23.720 7	40	40	948.83	948.83

工程名称:广联达办公大厦　　　　　专业:土建工程　　　　　第6页 共8页

序号	名称及规格	单位	数量	预算价	市场价	预算价合计	市场价合计
145	乙二胺	kg	0.608 6	24	24	14.61	14.61
146	乙炔气	m³	3.932 4	68	68	267.4	267.4
147	乙酸乙酯	kg	699.717 9	4.5	4.5	3 148.73	3 148.73
148	油漆溶剂油	kg	47.388 2	10.81	10.81	512.27	512.27
149	有机玻璃 10 mm	m²	58.202 7	115	115	6 693.31	6 693.31
150	圆钢筋(综合)	t	39.154	3 550	3 000	138 996.7	117 462
151	圆钢筋(综合)三级	t	165.825 5	3 550	3 100	588 680.53	514 059.05
152	圆钢筋(综合)	kg	378.554 4	3.55	3	1 343.87	1 135.66
153	枕木(轨道)	m³	0.088 7	2 235	1 800	198.24	159.66
154	支撑钢管及扣件	kg	13 410.985 9	5.04	5.04	67 591.37	67 591.37
155	直角扣件	个	684.310 8	5.27	5.27	3 606.32	3 606.32
156	纸筋	kg	210.812 2	0.7	0.7	147.57	147.57
157	中砂	m³	427.984 4	37.15	120	15 899.62	51 358.13
158	中砂	m³	0.908 8	37.15	120	33.76	109.06
159	铸铁水落口（横式）	套	8.08	48	48	387.84	387.84
160	铸铁雨水井算（平算）	套	30.3	121	20	3 666.3	606
161	砖地膜	m²	126.754	24	24	3 042.1	3 042.1
162	自攻螺丝	只	2 221.751 8	0.22	0.22	488.79	488.79
163	组合钢模板	kg	15 899.567 6	4.95	4.95	78 702.86	78 702.86
164	非承重黏土多孔砖 240 × 180 × 115	千块	418.682 5	670.68	1 500	280 801.98	628 023.75
165	钢丝网 0.8	m²	33.976 2	11.3	11.3	383.93	383.93
166	成品实木套装装饰门	m²	917.04	180	450	165 067.2	412 668
167	钢筋直螺纹连接套×20	个	1 698.82	7.02	7.02	11 925.72	11 925.72
168	钢筋直螺纹连接套×22	个	3 831.94	7.92	7.92	30 348.96	30 348.96
169	钢筋直螺纹连接套×25	个	484.8	9.9	9.9	4 799.52	4 799.52
170	水泥钉	kg	0.333 1	6.48	6.48	2.16	2.16
171	柴油	kg	10 521.083 7	5.57	8	58 602.44	84 168.67
172	柴油	kg	200.929 6	5.57	8	1 119.18	1 607.44
173	商品混凝土 C15 32.5R	m³	163.616 4	313	500	51 211.93	81 808.2
174	商品混凝土 C25 32.5R	m³	238.102 5	339	520	80 716.75	123 813.3

工程名称:广联达办公大厦　　　　　　专业:土建工程　　　　　　第7页　共8页

序号	名称及规格	单位	数量	预算价	市场价	预算价合计	市场价合计
175	商品混凝土 C30 32.5R	m³	1 881.441 1	357	530	671 674.47	997 163.78
176	商品混凝土 C30 32.5R	m³	1 127.451 2	357	530	402 500.08	597 549.14
177	商品混凝土 C35 32.5R	m³	57.063 9	373	550	21 284.83	31 385.15
178	C20 泵送商品混凝土	m³	96.172 6	183.53	510	17 650.56	49 048.03
179	黏土(未计价)	m³	8 405.637 9				
180	水泥	kg	3 268	0.38	0.38	1 241.84	1 241.84
181	白灰	kg	1 840	0.23	0.23	423.2	423.2
182	粗砂	m³	5.816	38	120	221.01	697.92
183	石子	m³	9.2	63	95	579.6	874
184	钢筋	t	0.396	3 775	3 775	1 494.9	1 494.9
185	材料费调整	元	0.300 6	1	1	0.3	0.3
	小计					7 596 033.08	9 394 820.81
三	机械类别						
1	直流电焊机 30 kW	台班	88.068	132.32	132.32	11 653.16	11 653.16
2	安拆费及场外运输费(台班用)	元	8 643.603 5	1	1	8 643.6	8 643.6
3	大修理费(台班用)	元	17 758.341 7	1	1	17 758.34	17 758.34
4	经常修理费(台班用)	元	58 436.588 6	1	1	58 436.59	58 436.59
5	其他费用(台班用)	元	4 362.171 7	1	1	4 362.17	4 362.17
6	折旧费(台班用)	元	111 527.294 3	1	1	111 527.29	111 527.29
7	石料切割机	台班	320.461 2	35.14	35.14	11 261.01	11 261.01
8	混凝土振捣器(插入式)	台班	350.722 2	11.82	11.82	4 145.54	4 145.54
9	混凝土振捣器(平板式)	台班	49.597 3	13.57	13.57	673.04	673.04
10	电锤(小功率)520 W	台班	22.233 6	9.31	9.31	206.99	206.99
11	抛光机	台班	5.357	26.29	26.29	140.84	140.84
12	多用喷枪	台班	7.748 7	5.34	5.34	41.38	41.38
13	卷扬机架 高30 m	台班	1 062	5	5	5 310	5 310
14	其他机械费	元	690.63	1	1	690.63	690.63
15	架线	次	1.254 8	400	400	501.92	501.92
16	手电钻	台班	50.406 7	5.28	5.28	266.15	266.15
17	砂轮切割机 φ400	台班	125.076	41.2	41.2	5 153.13	5 153.13

序号	名称及规格	单位	数量	预算价	市场价	预算价合计	市场价合计
18	综合人工(台班用)	工日	2 995.241	42	72.5	125 800.12	217 154.97
19	综合人工(台班用)	工日	177.551 4	42	72.5	7 457.16	12 872.48
20	电(台班用)	kW·h	103 587.378 5	0.58	1	60 080.68	103 587.38
21	电(台班用)	kW·h	11 975.047 5	0.58	1	6 945.53	11 975.05
22	电(台班用)	kW·h	716.293 3	0.58	1	415.45	716.29
23	机械费调整	元	-1.339 8	1	1	-1.34	-1.34
	小计					441 469.38	587 076.61
	合计					10 114 537.81	13 563 452.48

任务6 建筑、安装工程开标、评标、定标

任务简介

开标就是投标人提交投标文件截止时间后,由招标人主持,邀请所有投标人参加。招标人依据招标文件规定的时间和地点,开启投标人提交的投标文件,公开宣布投标人的名称、投标价格及投标文件中的其他主要内容的活动。开标应当在招标文件确定的提交投标文件截止时间的同一时间公开进行,开标地点也应当为招标文件中预先确定的地点。

评标是由招标人依法组建的评标委员会对投标人编制的投标文件进行审查,并根据招标文件提供的评标办法对投标文件进行技术经济评价,向招标人推荐中标候选人或者根据招标人的授权直接确定中标人。

定标也即授予合同,是采购单位决定中标人的行为。即评标结束后,由评标委员会推荐出中标候选人,并向招标人提交评标报告,评标结束;下一个程序进入公示阶段,公示结束后,排名第一的中标候选人为中标人,招标人向中标人发出中标通知书。发出中标通知书就是定标。

任务要求

能力目标	知识要点	相关知识	权重
掌握开标的流程	开标的时间、地点和方式	开标的概念	10%
掌握投标人提交投标文件的注意事项	投标文件的组成内容	投标的方式	15%
掌握废标的情形,且避免发生	废标的处理情形	废标	20%
掌握评标的方法	评标的方法	评标的标准和内容	30%
掌握建筑工程定标	定标的原则	定标的流程	25%

6.1 开标、评标、定标编制实训指导书

6.1.1 编制依据

①招标文件。
②《中华人民共和国招标投标法》中对此环节中的法律规定。
③招标办对备案资料的要求。

6.1.2 编制步骤方法

(1)针对投标人
①认真研究招标文件相关规定、要求。

②组建投标小组成员。

③收集相关资料。

④按照要求填写相关内容。

⑤通过自评、互评检查投标资料内容。

⑥打印、整理、装订、密封。

⑦在截止日期之前递交投标文件。

⑧按照规定提供开标资料,并在相关资料上签字确认,配合开标过程顺利进行。

(2)针对招标人和代理公司

①组建开标成员。

②根据招标文件要求准备相关资料、表格。

③检查相关资料和表格中评标委员会专家签字齐全、规范。

④打印、整理、装订资料。

⑤将资料整理好后送给相关部门备案留档。

6.2　广联达办公大厦项目开标、评标、定标编制(实例)

6.2.1　投标人递交投标文件登记表(表6.1、表6.2)

表 6.1　投标人签到表

日期:2018 年 1 月 8 日

序号	单位名称	姓名	职务	联系电话	签到时间	备注
1	延安××水利水电工程有限公司	苏×晶	项目经理	139×××4546	14:20	
2	投标人2	张×国	项目经理	139×××2567	14:22	
3	投标人3	王×兵	项目经理	139×××4455	14:25	

注:有的地方要求开标时项目经理必须到场,则项目经理签字,对于不要求的只要是投标人的联系人即可。

招标人(签字):任×设　　　　　　　　　　监督人:王×红

表 6.2　投标人递交文件登记表

工程名称:广联达办公大厦　　　　　　　　　　　　　　　　日期:2018 年 1 月 8 日

序号	投标人	递交时间	件数	是否密封	递交人	备注
1	延安××水利水电工程有限公司	14:20	4	密封完好	苏×晶	
2	投标人2	14:22	4	密封完好	张×国	
3	投标人3	14:25	4	密封完好	王×兵	

接收人(招标代理公司):××欢欢　　　　　　接收地点:招标办交易大厅

6.2.2 由招标代理公司唱标人宣布会议议程

尊敬的各位领导、各位代表：

大家好！今天，我们的招标项目是 <u>广联达办公大厦</u> 。首先，我代表招标单位，向参加今天开标会议的所有参会人员表示热烈欢迎！现在我宣布开标会议正式开始！至投标截止时间，收到 <u>广联达办公大厦</u> 施工投标人3家，凡在此后送达的投标文件将被拒绝。

1) 第一项:宣布开标纪律

①遵守《中华人民共和国招标投标法》及其他有关法律、法规、规定及开标会议议程。
②在开标会议期间，所有参会人员关闭手机或将手机调成振动。
③严禁大声喧哗，保持会场安静。
④开标会议工作人员不得以任何形式或手段侵犯招投标人的合法权益。
⑤在开标会议期间，严禁发生弄虚作假、暗箱操作等行为。
⑥开标活动及其当事人应当自觉接受有关监督部门依法实施的监督。
⑦未经许可，投标人不得进入评标室。

2) 第二项:介绍参会人员(表6.3)

建设单位: <u>广联达股份有限公司</u>
监督单位: <u>××市招标办</u>
招标代理单位: <u>×××造价咨询公司</u>

表6.3 开标参会人员签到表

项目名称:广联达办公大厦

序号	单位	职位	姓名	联系方式
1	广联达股份有限公司	工程部长	白×华	139×××××2233
2	广联达股份有限公司	工程总工	任×建	139×××××4213
3	××市招标办	科长	王×红	139×××××1556
4	××市招标办	科员	高×刚	136×××××4562
5	×××造价咨询公司	负责人	崔×燕	137×××××4782
6	×××造价咨询公司	参与人	罗×静	134×××××8572

招标人:任×建

介绍各投标单位，点到各投标单位时举手答"到":延安××水利水电工程有限公司、投标人2、投标人3……

3) 第三项:查验投标人的有关证件

请监标人确认投标企业法定代表人或委托授权负责人是否到场，同时投标人向监标人提供相关证件及资料(表6.4)。监标人查验完毕后宣布查验结果，并签字确认。

表 6.4 建设项目相关证件查验表

序号	资质原件＼投标单位	法人或法人授权委托书	法人或被委托人身份证	建造师证安全生产考核合格证书(B证)	保证金回单	行贿犯罪档案查询结果告知函	结果
1	延安××水利水电工程有限公司	√	√	√	√	√	合格
2	投标人 2	√	√	√	√	√	合格
3	投标人 3	√	√	√	√	√	合格

注:本表中查验合格的项打"√",查验不合格的打"×",结果写"合格"或"不合格"确认。

招标人:任×建 监督人:王×红

法定代表人身份证明

投 标 人:_____延安××水利水电工程有限公司_____

单位性质:_____有限责任公司_____

地　　址:_____延安市××区西沟、西环路 431 号院_____

成立时间:___2003___年___9___月___12___日

经营期限:___2007 年 8 月 16 日—2027 年 8 月 15 日___

姓　　名　张×荣　　　　性　　别　男

年　　龄　52 岁　　　　职　　务:___总经理___

系___延安××水利水电工程有限公司___(申请人名称)的法定代表人。

特此证明。

申请人:___延安××水利水电工程有限公司___(盖单位章)

___2018 年 1 月 8 日___

授权委托书

本人___张×荣___(姓名)系___延安××水利水电工程有限公司___(申请人名称)的法定代表人,现委托___苏×晶___(姓名)为我方代理人。代理人根据授权,以我方名义签署、澄清、递交、撤回、修改___广联达办公大厦(项目名称)1___标段施工投标文件、签订合同和处理有关事宜,其法律后果由我方承担。

委托期限:___60 天___(根据工程实际情况自行拟定)

代理人无转委托权。

附:法定代表人身份证明

投 标 人:_____延安××水利水电工程有限公司_____(盖单位章)

法定代表人:___张×荣___(签字)

身份证号码:___61260119650905×××___

委托代理人:___苏×晶___(签字)

身份证号码:___61062219950303××××___

___2018 年 1 月 8 日___

4)第四项:查验投标文件密封情况

请所有投标企业相互查验标书密封情况,并在查验表上签字确认(表6.5)。

表6.5 施工投标文件密封集中查验表

工程名称:广联达办公大厦

序号	投标单位	件数	密封情况		投标人代表签字
			是(√)	否(×)	
1	延安××水利水电工程有限公司	4	√		苏×晶
2	投标人2	4	√		张×国
3	投标人3	4	√		王×兵

说明:本表在投标人较多时使用,可以提高查验工作效率。集中查验密封情况时,将所有投标人递交的投标文件按单位集中摆放,参会的各投标人代表和监督人员共同对所有递交的投标文件进行密封查验,由监督人员代表执笔,征询各代表意见后对投标文件进行是否密封作出结论。集中查验工作完成后,所有投标人代表以及监督人员均应签字。

招标人签字:任×建 监督人签字:王×红

5)第五项:开标

①开启 <u>广联达办公大厦</u> 限价: <u>9 567 993.67</u> 元招标文件,要求工期: <u>270</u> 日历天(表6.6)。

②开启投标文件,将技术标送评标室评审。技术标评审结束后,开启商务标。

表6.6 <u>广联达办公大厦</u> 唱标一览表

招标人:广联达股份有限公司　　招标代理机构:×××造价咨询公司　　日期:2018年1月8日

唱标内容\投标单位	投标报价	工程质量等级	投标工期	投标人授权代表确认签字
招标上限控制价	9 567 993.67 元			
招标文件要求工期	270 天			
延安××水利水电工程有限公司	9 549 683.55	合格	270	苏×晶
投标人2	9 535 576.45	合格	270	张×国
投标人3	9 558 457.62	合格	270	王×兵

唱标人(签字):崔×燕 记标人(签字):罗×静
招标人(签字):任×建 监标人(签字):王×红

唱标完毕,确认各投标企业对刚才唱标有没有异议。然后请投标企业在唱标表上签字确认,请有关专家到评标室参与评标。

宣布评标结果。开标会议到此结束。

6.2.3 评标委员会对项目进行评审

评标委员会的专家一般由招标人或者代理公司在发改委或者招投标管理办公室建立的评标专家库随机抽取(表6.7)。抽取的数量为5～9个单数,其中技术经济专家必须占到2/3。专家在规定时间之前必须到场,不能及时到场的须提前半小时履行请假手续,以便补抽的专家能按时到场(表6.8)。无故不能到场视为自动弃权,并给予一定的处罚。招标代理公司按照规定或者流程,准备一些资料进行填写备案。

表6.7 建设项目招标评标专家抽取登记表

项目名称	广联达办公大厦		
开标地点	广联达科技股份有限公司会议室	拟抽取人数	5
开标时间	__2018__年_1_月_8_日__14__时__30__分		
建设单位	广联达股份有限公司	经办人签名	王×红
代理公司	×××造价咨询公司		
实抽评标专家人数	5		
抽取时间	__2018__年_1_月_8_日_09_时_00_分	操作人员签名	高×刚

注:此表各地有不同的记录形式。

表6.8 评标小组专家签到表

序号	单位	姓名	专业	职称	联系电话	备注
1	×××公司	郭×茜	施工	高级工程师	135×××4546	
2	×××公司	王×晓	造价	高级工程师	137×××0211	
3	×××公司	罗×庚	施工	高级工程师	139×××4578	
4	×××公司	胡×凤	施工	高级工程师	135×××5856	
5	×××公司	陈×翔	造价	高级工程师	189×××0945	

招标代理公司将开启的技术标送往评标室,由评标委员会专家根据招标文件中对技术标的评分标准进行评审,并签字确认结果(表6.9至表6.18)。

表6.9 技术标评审表格

序号	投标人 得分 评分项目	延安××水利水电工程有限公司	投标人2	投标人3
1	项目经理部组成(0.5～2分)	1.8	1.6	1.2
2	施工方案和施工技术措施(0.5～2分)	1.7	1.3	1.4

续表

序号	得分 投标人 评分项目	延安××水利水电工程有限公司	投标人2	投标人3
3	工期技术组织措施(0.5~2分)	1.6	1.4	1.5
4	工程质量技术保证措施(0.5~2分)	1.7	1.6	1.6
5	安全生产保证措施(0.5~2分)	1.8	1.3	1.8
6	施工现场平面布置图(0.5~2分)	1.7	1.5	1.6
7	文明施工技术组织措施及环境保护措施(0.5~2分)	1.6	1.7	1.7
8	主要机具施工机械设备配备计划(0.5~2分)	1.6	1.7	1.8
9	施工进度计划表或施工网络图(0.5~2分)	1.8	1.5	1.3
10	新技术、新材料、新工艺、对提高工程质量、缩短工期、降低造价的可行性(0.5~2分)	1.6	1.5	1.4
	合计	16.9	15.1	15.3

说明:1.表中1~10项共计20分。

2.技术标中质量、工期、安全任何一项不合格者,其技术标即为不合格;因其他评审内容不合格而被评为技术标不合格的,应有2/3及以上评标委员的一致意见。打分不得超过打分标准的上、下限。

注:此表每个专家根据自己对各投标人技术标中各项的优劣自主打分,这里只显示一个专家的样表,其余专家和此相类似,分值不同。

评标专家签名:郭×茜

表6.10 项目技术标汇总表

投标企业名称 评委	评委1	评委2	评委3	评委4	评委5	总得分	技术标得分
延安××水利水电工程有限公司	16.9	16.8	17.2	17.4	18.2	86.4	17.3
投标人2	15.1	16.2	17.1	16.8	17.7	82.9	16.58
投标人3	15.3	16.4	17.5	16.3	17.6	83.01	16.62

注:此表中技术标的得分项是由总得分除以5的平均值。

技术标评审结束后,开启商务标,送往评标室,由评标委员会专家对商务标的形式性和响应性进行评审。

全体评委签字:郭×茜 王×晓 罗×庚 胡×凤 陈×翔

表 6.11　形式性评审记录表

工程名称:广联达办公大厦

序号	评审因素	投标人名称及评审意见					
		延安××水利水电工程有限公司		投标人 2		投标人 3	
		符合	不符合	符合	不符合	符合	不符合
1	响应函签字盖章:有法定代表人或其委托代理人签字或加盖单位章	√		√		√	
2	投标响应文件格式:符合第八章"投标响应文件格式"的要求	√		√		√	
	报价唯一(只能有一个响应报价)	√		√		√	
是否通过评审		是		是		是	

注:符合要求的打"√",不符合的打"×"(应有 2/3 及以上评标委员的一致意见)。

全体评委签字:郭×茜　王×晓　罗×庚　胡×凤　陈×翔

日期:　2018 年 1 月 8 日

表 6.12　响应性评审记录表

序号	评审因素	投标人名称及评审意见					
		延安××水利水电工程有限公司		投标人 2		投标人 3	
		符合	不符合	符合	不符合	符合	不符合
1	投标内容	√		√		√	
2	工期	√		√		√	
3	工程质量	√		√		√	
4	投标有效期	√		√		√	
5	权利义务	√		√		√	
6	已标价工程量清单	√		√		√	
7	有效投标报价	√		√		√	
8	分包计划	√		√		√	
是否通过评审		是		是		是	

注:符合要求的打"√",不符合的打"×"(应有 2/3 及以上评标委员的一致意见)。

全体评委签字:　郭×茜　王×晓　罗×庚　胡×凤　陈×翔

日期:　2018 年 1 月 8 日

表6.13　工程投标报价评分表

总分:30　　　　　　　　　　　　　本工程项目扣分标准:$X=1$

序号	投标单位	投标总价	合理报价	基准价	偏差率/%	得分
1	延安××水利水电工程有限公司	9 549 683.55	9 549 683.55		0.15	29.85
2	投标人2	9 535 576.45	9 535 576.45	9 535 576.45	0	30
3	投标人3	9 558 457.62	9 558 457.62		0.24	29.76
4						
5	标底	20 754 766	报价下限:		92%	

说明:投标总价得分标准:在有效报价范围内,报价最低的投标价即为基准价,等于基准价得满分,高于基准价每1%扣X分,扣完为止。

偏差率=(投标报价-基准价)/基准价×100%。例如:投标人1的偏差率=(9 549 683.55-9 535 576.45)/9 535 576.45×100%=0.15%,投标人2的偏差率=(9 535 576.45-9 535 576.45)/9 535 576.45×100%=0,投标人3的偏差率=(9 558 457.62-9 535 576.45)/9 535 576.45×100%=0.24%。

投标人1的得分=投标总得分-偏差×X=30-0.15×1=30-0.15=29.85,投标人2的得分=投标总得分-偏差×X=30-0=30,投标人3的得分=投标总得分-偏差×X=30-0.24×1=30-0.24=29.76。

全体评委签字:　郭×茜　王×晓　罗×庚　胡×凤　陈×翔

日期:　2018年1月8日

表6.14　措施项目费评分表

极端判定标准$\delta=10$　　　　　正偏差扣分标准$X=1$　　　　　负偏差扣分标准$Y=0.5$

序号	投标单位	措施项目费	去掉极端值后的有效报价值	基准价	偏差率/%	得分
1	延安××水利水电工程有限公司	1 600 302.39	1 600 302.39		-2.64	8.68
2	投标人2	1 756 421.28	1 756 421.28	1 643 658.66	6.86	3.14
3	投标人3	1 574 252.31	1 574 252.31		-4.22	7.89
4						

说明:措施费基准价=(投标人1措施费+投标人2的措施费+投标人3的措施费)/3=(1 600 302.39+1 756 421.28+1 574 252.31)/3=1 643 658.66。

例如:偏差率=(投标报价-基准价)/基准价×100%,投标人1的偏差率=(1 600 302.39-1 643 658.66)/1 643 658.66×100%=-2.64%(负偏差,偏差扣分标准0.5分)。投标人2的偏差率=(1 756 421.28-1 643 658.66)/1 643 658.66×100%=6.86%(正偏差,偏差扣分标准1分),投标人3的偏差率=(1 574 252.31-1 643 658.66)/1 643 658.66×100%=-4.22%(负偏差,偏差扣分标准0.5分)。投标人1的得分=措施总得分-|负偏差|×Y=10-2.64×0.5=10-2.64×0.5=8.68,投标人2的得分=措施总得分-正偏差×X=10-6.86×1=10-6.86×1=3.14,投标人3的得分=措施总得分-正偏差×Y=10-4.22×0.5=10-4.22×0.5=7.89。

全体评委签字:　郭×茜　王×晓　罗×庚　胡×凤　陈×翔

日期:2018年1月8日

表 6.15 010501004002 满堂基础综合单价费评分表

总分:20   极端判定标准 $\delta = 10$ 正偏差扣分标准 $X = 2$ 负偏差扣分标准 $Y = 1$

序号	投标单位	项目费	去掉极端值后有效报价值	基准价	偏差率/%	计算得分	得分
1	延安××水利水电工程有限公司	422.59	422.59		0.04		19.92
2	投标人2	425.32	425.32		0.68		18.64
3	投标人3	419.37	419.37	422.43	−0.72		19.28
4							
5							
6							
本项目总分		20					

说明:分部分项得分标准:以一定范围内有效报价确定基准价。有效报价判定标准为:最低与次低、最高与次高相比超过 $\delta\%$ 时,最低或最高即为极端值,不得参与基准价确定计算;去掉极端值后的有效报价值不大于 7 个时,有效值算术平均产生基准价;大于 7 个时去掉一个最高和一个最低然后进行算术平均,产生基准价。等于基准价得满分,高于基准价每 1% 扣 X 分,低于基准价每 1% 扣 Y 分;表中偏差率为负者即为低于基准价的偏差,反之为高出偏差。

此表中计算公式与措施费中相类似。分部分项基准价 = (投标人1 + 投标人2 + 投标人3)/3 = (422.59 + 425.32 + 419.37)/3 = 422.43。

例如:偏差率 = (投标报价 − 基准价)/基准价 ×100%。投标人 1 的偏差率 = (422.59 − 422.43)/422.43 × 100% = 0.04（正偏差,偏差扣分标准 2 分）,投标人 2 的偏差率 = (425.32 − 422.43)/422.43 × 100% = 0.68%（正偏差,偏差扣分标准 2 分）,投标人 3 的偏差率 = (419.37 − 422.43)/422.43 × 100% = −0.72%（负偏差,偏差扣分标准 1 分）。投标人 1 的得分 = 分部分项总得分 − 偏差 × X = 20 − 0.04 × 2 = 20 − 0.08 = 19.92,投标人 2 的得分 = 分部分项总得分 − 偏差 × X = 20 − 0.68 × 2 = 20 − 1.36 = 18.64,投标人 3 得分 = 分部分项总得分 − |偏差| × X = 20 − 0.72 × 1 = 20 − 0.72 = 19.28。

全体评委签字:郭×茜　王×晓　罗×庚　胡×凤　陈×翔

日期:2018 年 1 月 8 日

表 6.16 030705001001 点型探测器综合单价评分表

总分:20   极端判定标准 $\delta = 10$ 正偏差扣分标准 $X = 2$ 负偏差扣分标准 $Y = 1$

序号	投标单位	项目费	去掉极端值后有效报价值	基准价	偏差率/%	计算得分	得分
1	延安××水利水电工程有限公司	160.31	160.31		−2.85		17.15
2	投标人2	162.42	162.42		−1.58		18.42
3	投标人3	172.33	172.33	165.02	4.43		11.14
4							
5							
6							

续表

序号	投标单位	项目费	去掉极端值后有效报价值	基准价	偏差率/%	计算得分	得分
	本项目总分	20					

说明:项目措施费得分标准:以一定范围内有效报价确定基准价。有效报价判定标准为:最低与次低、最高与次高相比超过 $\delta\%$ 时,最低或最高即为极端值,不得参与基准价确定计算;去掉极端值后的有效报价值不大于 7 个时,有效值算术平均产生基准价;大于 7 个时去掉一个最高和一个最低然后进行算术平均,产生基准价。等于基准价得满分,高于基准价每 1% 扣 X 分,低于基准价每 1% 扣 Y 分;表中偏差率为负者即为低于基准价的偏差,反之为高出偏差。

注:此表中的计算与上表相同。

全体评委签字:郭×茜　王×晓　罗×庚　胡×凤　陈×翔

日期:2018 年 1 月 8 日

表 6.17　商务标得分汇总表

序号	投标单位	商务标得分			其他项目	备注	汇总得分
		投标总价得分	措施项目费得分	清单综合单价得分			
1	延安××水利水电工程有限公司	29.85	8.68	19.82 + 17.15 = 36.97			75.5
2	投标人 2	30.00	3.14	18.64 + 18.42 = 37.06			70.2
3	投标人 3	29.76	7.89	19.28 + 11.14 = 30.42			68.07

全体评委签字:郭×茜　王×晓　罗×庚　胡×凤　陈×翔

日期:2018 年 1 月 8 日

表 6.18　技术标、商务标得分汇总表

投标单位名称		延安××水利水电工程有限公司	投标人 2	投标人 3
技术标	总分	17.3	16.58	16.62
商务标	总分	75.5	70.2	68.07
总得分		92.8	86.78	84.69
排名		1	2	3

全体评委签字:郭×茜　王×晓　罗×庚　胡×凤　陈×翔

日期:2018 年 1 月 8 日

　　根据评审最终结果,评标委员会推介中标候选人,由招标代理公司填写评标报告书。

××市
建设工程招标评标报告书

建 设 单 位：　广联达股份有限公司

工 程 名 称：　广联达办公大厦

招标代理公司：　×××造价咨询公司

××市建设工程招标投标管理办公室印制

开标时间	2018 年 1 月 8 日 14 时 30 分		开标地点	××市
参加会议的单位和人员	姓名	单位	职务、职称	备注
	白×华	广联达股份有限公司	工程部长	
	曹×莉	××市招标办	工程部总工	
	高×刚	××市招标办	科员	
	崔×燕	×××造价咨询公司	负责人	
	罗×静	×××造价咨询公司	参与人	
评标依据	本工程评标办法			
评审意见	得分最高者为第一中标候选人			
中标人候选人	延安××水利水电工程有限公司			
评标委员会成员签字	郭×茜　王×晓　罗×庚　胡×凤　陈×翔			
监督单位人员签字	王×红			

中选结果公示

　　__广联达办公大厦__ 于 __2018__ 年 __1__ 月 __8__ 日 __14__ 时 __30__ 分 在××市招标__办交易大厅__ 依法公开招标后,评标委员会按照招标文件规定的评比标准和方法进行评审。根据评标委员会提出的书面报告和推荐的中标候选人,现将评审结果公告如下:

项目名称	广联达办公大厦
中标候选人	延安××水利水电工程有限公司
最高限价	9 567 993.67 元
中标价	9 549 683.55 元
工期	270 天
质量等级	合格
项目经理	苏×晶
证书号	陕 26100090××××

　　现将上述评标结果和中标候选人在公示栏中予以公示,投标人对评审结果和推荐的中标候选人有异议或认为评审活动存在违法违规行为或不公正、不公平行为的,可向招标人、招标代理机构提出质疑并书面投诉。

　　投诉受理单位:_____

　　投诉受理电话:0×11-8××××4

建设单位(盖章):广联达股份有限公司
__2018__ 年 __1__ 月 __8__ 日

××市
建设工程施工招标中标通知书

(　　×市)招(2018)第(××5)号

建设项目名称：<u>广联达办公大厦</u>

中标单位名称：<u>延安××水利水电工程有限公司</u>

招标单位及法定代表人：<u>广联达股份有限公司</u>(印鉴)

招标代理机构及法定代表人：<u>×××造价咨询公司</u>(印鉴)

2018 年 1 月 8 日

××市建设工程招标投标管理办公室印制

工程名称	广联达办公大厦		
建筑面积	4 745.6 m²	承包方式	包工包料
结构形式	框架剪力墙结构	层数	地下1层,地上4层
中标价格/元	总价:玖佰伍拾肆万玖仟陆佰捌拾叁元伍角伍分(小写 9 549 683.55 元)		
	其中:预留金_____元		
主材用量			
质量等级	合格		
开竣工日期	2018 年 3 月 25 日—2018 年 12 月 20 日	日历天数	270 天
承包范围	施工图纸涉及的全部工程内容		
中标建造师	苏×晶	注册编号	陕 26100090××× ×
开标时间	2018 年 1 月 8 日	公示时间	3 天
拟签订合同时间	本通告书发出 30 天之内	开标地点	×××市交易大厅
有关需要说明的问题			

注意事项:

1. 中标单位接到通知后,招投标双方按我省施工合同管理有关规定签订承发包合同。合同中必须体现中标价的结算方式,合同副本在签订合同后 7 日内送招投标管理机构备案,退还投标人投标保证金。

2. 凭中标通知书,建设单位到质量监督部门办理工程质量监督手续,到建设行政主管部门办理施工许可证。

3. 办理好上述手续之前,工程不得开工。

4. 施工现场必须按我省施工现场管理有关规定进行文明施工。

5. 本工程不得转包,一经发现,按有关规定严肃处理。

建设单位意见	(印鉴)	招投标管理办公室备案审查意见	(印鉴)
招标代理机构意见	(印鉴)		

项目 3

建筑、安装工程结算

任务 7　建筑、安装工程索赔、变更、签证和价款结算

任务简介

发承包双方应当在施工合同中约定合同价款，实行招标工程的合同价款由合同双方依据中标通知书的中标价款在合同协议书中约定，不实行招标工程的合同价款由合同双方依据双方确定的施工图预算的总造价在合同协议书中约定。在工程施工阶段，由于项目实际情况的变化，发承包双方在施工合同中约定的合同价款可能会出现变动。为合理分配双方的合同价款变动风险，有效地控制工程造价，发承包双方应当在施工合同中明确约定合同价款的调整事件、调整方法及调整程序。

任务要求

能力目标	知识要点	相关知识	权重
掌握工程变更的处理	工程变更的范围、工程变更的价款调整方法	承包人报价浮动率、价格指数调整、采用造价信息调整	15%
掌握工程现场签证的处理	现场签证的提出、现场签证的价款计算	现场签证表内容填写	25%
掌握工程索赔的处理	工程索赔的内容与分类，工程索赔成立的条件与证据、工程索赔文件的组成	工程索赔程序、工程索赔的计算	35%
掌握工程价款结算	工程计量的原则与范围、工程计量的方法	预付款的支付、预付款的扣回	25%

7.1 建筑工程工程量清单编制实训指导书

7.1.1 应具备基础知识

掌握《建设工程工程量清单计价规范》(GB 50500—2013)中的合同价款调整、合同价款期中支付、竣工结算与支付等条例。

1)建筑工程索赔

(1)索赔的概念

索赔是指有合同的双方在履行合同过程中有损失发生,无过错、无责任、不应承担风险的一方要求另一方补偿的一种经济行为。

(2)索赔成立的条件(承包人向业主方)

①与合同比较,已造成实际的额外费用或工期损失。

②造成费用损失不是由于承包商过失引起的。

③造成费用增加或工期损失是不应由承包商承担的风险。

④承包商在事件发生后的规定时间内提出索赔的书面意向通知和索赔报告。

(3)索赔的程序

①承包人应在知道或应当知道索赔事件发生后 28 天内,向发包人提交索赔意向通知书,说明发生索赔事件的事由。承包人逾期未发出索赔意向通知书的,丧失索赔的权利。

②承包人应在发出索赔意向通知后 28 天内,向发包人正式提交索赔报告。索赔报告应详细说明索赔理由和要求,并应附必要的记录和证明材料。提出索赔申请后,承包人应抓紧准备索赔的证据资料。

③索赔事件具有连续影响的,承包人应继续提交延续索赔通知,说明连续影响的实际情况和记录。

④在索赔事件影响终结后的 28 天内,承包人应向发包人提交最终索赔报告,说明最终索赔要求,并应附必要的记录和证明材料。

(4)索赔的内容

承包人向业主索赔的内容包括工期与费用;总承包人向专业承包、劳务分包、材料供应商、机械租赁公司索赔的内容只有费用。

①工期:业主的责任且延误的时间超出某工作的总时差,超出部分可索赔。

②费用:一般是业主的责任,合理的费用可索赔。注意区别人工费的工作状态与窝工状态,分别按工作状态与窝工状态计费;机械费先区分自有机械、租赁机械,再判别工作台班与闲置台班。自有机械工作时按工作台班计,闲置时按折旧或降效考虑,租赁机械均按租赁费计。同时,注意取费基数的要求。除合同另有约定外,工作状态按全费用计(即人、材、机、管、利、规、税金);窝工状态不考虑利润,仅考虑人机窝工闲置费、现场管理费、规费、税金。

(5)常见索赔事件(从总承包人的角度,与建设单位签订的合同)

①成立的(属于建设单位应承担的责任):业主采购的材料不及时或质量不合格;地质条件变化;图纸晚到、错误;工程复检时质量合格;一周内非承包商的原因造成停水停电累计 8 小时等。

②不成立的(属于承包人应承担的责任):施工方采购的材料不及时或质量不合格;工程质量不合格;施工机械损害、大修、经修;工程复检时施工质量不合格等。

③不可抗力:包括不可抗力和清理现场两阶段,分段研究。对于不可抗力期间的工期可顺延,费用各自承担。工程实体的损坏、运进现场主体材料的损失、业主方或第三方人员的伤亡等属于业主承担。窝工费、施工方机械的损失、周转性材料的损失、施工方人员的伤亡、施工方临设等属施工方承担。清理现场的工期及费用由业主承担。(说明:2013 版清单与 2013 版合同示范文本对不可抗力的处理原则有区别)

④共同延误情况下的工期与费用损失,由责任事件发生在先者承担。

⑤异常恶劣气候条件,如业主同意施工,按工程变更处理,合理的费用与工期的增加由业主承担。(2013 版合同示范文本)

FIDIC 合同文本中常见索赔事件分类(承包商角度)如表 7.1 所示。

表 7.1   FIDIC 合同文本中常见索赔事件分类表

主要内容	可补偿内容		
	工期	费用	利润
延误发放图纸	√	√	√
延误移交施工现场	√	√	√
承包商依据工程师提供的错误数据导致放线错误	√	√	√
不可预见的外界条件	√	√	√
施工中遇到文物和古迹	√	√	
非承包商原因检验导致施工的延误	√	√	√
变更导致竣工时间的延长	√		
异常不利的气候条件	√		
由于传染病或其他政府行为导致工期的延误	√		
业主或其他承包商的干扰	√		
公共当局引起的延误	√		
业主提前占用工程		√	√
对竣工检验的干扰	√	√	√
后续法规引起的调整	√	√	
业主办理的保险未能从保险公司获得补偿部分		√	
不可抗力事件造成的伤害	√	√	

2)工程变更

(1)工程变更的范围

按标准施工招标文件(2007年版)中的通用合同条款,工程变更的范围和内容包括以下内容:

①取消合同中任何一项工作,但被取消的工作不能转由发包人或其他人实施。

②改变合同中任何一项工作的质量或其他特征。

③改变合同工程的基线、标高、位置或尺寸。

④改变合同中任何一项工作的施工时间或改变已批准的施工工艺或顺序。

⑤为完成工程需要追加的额外工作。

(2)工程变更工期的申请

工程变更发生后,承包商应在14天内提出工期及费用的增加。工程变更引起的工期增加,如超过了该工作的总时差,超出部分可向业主申请工期的顺延。

(3)工程变更价格的处理原则

工程变更发生后,承包商应在14天内提出工期及费用的增加。如果施工过程中出现工程变更价款问题时,变更价款调整方法按《建设工程工程量清单计价规范》(GB 50500—2013)执行。

因工程变更引起已标价工程量清单项目或其工程数量发生变化时,应按照下列规定调整:

①已标价工程量清单中有适用于变更工程项目的,应采用该项目的单价;但当工程变更导致该清单项目的工程数量发生变化,且工程量偏差超过15%时,可进行调整。当工程量增加15%以上时,增加部分的工程量的综合单价应予调低;当工程量减少15%以上时,减少后剩余部分的工程量的综合单价应予调高。

②已标价工程量清单中没有适用但有类似于变更工程项目的,可在合理范围内参照类似项目的单价。

③已标价工程量清单中没有适用也没有类似于变更工程项目的,应由承包人根据变更工程资料、计量规则和计价办法、工程造价管理机构发布的信息价格和承包人报价浮动率提出变更工程项目的单价,并应报发包人确认后调整。其中,招标工程报价浮动率$L = (1 - 中标价/招标控制价) \times 100\%$,非招标工程承包人报价浮动率$L = (1 - 报价值/施工图预算) \times 100\%$。

④工程变更引起施工方案改变,并使措施项目发生变化的,一般安全文明施工费可按实际发生变化的费用进行调整;单价措施费应按前述①、②、③条原则进行调整;按总价计算的措施项目费,按照实际发生变化的措施项目调整,但应考虑承包人报价浮动因素,即调整金额按照实际调整金额乘以承包人报价浮动率计算。

⑤如果工程变更项目出现承包人在工程量清单中填报的综合单价与发包人招标控制价或施工图预算相应清单项目的综合单价偏差超过15%,则工程变更项目的综合单价可由发承包双方按照下列规定调整:

a. 当$P_0 < P_1 \times (1 - L) \times (1 - 15\%)$,该类项目的综合单价$= P_1 \times (1 - L) \times (1 - 15\%)$;

b. 当$P_0 > P_1 \times (1 + 15\%)$,该类项目的综合单价$= P_1 \times (1 + 15\%)$。

其中,P_0为承包人在工程量清单中填报的综合单价,P_1为招标控制价或施工预算相应清单项目的综合单价,L为承包人报价浮动率。

3)现场签证

(1)现场签证的概念

现场签证是指发包人或其授权现场代表(包括工程监理人、工程造价咨询人)与承包人或其授权现场代表就施工过程中涉及的责任事件所作的签认证明。施工合同履行期间出现现场签证事件的,发承包双方应调整合同价款。

(2)办理现场签证的要求

①承包人应发包人要求完成合同以外的零星项目、非承包人责任事件等工作的,发包人应及时以书面形式向承包人发出指令,并应提供所需的相关资料;承包人在收到指令后,应及时向发包人提出现场签证要求。

②承包人应在收到发包人指令后的7天内向发包人提交现场签证报告,发包人应在收到现场签证报告后的48小时内对报告内容进行核实,予以确认或提出修改意见。发包人在收到承包人现场签证报告后的48小时内未确认也未提出修改意见的,应视为承包人提交的现场签证报告已被发包人认可。

③现场签证的工作如已有相应的计日工单价,现场签证中应列明完成该类项目所需的人工、材料、工程设备和施工机械台班的数量。

如现场签证的工作没有相应的计日工单价,应在现场签证报告中列明完成该签证工作所需的人工、材料设备和施工机械台班的数量及单价。

④合同工程发生现场签证事件但未经发包人签证确认,承包人便擅自施工的,除非征得发包人书面同意,否则发生的费用应由承包人承担。

⑤现场签证工作完成后的7天内,承包人应按照现场签证内容计算价款,报送发包人确认后,作为增加合同价款,与进度款同期支付。

⑥在施工过程中,当发现合同工程内容因场地条件、地质水文、发包人要求等不一致时,承包人应提供所需的相关资料,并提交发包人签证认可,作为合同价款调整的依据。

4)价款支付与结算

(1)预付款概念

预付款是发包人为解决承包人在施工准备阶段资金周转问题提供的协助,包括材料(设备)预付款、措施项目预付款、安全文明施工费预付款。需要说明的是,材料(设备)预付款是要全款扣回的,而措施项目预付款、安全文明施工费预付款是按工程款发放,不用扣回。

包工包料工程的工程材料预付款的比例不得低于签约合同价(扣除暂列金额)的10%,不宜高于签约合同价(扣除暂列金额)的30%。

(2)预付款的支付

①材料(设备)预付款可按下列公式计算:

$$材料(设备)预付款 = 合同价 \times 合同中约定的预付款比例$$

$$材料(设备)预付款 = 合同价(不含暂列金额) \times 双方约定材料预付款比例$$

$$材料(设备)预付款 = 分部分项费用 \times 合同中约定的材料预付款比例$$

$$= 分部分项工程费用 \times (1 + 规费费率) \times (1 + 税金税率) \times$$
$$合同约定的预付款比例$$

说明:材料预付款后期应全部扣回,它不属于工程款。

②措施项目预付款按下列公式计算:

$$措施项目预付款 = 措施项目费用 × (1 + 规费费率) × (1 + 税金税率) ×$$
$$合同约定的预付款比例 × 工程款支付比例$$

说明:措施费是工程款的一部分,后期不扣回。

③安全文明施工费预付款。《建设工程工程量清单计价规范》(GB 50500—2013)第10.2.2规定,发包人应在工程开工后的28天内预付不低于当年施工进度计划的安全文明施工费总额的60%,其余部分应按照提前安排的原则进行分解,并应与进度款同期支付。

根据《建设工程施工合同(示范文本)》(GF—2017-0201)通用条款规定,除专用条款另有约定外,发包人应在工程开工后的28天内预付安全文明施工费总额的50%,其余部分与进度款同期支付。计算公式按下式进行:

$$安全文明施工费预付款 = 当年安全文明施工费总额 × 60\%(50\%) × 工程款支付比例$$

说明:安全文明施工费属于工程款,后期不扣回。

(3)清单计价模式下工程价款的结算

①合同价的构成:

$$合同总价 = 分部分项费用 + 措施项目费用 + 其他项目费用 + 规费 + 税金$$
$$单位工程合同价款 = (分部分项工程费 + 措施项目费 + 其他项目费) ×$$
$$(1 + 规费费率) × (1 + 税金税率)$$

其中,分部分项工程费 $= \sum$(分部分项工程量 × 相应分部分项综合单价),措施项目费 = 总价措施 + 单价措施 $= \sum$ 以项计价的措施项目费 $+ \sum$(措施项目清单量 × 相应措施综合单价),综合单价 = 人工费 + 材料费 + 机械费 + 管理费 + 利润 + 由承包人承担的风险费用,其他项目费 = 暂列金额 + 专业工程暂估价 + 计日工 + 总承包服务费,规费 = (分部分项费用 + 措施项目费用 + 其他项目费用) × 规费费率,税金 = (分部分项费用 + 措施项目费用 + 其他项目费用 + 规费) × 税金税率。

②预付款:用于承包人为合同工程施工购置材料、工程设备,购置或租赁施工设备、修建临时设施以及组织施工队伍进场等所需的款项。

③质量保证金(扣留方式、计算基数、扣留比例、返回时间):

a. 扣留方式:逐月扣或竣工时一次扣留。

b. 计算方法为:

$$质量保证金 = 签证工程款 + 履行合同中出现的索赔款、变更款、签证等费用) × 质量保证金扣留比例。$$

c. 返回时间:2年内。

④进度款(按月结算、按进度形象结算、一次性结算方式等):进度结算款 = 签证工程款 – 质保金 – 业主自供材 – 应扣回的预付款 + 索赔款 + 变更费用。

发生合同工程工期延误的,应按照下列规定确定合同履行期的价格调整:

a. 因非承包人原因导致工期延误的,计划进度日期后续工程的价格应采取计划进度日期与实际进度日期两者的较高者。

b. 因承包人原因导致工期延误的,计划进度日期后续工程的价格应采用计划进度日期与实际进度日期两者的较低者。

⑤竣工结算款：

a.计价规范强制条款：工程完工后，发承包双方必须在合同约定时间内办理工程竣工结算。

b.暂列金额按实际发生价款调整（包括索赔、现场签证）金额计算，如有余额归发包人。

c.竣工结算工程价款＝实际全部价款－质量保证金－预付款－已结算工程价款。

7.2 广联达办公大厦建筑工程索赔、变更、签证和结算（实例）

7.2.1 事件一：索赔、不可抗力处理原则

事件解析：

问题1：监理人的拒绝合理。其原因是：一般来讲，该部分的工程量超出了施工图的要求，也就超出了工程合同约定的工程范围。对该部分的工程量，监理人可以认为是乙方保证施工质量的技术措施，一般在甲方没有批准追加相应费用的情况下，技术措施费用应由乙方自己承担。

问题2：

①监理人和乙方的执业行为不妥。因为根据《中华人民共和国合同法》和《建设工程施工合同（示范文本）》的有关规定，建设工程合同应当采取书面形式。合同变更是对合同的补充和更改，亦应当采取书面形式；在紧急情况下，可采取口头形式，但事后应以书面形式予以确认。

否则，在合同双方对合同变更内容有争议时，因口头形式协议很难举证，只能以书面协议约定的内容为准。本案例中甲方要求暂停施工，乙方也答应，是甲、乙双方的口头协议，且事后并未以书面的形式确认，所以该合同变更形式不妥。在双方发生争议时，只能以原书面合同规定为准。

②根据《建设工程施工合同（示范文本）》（GF—2017-0201）规定，应按照下列原则调整：

a.已标价工程量清单或预算书中有相同项目的，按照相同项目单价认定。

b.已标价工程量清单或预算书中无相同项目，但有类似项目的，参照类似项目的单价认定。

c.变更导致实际完成的变更工程量与已标价工程量清单或预算书中列明的该项目工程量的变化幅度超过15%的，或已标价工程量清单或预算书中无相同项目及类似项目单价的，按照合理的成本与利润构成的原则，由合同当事人商定（或确定）变更工作的单价。

问题3：监理人应对两项索赔事件作出处理如下：

①对于处理孤石引起的索赔，由于这是地质勘探报告未提供的、施工单位预先无法估计的地质条件变化（不利的物质条件），属于甲方应承担的风险，应给予乙方工期顺延和费用补偿。

②对于天气条件变化引起的索赔应分两种情况处理：

a.对前期的季节性大雨，这是一个有经验的承包商预先能够合理估计的因素，应在合同工期内考虑，由此造成的工期延长和费用损失不能给予补偿。

b.后期特大暴雨引起的山洪暴发不能视为一个有经验的承包商预先能够合理估计的因素，应按不可抗力处理由此引起的索赔问题。根据不可抗力的处理原则，被冲坏的现场临时道

路、管网和甲方施工现场办公用房等设施以及已施工的部分基础、被冲走的部分材料、工程清理和修复作业等经济损失应由甲方承担;损坏的施工设备、受伤的施工人员以及由此造成的人员窝工和设备闲置、冲坏的乙方施工现场办公用房等经济损失应由乙方承担;工期应予顺延。

问题4:发现出土文物后,承包人应采取合理有效的保护措施,防止任何人员移动或损坏上述物品,立即报告有关政府行政管理部门,并通知监理人。同时,就由此增加的费用和延误的工期向监理人提出索赔要求,并提供相应的计算书及其证据。

7.2.2 事件二:索赔的程序、证据

事件解析:

问题1:该项施工索赔能成立。施工中,在合同未标明有坚硬岩石的地方遇到很多的坚硬岩石,导致施工现场的施工条件与原来的勘察有很大差异,属于不利的物质条件,是甲方的责任范围。

本事件使承包商由于不利地质条件造成施工困难,导致工期延长,相应产生额外工程费用,因此应包括费用索赔和工期索赔。

问题2:可以提供的索赔证据有:

①招标文件、工程合同及附件、业主认可的施工组织设计、工程图纸、地质勘查报告、技术规范等;

②工程各项有关设计交底记录、变更图纸、变更施工指令等;

③工程各项经业主或监理工程师签认的签证;

④工程各项往来文件、指令、信函、通知、答复等;

⑤工程各项会议纪要;

⑥施工计划及现场实施情况记录;

⑦施工日报及工长工作日志、备忘录;

⑧工程送电、送水、道路开通、封闭的日期及数量记录;

⑨工程停水、停电和干扰事件影响的日期及恢复施工的日期;

⑩工程预付款、进度款拨付的数额及日期记录;

⑪工程图纸、工程变更、交底记录的送达份数及日期记录;

⑫工程有关施工部位的照片及录像等;

⑬工程现场气候记录,有关天气的温度、风力、降雨雪量等;

⑭工程验收报告及各项技术鉴定报告等;

⑮工程材料采购、订货、运输、进场、验收、使用等方面的凭据;

⑯工程会计核算资料;

⑰国家、省、市有关影响工程造价、工期的文件、规定等。

问题3:承包商应提供的索赔文件有索赔意向通知、索赔报告、索赔证据与详细计算书等附件。

索赔意向通知的参考形式如下:

索赔通知

致业主代表(或监理工程师):

我方希望你方对工程地质条件变化问题引起重视,在合同文件未标明有坚硬岩石的地方遇到了坚硬岩石,致使我方实际生产率降低,而引起进度拖延,并不得不在雨季施工。

上述施工条件变化,造成我方施工现场作业方案与原方案有很大不同,为此向你方提出索赔要求,具体工期索赔及费用索赔依据与计算书在随后的索赔报告中。

承包商:×××

××××年××月××日

问题 4:首先应组织相关人员学习和研究设计变更图纸及其他相关资料,明确变更所涉及的范围和内容,并就变更的合理性、可行性进行研讨;如果变更图纸有不妥之处,应主动与业主沟通,建议进一步改进变更方案和修改图纸;接到修改图纸后(或确认设计变更图纸不需要修改后),研究制订实施方案和计划并报业主审批。

然后,在合同约定的时间内向业主提出变更工程价款和工期顺延的报告。

业主方应在收到书面报告后的 14 天内予以答复,若同意该报告,则调整合同;如不同意,双方应就有关内容进一步协商。协商一致后,修改合同。若协商不一致,按工程合同争议的处理方式解决。

7.2.3　事件三:索赔的计算

事件解析:

问题 1:

①框架柱绑扎钢筋停工 14 天,应予以工期补偿。这是由于业主原因造成的,且该项作业位于关键路线上。

②砌砖停工,不予工期补偿。因为该项停工虽属于业主原因造成的,但该项作业不在关键路线上,且未超过工作总时差,对工期没有影响。

③抹灰停工,不予工期补偿,因为该项停工属于承包商自身原因造成的。

故同意工期补偿:14 + 0 + 0 = 14(天)。

问题 2:

①窝工机械费:

塔吊 1 台:14 × 860.00 × 60% = 7 224.00(元)。

混凝土搅拌机 1 台:14 × 340.00 × 60% = 2 856.00(元)。

砂浆搅拌机 1 台:3 × 120.00 × 60% = 216.00(元)。

小计:7 224.00 + 2 856.00 + 216.00 = 10 296.00(元)。

②窝工人工费:

扎筋窝工:35 × 35.00 × 14 = 17 150.00(元)。

砌砖窝工:30 × 35.00 × 3 = 3 150.00(元)。

小计:17 150.00 + 3 150.00 = 20 300.00(元)。

③保函费补偿:

$15\ 000\ 000 \times 10\% \times 6\% \div 365 \times 14 = 3\ 452.05(元)$。

费用补偿合计:$10\ 296.00 + 20\ 300.00 + 3\ 452.05 = 34\ 048.05(元)$。

7.2.4 事件四:设计变更

事件解析1:

①$55 \times 1.15 = 63.25(m^3)$,$63.25 \times 680 + (70 - 63.25) \times 680 \times 0.9 = 47\ 141(元) = 4.71(万元)$。

②$55 \times 0.85 = 46.75(m^3)$,$45 \times 680 \times 1.1 = 33\ 660(元) = 3.37(万元)$。

③$50 \times 680 = 34\ 000$元$= 3.4(万元)$。

事件解析2:

报价浮动率为$L = (1 - 中标价/招标控制价) \times 100\% = (1 - 23\ 500/25\ 000) \times 100\% = 6\%$,故一楼公共区域楼地面面层综合单价为$1\ 200 \times (1 - L) = 1\ 200 \times (1 - 6\%) = 1\ 128(元/m^2)$,总价为$1\ 200 \times 1\ 128/10\ 000 = 135.36(万元)$。

事件解析3:

①综合单价不需要调整,因为$1\ 100/1\ 000 = 10\%$,变更量没有超出15%。

$$工程价款 = 1\ 100 \times 95 = 104\ 500(元)$$

②$1\ 200/1\ 000 = 20\%$,工程量超出15%,但投标报价中的综合单价95元/m²与发包人招标控制价相应清单项目的综合单价100元/m³偏差没有超过15%,所以综合单价不需要调整。

$$工程价款 = 1\ 200 \times 95 = 114\ 000(元)$$

③$1\ 200/1\ 000 = 20\%$,工程量超出15%,且投标报价中的综合单价75元/m²与发包人招标控制价相应清单项目的综合单价100元/m³偏差超过了15%,而且75元/m² $< 100 \times (1 - 15\%) \times (1 - 5\%) = 80.75$元/m²,所以超出部分需调整为80.75元/m²。

$$工程价款 = 1\ 000 \times 1.15 \times 75 + (1\ 200 - 1\ 000 \times 1.15) \times 80.75 = 90\ 287.5(元)$$

④$1\ 200/1\ 000 = 20\%$,工程量超出15%,且投标报价中的综合单价120元/m²与发包人招标控制价相应清单项目的综合单价100元/m³偏差超过了15%,而且120元/m² $> 100 \times (1 + 15\%) = 115$元/m²,所以超出部分综合单价需调整为115元/m²。

$$工程价款 = 1\ 000 \times 1.15 \times 120 + (1\ 200 - 1\ 000 \times 1.15) \times 115 = 143\ 750(元)$$

7.2.5 事件五:现场签证

事件解析:

①现场签证示例如表7.2所示。

表7.2　现场签证表

工程名称:广联达办公大厦　　　　　　标段:　　　　　　　　　　　编号:

施工单位	×××××公司	日期	××××年××月××日

致：××有限公司(发包人全称)

　　根据编号001的设计变更通知单,我方按要求完成此项工作应支付价款金额为(大写)　壹拾贰万叁仟捌佰壹拾肆元贰角叁分　,(小写)　123 814.23　元,请予核准。

附:1.签证事由及原因(见现场签证单)

　2.附图及计算式(见现场签证计算书)

承包人(章)

承包人代表　××　

日期　××××年××月××日

复核意见： 你方提出的此项签证申请经复核： □不同意此项签证,具体意见见附件。 □同意此项签证,签证金额的计算,由造价 工程师复核。 　　　　监理工程师_____ 　　　　日期_____	复核意见： □此项签证按承包人中标的计日工单价计算,金额为(大写)_____元,(小写)_____元。 □此项签证因无计日工单价,金额为(大写)_____元,(小写)_____元。 　　　　造价工程师_____ 　　　　日期_____

审核意见：

□不同意此项签证。

□同意此项签证,价款与本期进度款同期支付。

发包人(章)

发包人代表_____

日期_____

注:1.在选项栏中的"□"内打"√"。

　2.本表一式四份,由承包人在收到发包人(监理人)的口头或书面通知后填写,发包人、监理人、造价咨询人、承包人各存一份。

②现场签证计算书示例如表7.3所示。

表7.3　现场签证计算书

(一)建筑垃圾挖运

　1.综合单价:$[(211.20 + 29\ 915.00) \times (1 + 20\% + 18\%) + 2\ 165.70] \div 1\ 000 = [30\ 126.20 \times 1.38 + 2\ 165.70] \div 1\ 000 = 43.74(元/m^3)$

　2.签证款:$1\ 500 \times (43.74 + 30\ 126.20 \div 1\ 000 \times 25\%) \times (1 + 11\%) = 85\ 367.13(元)$

(二)回填土

　1.综合单价:$1\ 232.54 \div 100 \times 1.38 = 17.01(元/m^3)$

　2.签证款:$1\ 500 \times (17.01 + 1\ 232.54 \div 100 \times 25\%) \times (1 + 11\%) = 33\ 452.10(元)$

(三)建筑垃圾排放

　$3 \times 1\ 500 \times (1 + 11\%) = 4\ 995.00(元)$

　签证款合计:$85\ 367.13 + 33\ 452.10 + 4\ 995.00 = 123\ 814.23(元)$

7.2.6　事件六：预付款、质量保证金和竣工结算款

事件解析：

问题1：工程竣工结算的前提条件是承包商按照合同规定的内容全部完成所承包的工程，并符合合同要求，经相关部门联合验收质量合格。

问题2：工程价款的结算方式分为按月结算、按形象进度分段结算、竣工后一次结算和双方约定的其他结算方式。

问题3：工程预付款为 $660 \times 20\% = 132$（万元），起扣点为 $660 - 132/60\% = 440$（万元）。

问题4：各月拨付工程款如下所示。

2月：工程款55万元，累计工程款55万元。

3月：工程款110万元，累计工程款为 $55 + 110 = 165$（万元）。

4月：工程款165万元，累计工程款为 $165 + 165 = 330$（万元）。

5月：工程款为 $220 - (220 + 330 - 440) \times 60\% = 154$（万元）。

累计工程款为 $330 + 154 = 484$（万元）。

问题5：工程结算总造价为 $660 + 660 \times 60\% \times 10\% = 699.6$（万元）。

甲方应付工程结算款为 $699.6 - 484 - (699.60 \times 3\%) - 132 = 62.612$（万元）。

问题6：1.5万元维修费应从扣留的质量保证金中支付。